U0808013

中央财政支持地方高校发展专项资金项目

贵州省区域内一流学科建设项目

贵州省特色重点学科建设项目

21世纪中国地方公共治理现代化研究

完美主义人格的成因及教育策略研究

周亚娟 著

中国社会科学出版社

图书在版编目（CIP）数据

完美主义人格的成因及教育策略研究/周亚娟著．—北京：中国社会科学出版社，2017.12

（21世纪中国地方公共治理现代化研究）

ISBN 978－7－5203－1452－7

Ⅰ．①完…　Ⅱ．①周…　Ⅲ．①人格心理学　Ⅳ．①B848

中国版本图书馆CIP数据核字（2017）第279361号

出 版 人　赵剑英
责任编辑　刘晓红
责任校对　李　莉
责任印制　戴　宽

出　　版　中国社会科学出版社
社　　址　北京鼓楼西大街甲158号
邮　　编　100720
网　　址　http：//www.csspw.cn
发 行 部　010－84083685
门 市 部　010－84029450
经　　销　新华书店及其他书店

印　　刷　北京明恒达印务有限公司
装　　订　廊坊市广阳区广增装订厂
版　　次　2017年12月第1版
印　　次　2017年12月第1次印刷

开　　本　710×1000　1/16
印　　张　16.75
插　　页　2
字　　数　243千字
定　　价　78.00元

凡购买中国社会科学出版社图书，如有质量问题请与本社营销中心联系调换
电话：010－84083683
版权所有　侵权必究

前　言

完美主义是一种为自己设定的高标准，积极地追求完美，但在达不到自己设定的高标准时产生差异感，并进行消极自我评价的稳定的人格特质。大量研究表明，社会、学校、家庭以及个体自身都在个体完美主义形成过程中有不同的影响作用，而父母完美主义、父母教养方式、亲子依恋是与完美主义形成的密切相关的家庭因素，形成后的完美主义人格与个体心理健康、高成就息息相关。但是，过往研究没有从实证研究的角度探讨完美主义形成的家庭各相关因素间的关系；较少关注完美主义对个体心理与行为的积极影响，特别是在完美主义与学业成绩的关系上，没有考察两者间存在的心理机制，无法高效激发完美主义适应性功能；在完美主义与抑郁的关系上，没有着重考察两者关系间的其他心理机制，很难有效地帮助完美主义者减少抑郁情绪。因此，深入探讨完美主义的成因和后果，对了解完美主义人格特质的本质具有重要意义。

本书以大学生和中学生为被试，着重探讨了影响完美主义形成的相关因素，及形成后的完美人格与学业成绩和自我效能感、完美主义与抑郁、焦虑、强迫、拖延之间的关系。本书研究内容包括以下五个部分：

（1）探讨完美主义形成的影响因素。考察家庭中的几个相关因素，建立完美主义形成的综合模型，用结构方程模型验证父母教养方式、亲子依恋在父母完美主义与子女完美主义间的中介效应。根据中国文化对父母教养方式的理解，在两个样本中对 Buri 父母权威问卷（PAQ）进行中文修订，并对量表的信度、效度进行考察。

（2）完美主义与成就目标取向、学业成绩间关系的研究。探讨完美主义高标准维度对个体学习、社会适应影响的途径。对完美主义与自我效能的关系进行研究，探讨对完美主义适应性功能的影响。

（3）考察完美主义与抑郁之间的关系，用结构方程模型验证成就目标取向、无条件自我接纳在完美主义差异维度与抑郁间的中介效应。考察完美主义与焦虑、强迫、拖延之间的关系，借助案例分析的方式深入掌握调节适应不良完美主义的方法。

（4）用近乎完美量表修订版（APS – R – CR）的高标准和差异分量表对被试进行分类研究。采用中位数法，将被试分为完美主义者（高标准高差异组）、追求卓越者（高标准低差异组）、非完美主义者（低标准低差异组，低标准高差异组），并从学业成绩、抑郁、无条件自我接纳、成就目标取向各指标上对不同组别间的异同进行比较研究。

（5）根据完美主义人格形成的前因和造成的后果，从社会环境、学校作用、家庭教育、个体能力提升四个层面提出相应的教育策略。

本书研究发现：

（1）Buri 父母权威问卷（PAQ）的中文修订版信效度指标良好，可用于中国文化背景下对父母教养方式的权威、专制和放任三种教养类型的测量。

（2）父母的完美主义可显著预测子女的完美主义。母亲专制型教养、母亲疏离的亲子依恋部分中介母亲完美主义差异维度与子女完美主义差异维度的关系；母亲权威型教养、母亲沟通和信任的亲子依恋部分中介母亲完美主义高标准维度与子女完美主义高标准维度的关系。

（3）完美主义具有积极和消极双重内涵，通过实证研究发现，在高中生的学业成绩方面，完美主义高标准维度通过掌握学习的成就目标取向，可正向预测学业成绩；在大学生心理亚健康的症状指标（抑郁）方面，有条件自我接纳、成绩回避的成就目标取向部分中介完美主义差异维度与抑郁的关系。通过文献研究与案例分析发现，适应良好完美主义与个体的自我效能感呈正相关，适应性完美主义者的自我效能感更高；适应不良的完美主义与个体焦虑、强迫、拖延等情绪和行为障碍密切相关，需要进行正确引导。

（4）实证研究发现，完美主义者、追求卓越者、非完美主义者在学业成绩上不存在显著性差异；追求卓越者在掌握学习、无条件自我接纳方面的得分显著高于非完美主义者，抑郁的得分显著低于完美主义者与非完美主义者；完美主义者的成绩接近、成绩回避、抑郁、有条件自我接纳的得分显著高于追求卓越者和非完美主义者。

（5）根据完美主义个体形成的影响因素，考虑完美主义者优劣势的具体表现，从完善整体社会环境、发挥学校主体作用、提升家庭教育水平，以及加强个体自我教育能力四个层面提出教育策略，帮助完美主义人格有效适应学习与生活。

上述研究结果显示，就完美主义人格形成的影响因素而言，社会、学校、家庭以及个体自身都在其中有不同的作用，特别是家庭中父母的完美主义人格、父母教养方式、亲子依恋在子女完美主义的形成过程中发挥着重要影响。而形成后的完美主义人格，其高标准维度与掌握学习有机结合，可以帮助个体取得更好的学业成绩；差异维度对自我的有条件接纳、趋向成绩的目标取向会破坏个体的心理和谐状态，使其陷入抑郁情绪中。适应良好的完美主义可以促进个体提高自我效能感，适应不良的完美主义会使个体产生负面的焦虑、强迫、拖延等情绪和行为障碍。因此，完美主义是具有积极与消极双重含义的多维人格特质，应该帮助完美主义者审视其为自己所设高标准的适宜性，减少其差异性，以利于其身心健康。

关键词：完美主义；父母教养方式；亲子依恋；学业成绩；抑郁；教育策略

目　录

第一章　绪论

第一节　文献综述

一　完美主义概念界定

在理论和研究结果上，对完美主义的定义都存在极大的分歧。在不同时期，研究者们由于考察问题的角度和研究目的的不同，对完美主义概念的内涵有不同的理解。

Horney（1950）把完美主义看作神经症的一个亚型，认为完美主义是苛刻的要求。[①] Horney 提出的完美主义者是力求完成应该做的事，尽职尽责，礼貌客套，表面诚实的人。完美主义者认为自己在智力和道德上的标准高于别人，为自己创造了一个理想化的形象，并努力使自己成为一个绝对完美的人。当发现自己并不是完美无缺时，完美主义者将面临心理上的巨大失衡，甚至导致心理崩溃。

Hollender（1965，1978）认为作为一种人格特质，完美主义是指对自己或其他人的表现提出比情境要求更高的行为倾向。完美主义者不是在创造一种完美的自我意象，而是表现为一种完美的行为方式。[②③] 他们主要是寻求别人的接纳，而不是 Horney 所描述的自恋式

---

① Horney，K.，*Neurosis and Human Growth*：*The Struggle Towards Self - realization*，New York：Norton，1950.

② Hollender，M. H.，“Perfectionism”，*Comprehensive Psychiatry*，Vol. 6，No. 2，1965.

③ Hollender，M. H.，“Perfectionism，A Neglected Personality Trait”，*Journal of Clinical Psychiatry*，Vol. 39，No. 5，1978.

的满足。完美主义者在努力的过程中伴随着“我还不够好，我必须做得更好”的坏感觉，这种感觉剥夺了他的良好表现本该带给他的满意感，这些人很少达到彻底的满足，因而不断地感到抑郁。即使这类完美主义者能从自己的表现中获得满足，他们也可能认为自己付出了不必要的精力，或者会感到自己承受了过重的负担。Hollender 认为，完美主义和其他人格特质一样，是儿童时期习得的，父母的批评和期望等多种因素导致了完美主义的形成。

Adler（1956）是一位赋予完美主义积极意义的人格心理学家，他认为追求完美是正常的，是人的天性。① 在人类众多的动机中，Adler 提出追求完美是最纯净和最本质的动机。他指出，当个体关心的是社会利益的时候，对完美的追求就是健康的；只有这种追求与支配他人的需要结合在一起时其内涵才是消极的，会导致诸多心理问题和心理障碍。Adler 认为适应不良的完美主义者非常害怕批评、过分担心犯错、过度强调秩序、希望别人羡慕。因为害怕失败，他们常以自我为中心，对社会活动缺乏兴趣。

Hamachek（1978）认为完美主义不只是一种行为方式，还包括对这种行为的看法。② 他首先提出可以将完美主义分为正常的完美主义与神经症性的完美主义两种类型，两种完美主义具有各自的显著特征，前者能够根据实际情境设置个人高标准、允许目标模式的变动、追求与成就相关的回报，又拥有满足成就的能力；后者设置固化的、不可能达到的高标准，受失败恐惧驱动、对失败过度批评、对自己取得的成就不能感到快乐、对他人的能力感到焦虑和担心。

早期的研究者对完美主义的形成原因、定义、特征、表现、分类等方面作了理论探讨。由此可知，完美主义的核心特征包括对自己的行为与表现设置高标准、对自己的表现不满意等。

Burns（1980）是对完美主义进行定量研究的第一人。他认为完

---

① Adler, A., *The Individual Psychology of Alfred Adler*, New York: Basic Book, INC, 1956, pp. 101 – 125.

② Hamachek, D. E., “Psychodynamics of Normal and Neurotic Perfectionism”, *Psychology: A Journal of Human Behavior*, Vol. 15, No. 1, 1978.

美主义是一种认知网络，包括期待、对事件的解释、自我评价以及对他人的评价。[①] Burns 将完美主义者描述为设置并严格坚持不现实的高标准，并以是否达到这些标准来评价自我价值的人。对这些人而言，过度要求自己达到这种目标，常常会伤害到自己。Pacht（1984）认为完美主义是设置过高的成就标准并做过于批评性的自我评价。他认为完美主义是一个内在固有的、破坏性的结构，它追求的是一种使人混乱的、不存在的完美，这种完美主义与许多心理问题明显相关。[②]

Burns 和 Patch 等把完美主义看成是一个单维度的概念，从 20 世纪 90 年代开始，研究者开始重视从多维的角度看待完美主义的构成。

Frost 等（1990）通过查阅文献，提出了多维度完美主义的概念，认为完美主义是一种力求高标准地完成任务，同时伴随批判性自我评估倾向的人格特质。[③] 他们发现完美主义者主要有四种过度批评性评价的倾向：对错误的过度在意，怀疑自己的工作质量，对父母的期望和评价过度在意，过分强调精确、秩序和有组织。Frost 等认为设立过高的个人标准本身不一定是病态的，对自己成绩或成就所做的自我批评的评价才是完美主义概念的核心内容。

Hewitt 等（1991）赞成前人的观点，认为完美主义者容易设置不现实的标准并努力要达到这些标准，对失败选择性地注意并过度泛化，严厉地自我评价，倾向于全或无的思维方式。[④] 他们同时认为，虽然自我取向完美主义是完美主义结构的一个基本组成部分，但是完美主义还具有人际间的内容。根据完美主义行为的起始点和指向的目标，他们把完美主义看成一个三维的结构，即自我取向完美主义、他人取向完美主义和社会决定完美主义。自我取向完美主义是指为自己

---

① Burns, D. D., *Feeling Good: The New Mood Therapy*, New York: New American Library, 1980.

② Pacht, A. R., "Reflections on Perfection" *American Psychologist*, Vol. 39, No. 4, 1984.

③ Frost, R., Marten, P., Lahart, C. & Rosenblate, R., "The Dimensions of Perfectionism", *Cognitive Therapy and Research*, Vol. 14, No. 5, 1990.

④ Hewitt, P. L., Flett, G. L. & Blankstein, K. R., "Perfectionism and Neuroticism in Psychiatric Patients and College Students", *Personality and Individual Differences*, Vol. 12, No. 3, 1991.

设定严格的目标，对自己的行为进行严格的审查和责难，同时也包括显著的动机成分，即努力达到完美并尽力避免失败；他人取向完美主义是指对他人有很高的期望与标准，认为他人的完美很重要并严厉评价他人的表现；社会决定完美主义是指个人尽力去满足他人（特别是生活中重要的他人，如父母）对自己的期望，期望获得他人的肯定。

现今的完美主义研究者们倾向认为，完美主义既有积极的一面，也有消极的一面，是有双重含义的多维人格特质。

Terry – Short 等（1995）从行为主义的角度出发，指出：具有正强化和积极结果功能的完美主义被视为积极完美主义，而具有回避负强化和消极结果功能的完美主义被视为消极完美主义。[①] Slaney 等（2001）指出完美主义是一种包含积极和消极两个维度的多维人格特质，高标准和秩序是完美主义积极方面的本质和定义，高标准是指个体对自己的行为或表现设定很高的标准，提出很高的要求；秩序指个体做事倾向于整洁和有秩序。而差异是完美主义消极方面的核心和定义，差异是指个体感觉自己的实际表现和想要达到的标准间有差距。[②] Bieling（2003）认为完美主义的适应性和非适应性两个方面，代表了个体的两种伴随情况。[③] 适应性完美主义是设置高标准、努力追求成功的倾向；非适应性完美主义是一种关注错误、苛刻的标准、强迫自己去达到目标的倾向。Stoeber 和 Otto（2006）认为完美主义有积极与消极两个层面，消极层面主要由多维完美主义中的错误关注（Frost, Marten, Lahart & Rosenblate, 1990; Hill et al., 2004）、社会决定完美主义（Hewitt & Flett, 1991），或期望与结果间的差异（Slaney, Rice & Ashby, 2001）组成；积极层面主要由多维完美主义中的个人

---

① Terry – Short, L. A., Owens, G. R., Slade, P. D. & Dewey, M. E., "Positive and Negative Perfectionism", *Personality and Individual Differences*, Vol. 18, No. 5, 1995.

② Slaney, R. B., Rice, K. G., Mobley, M., Trippi, J. & Ashby, J. S., "The Revised Almost Perfect Scale", *Measurement and Evaluation in Counseling and Development*, Vol. 34, No. 3, 2001.

③ Bieling, P. J., Israeli, A., Smith, J. & Antony, M. M., "Making the Grade: The Behavioral Consequences of Perfectionism in the Classroom", *Personality and Individual Differences*, Vol. 35, No. 1, 2003.

高标准（Frost et al.，1990；Slaney et al.，2001）、自我取向完美主义（Hewitt & Flett，1991），或者追求卓越（Hill et al.，2004）组成。他们把积极层面称为追求完美，把消极层面称为对不完美主义的消极反应。

由上可见，完美主义概念经历了单维结构到多维结构的发展，早期研究关注病态的完美主义，认为完美主义是单维度结构（Hollender，1965；Horney，1950；Burns，1980；Pacht，1984），定义中主要反映了完美主义在行为、认知、动机等方面的消极特征。后期研究认为完美主义是多维度的心理结构，包括积极与消极两个层面，通常称为适应性完美主义与适应不良完美主义（Frost，1990；Hewitt & Flett，1991；Terry - Short，1995；Slaney，1992，1996，2001；Stoeber & Otto，2006）。适应性完美主义以高标准、条理性与组织为特征（Frost，Heimberg & Neuberger，1993；Rice，Ashby & Slaney，1998；Suddarth & Slaney，2001）；适应不良完美主义以害怕失败、对达不到高标准进行消极的自我评价为特征（Frost，1990；Hewitt & Flett，1991；Rice，Ashby & Slaney et al.，1995；Suddarth & Slaney，2001）。而完美主义的核心特征包括：为自己设置高标准、自我评价过于依赖成功和成就、过度的自我批评和恐惧失败（王敬群等，2005）。

综上，本书把完美主义定义为一种为自己设定的高标准，积极地追求完美，但在达不到自己设定的高标准时产生差异感，并进行消极自我评价的稳定的人格特质。

二　完美主义的维度与测量

早期研究认为完美主义是单维度的人格结构，主要采用单维量表测量完美主义。单维度的量表主要测量自我取向完美主义，内容包括与个体获得的成就和成功的自我评价有关的项目（Burns，1983；Garner，1983；Rheaume et al.，1995）。后来的研究者们提出完美主义的多维度结构，并编制出一系列的多维完美主义量表，如 Frost 多维完美主义量表（Frost et al.，1990）、Hewitt 多维完美主义量表（Hewitt et al.，1991）等。另外，还有特意从适应性完美主义与非适应性完美主义两个维度进行测量的积极、消极完美主义量表（Terry - Short，

1995）、近乎完美量表修订版（Slaney et al.，2001）。

（一）Burns 完美主义量表

Burns（1983）认为完美主义是一种病态的单维的人格特质，是对自己的所作所为设立过高的标准或期望。[①] 在自己的理论观点、功能失调性态度量表和不合理信念量表的基础上，编制了 Burns 完美主义量表（Burns Perfectionism Scale，BPS）。BPS 是最早对完美主义进行定量研究的评估工具之一，此量表开创了对完美主义进行实证研究的先河。BPS 是单维度量表，由 10 个条目组成，采用李克特五点计分法，主要测量完美主义适应不良的特点，量表得分越高，表明完美主义的程度越深。根据量表得分情况，可将个体分为健康的非完美主义者、轻度完美主义者、中度完美主义者、重度完美主义者和完全的完美主义者五种。Burns 的完美主义量表为后续完美主义量表提供了一个很好的效标和编制条目的资源。

（二）Garner 进食障碍调查量表的完美主义分量表

Garner（1983）进食障碍调查量表（Eating Disorder Inventory，EDI）包括苗条、厌食、身材不满意、无效、完美主义、人际失败、内部感受意识和成熟恐惧等分量表。进食障碍调查量表的完美主义分量表（EDI－P）由 6 个陈述句组成，要求被试对每个陈述句进行 6 点反应，从“从不”到“总是”。最高分为 3 分，“从不”“极少”“有时”这三个最不完美主义的回答都计为零分。

（三）Rheaumey 等的完美主义问卷

Rheaumey 等（1995）认为完美主义就是探求完美，完美主义问卷（Perfectionism Questionnaire，PQ）就是以单维完美主义的观点为基础编制的，PA 包括 3 个分量表：完美主义倾向、受完美主义影响的方面和完美主义的消极后果，共有 64 个条目，主要应用于实验情境。

（四）Frost 多维完美主义量表

Frost 等（1990）从完美主义的特点和产生原因方面归纳了完美

---

① Burns. D. D.，“The Spouse Who Is a Perfectionist”，*Medical Aspects of Human Sexuality*，Vol. 17，No. 3，1983.

主义的6个特征：关注错误、行为疑虑、个人标准、父母期望、父母批评、组织性。他们根据完美主义这些特征编制了Frost多维完美主义量表（Frost's Multidimentional Perfectionism Scale，FMPS）。FMPS共包括6个维度，35个项目，量表采用李克特五点计分法，从1—5为“非常不同意”到“非常同意”。因为组织性因子分数与量表总分相关性较低，所以总分由前5个因子的分数之和构成。Frost等在设计量表时曾认为，个体做事过度追求条理化和组织化也是完美心理产生的原因之一，这种追求会导致强迫行为。但事实上，用该量表与强迫行为量表研究相关问题表明，此方面与强迫症只有极微弱相关性。后来，FMPS出现并得到了广泛应用。

（五）Hewitt多维完美主义量表

Hewitt等（1991）经过研究发现，从人际关系的角度来看，可以把完美主义看成一个三维度的结构，即自我取向完美主义（Self - oriented）、他人取向完美主义（Other - oriented）和社会决定完美主义（Socially - prescribed）。Hewitt多维完美主义量表（Hewitt's Multidimensional Perfectionism Scale，HMPS）即用来测量这三个维度，量表由45个条目组成，采用7点计分法。HMPS出现后得到了广泛应用，对于完美主义的理论研究和临床治疗具有重要意义。

（六）积极、消极完美主义量表

Terry - Short等（1995）从功能和行为心理学角度评定完美主义，积极完美主义受先前完美主义行为结果的正强化，如提升自尊；而消极完美主义则受到消极结果的负强化，如对失败的恐惧。积极、消极完美主义量表（Positive and Negative Perfectionism Scale，PNPAS）由40个项目组成，采用5点计分法，从“非常不同意”到“非常同意”，各项目得分之和构成量表总分。量表包括积极完美主义与消极完美主义两个分量表，分别由18个项目和22个项目组成。此量表编制的目的就是对适应良好的完美主义与适应不良的完美主义进行区分。

（七）近乎完美量表修订版

Slaney等（2001）通过回顾文献和对两个定性的访谈研究，提出完美主义是一种包含积极和消极两个维度的多维人格特质。他们在积极和消极两个成分的基础上，编制了近乎完美量表修订版（Almost Perfect Scale - Revised，APS - R），包括高标准（High Standards）、秩序（Order）和差异（Discrepancy）三个分量表，高标准和秩序是完美主义积极方面的指标，而差异是完美主义消极方面的指标。他们提出四个标准证明 APS - R 是测量完美主义适宜且有效的工具。①将完美主义的核心定义与完美主义的原因、相关结果进行有效区分；②量表维度基本符合完美主义的两维结构，即完美主义有积极与消极两方面；③该完美主义的概念和普遍应用的定义、前人描述性研究中的定义及人们对完美主义的一般认识最为接近；④实践证明工具是有效的。APS - R 出现后，越来越多的研究者使用其进行相关研究（Grzegorek et al.，2004；Rice et al.，2002；Mobley et al.，2005；Wei et al.，2006；Stoeber et al.，2007）。

其他测量完美主义的问卷包括：Mitzman 等（1994）编制的神经质完美主义问卷（Neurotic Perfectionism Questionnaire，NPQ）；[①] Flett 等（1998）编制的完美主义认知问卷（Perfectionism Cognition Questionnaire，PCI）；[②] Hewitt 等（2003）编制的完美主义自我展示量表（Perfectionistic Self - Presentation Scale，PSPS）；Stoeber 等（2004）编制的运动多维完美主义问卷（Multidimensional Inventory of Perfectionism in Sport，MIPS）。

随着完美主义研究理论的逐步成熟，完美主义的测量工具也日趋完善，无论是单维、多维，还是适应性与非适应性完美主义量表，这些量表的信效度都日趋理想。20 世纪 80 年代，应用广泛的 Burns 完美主义量表反映了自我指向完美主义的本质，但其理论前提认为完美

① Mitzman，S. F.，Slade，P. & Dewey，M. E.，"Preliminary Development of a Questionnaire Designed to Measure Neurotic Perfectionism in the Eating Disorders"，*Journal of Clinical Psychology*，Vol. 50，No. 4，1994.

② Flett，G. L.，Hewitt，P. L.，Blankstein，K. R. & Gray，L.，"Psychological Distress and the Frequency of Perfectionistic Thinking"，*Journal of Personality and Social Psychology*，Vol. 75，No. 5，1998.

主义是单维病态的，对完美主义的认识过于偏激与片面。90 年代至今，FMPS 和 HMPS 两个量表得到最为广泛的应用，但这两个量表中加入了非完美主义结构本身的内容（如父母期待、父母批评、社会决定完美主义），这些更可能是完美主义的原因或结果而非完美主义本身（Stober et al. , 1998；Slaney et al. , 2001；Shafran et al. , 2001），采用这样的量表测量完美主义会有失偏颇。而现在得到广泛应用的 APS－R 量表，抓住了完美主义的核心特征，可以用来测量完美主义的适应性与非适应性两个层面，因素分析的结果表明，高标准维度和差异维度得分高可代表适应不良完美主义的特征；高标准维度得分高、差异维度得分低可代表适应性完美主义的特征。

孙楠（2015）在高中生完美主义对其学习成绩的影响研究中以表格的形式详细地概括了国内外学者关于完美主义量表的内容和维度，具体如表 1－1、表 1－2 所示①：

表 1－1　　国外完美主义量表摘要

量表作者	量表名称	量表维度
Burns（1983）	Perfectionism Scale（单维度完美主义量表）	为自己制定高标准，关注错误，不能忍受失败等
Frost 等（1990）	Multidimensional Perfectionism Scale（MPS）（包含 6 个分量表）	个人标准（Personal Standards） 关注错误（Concern Over Mistakes） 行动疑虑（Doubts About Actions） 父母期望（Parental Expectation） 父母批评（Parental Criticism） 组织性（Organization）
Hewitt 等（1991）	Multidimensional Perfectionism Scale（MPS）（包含 3 个分量表）	自我取向完美主义（Self－oriented Perfectionism） 他人取向完美主义（Other－oriented Perfectionism） 社会决定完美主义（Socially Prescribed Perfectionism）

① 张斌：《大学生完美主义人格特质的测量及其与抑郁的关系研究》，硕士学位论文，中南大学，2012 年。

续表

量表作者	量表名称	量表维度
Terry－Short等（1995）	Positive and Negative Perfectionism Scale（PNP）（包含2个分量表）	积极完美主义（Positive Perfectionism） 消极完美主义（Negative Perfectionism）
Slaney等（2001）	Almost Perfect Scale－Revised（APS－R）（包含3个分量表）	高标准（High Standard） 秩序（Order） 差异（Discrepancy）

表1－2　　　　国内完美主义量表摘要

量表作者	量表名称	量表维度
Cheng等（1999）	修订FMPS（香港青少年样本）	个人标准、关注错误、行动疑虑、父母期望和组织性
訾非等（2006）	修订FMPS（中国大陆大学生样本）	个人标准、关注错误、行动疑虑、父母期望和组织性
方新等（2006）	中国大学生完美主义问卷的修订	关注错误、个人标准、条理性、父母要求 参考了FMPS量表和HMPS量表
杨宏飞等（2007）	修订FMPS（中国大陆本科生样本）	个人标准、关注错误、行动疑虑、父母期望和组织性
杨丽（2007）	修订APS－R（中国大陆本科生样本）	高标准、秩序、差异

三　完美主义的二分法

在完美主义的早期研究中，大部分临床心理学家把其视为一种消极的人格特质（Burns，1983；Frost，1990；Hewitt，1991）。在Hewitt看来，无论怎样努力追求完美，都不会是适应性的，不能将追求完美简单地等同于追求优越。Shafran（2002）认为，不能混淆功能性的追求优越（正常的高标准）与临床样本的功能失调性完美主义，这样并无益于理解完美主义这一心理现象，并提出应把完美主义现象限定在临床样本之内。①

对于完美主义偏激认识的改变，得益于完美主义的二分法研究，完美主义二分法理论上应回溯至 Adler（1956）的观点，虽然他并没有系统地界定完美主义，但他为后人提供了一种重要的完美主义观。Adler 指出，只要个体对完美的追求以社会利益为目的，就是健康的；如果追求的仅仅是个人优越，就会导致诸多的心理问题与心理障碍。Hamacheck（1978）最先从二分法角度对完美主义进行理论界定，提出将完美主义分为正常的完美主义与神经症性的完美主义两种类型。

近年来，大量实证研究陆续发现，完美主义不但具有消极成分，还具有积极成分，将完美主义的消极和积极成分进行区分有助于解释既往研究中有关完美主义和各种心理功能之间不一致的结果（Alden et al.，2002）。但到目前为止，完美主义研究主要关注完美主义的消极层面以及它对个体造成的破坏性结果，对完美主义积极层面的研究不多，有关的心理结构仍然不清楚。

最早明确提出完美主义具有积极和消极两方面特征的是完美主义研究者 Frost。Frost 等（1993）对 FMPS 和 HMPS 进行了因素分析，结果得到两个高阶因子：第一个因子包括与精神病理学症状有关的五个维度（错误关注、怀疑行为、父母批评、父母期望、社会决定完美主义），并与消极情感正相关；第二个因子包括与健康特征有关的四个维度（个人标准、条理组织度、自我取向完美主义、他人取向完美主义），并与积极情感正相关。Frost 等将第一个因子命名为“适应不良的在意评价”，将后一个因子命名为“积极追求”。Frost 等的积极追求与适应不良的在意评价两个因子分别与 Hamachek（1978）“正常的”和“神经症性的”完美主义二分法、Slade 和 Owens（1998）的“满意的”和“不满意的”完美主义者的划分、Antony 和 Swinson（1998）的“病态完美主义”和“非病态完美主义”、Terry - Short 等（1995）的“积极的”和“消极的”完美主义划分相符合。

① Shafran，R.，Cooper，Z. & Fairburn，C. G.，“Clinical Perfectionism：A Cognitive - Behavioural Analysis”，*Behaviour Research Therapys*，Vol. 40，No. 7，2002.

Slaney 等（1995）用 HMPS、FMPS 和近乎完美量表（APS）测量的因素分析结果重复了 Frost 等的发现，证明完美主义存在积极和消极两个维度。[①] Rice 等（1998）用 FMPS 和 APS 测量的验证性因素分析结果也发现了适应和适应不良两个高阶因子。[②] Cox 和 Enns（2002）、Dunkley（2006）也对 FMPS 和 HMPS 进行了比较，得出了与 Frost 相近的结果，而且 Cox 和 Enns 的分析更为彻底。[③④] 他们对两个 MPS 分别进行了修订，将修订后的简式 MPS 进行合并，因素分析得出两个二阶因素，分别为适应性维度和非适应性维度。适应性、非适应性模型不包括他人取向完美主义，全量表共有 32 个项目。研究结果显示：非适应性完美主义与神经质、苦恼症状正相关；适应性完美主义与责任感、学业成就正相关。

Alden 等（2002）提出完美主义包括两种成分：成分 1 是对自己表现的期望，反映了追求高标准的倾向或者是对自己和高标准相关的评估；成分 2 是适应不良的自我评价，包括个体的不完备感和神经症性的自我怀疑。Stoeber 等（2007a，2007b）的研究表明完美主义可以分为追求完美和对不完美的消极回应两个方面，追求完美维度包括完美追求、个人高标准与良好的心理调整能力，如积极情感、忍耐力、学业成就和测验成绩积极相关（Bieling，Israeli，Smith & Antony，2003；Frost et al.，1993；Stumpf & Parker，2000）。对不完美的消极回应包括严厉的自我评价、关注错误、期望与结果间的差异，与心理健康适应不良的指标，如抑郁、压力、焦虑正相关（Stoeber & Otto，

---

① Slaney，R.，Ashby，J. S. & Trippi，J.，"Perfectionism：Its Measurement and Career Relevance"，*Journal of Career Assessment*，Vol. 3，No. 3，1995.

② Rice，K. G.，Ashby，J. S. & Slaney，R. B.，"Self - esteem As a Mediator Between Perfectionism and Depression：Astructural Equation Analysis"，*Journal of Counseling Psychology*，Vol. 45，No. 3，1998.

③ Cox，B. J.，Enns，M. W. & Clara，I. P.，"The Multidimensional Structure of Perfectionism in Clinically Distressed and College Student Samples"，*Psychological Assessment*，Vol. 14，No. 3，2002.

④ Dunkley，D. M.，Zuroff，D. C. & Blankstein，K. R.，"Specific Perfectionism Components versus Self - criticism in Predicting Maladjustment"，*Personality and Individual Differences*，Vol. 40，No. 4，2006.

2006)。Bergman 等（2007）认为完美主义既有积极方面，也有消极方面，积极和消极完美主义者虽然表面上行为类似，但他们潜在的动机、相应的情绪状态和认知过程都是不同的。[①] 消极完美主义与情绪压抑、认知功能不良、抑郁和遗憾相关；积极完美主义则与生活满意度相关，但与认知功能不良、抑郁和遗憾不相关。多数研究者认同完美主义的二维划分，Boone 等（2010）认为，适应性完美主义与非适应性完美主义在行为和认知上存在明显差别，非适应性的完美主义者常伴随持续的自我批评和高度的紧张感，并常觉知到自身的不足和无法达成目标[②]。Chang[③] 对 FMPS 进行二阶探索性因素分析后，总结出了与 Stumpf 高阶维度相同的一个双维结构：适应性完美主义（包含原量表中个人标准和组织条理维度）和非适应性完美主义（包含原量表中担心错误、行动疑虑、父母期望和父母批评维度）[④]。

综上所述，完美主义是包含积极和消极两种成分的多维人格特质，分别称为积极（适应良好/个人标准/追求完美）完美主义和消极（适应不良/在意评价/对不完美消极回应）完美主义。

第二节　选题背景及研究意义

一　选题缘起

完美主义是一种为自己设定的高标准，积极地追求完美；但在达

① Bergman, A. J., Nyland, J. E. & Burns, L. R., "Correlates with Perfectionism and the Utility of a Dual Process Model", *Personality and Individual Differences*, Vol. 43, No. 2, 2007.

② Boone L., Soenens B., Braet C., et al., "An Empirical Typology of Perfectionism in Early-to-mid Adolescents and Its Relation with Eating Disorder Symptoms", *Behavior Research and Therapy*, Vol. 48, No. 7, 2010.

③ Chang, E. C., Watkins, A. F. Kira, Hudson Banks, "How Adaptive and Maladaptive Perfectionism Relate to Positive and Negative Psychological Functioning: Testing a Stress-mediation Model in Black and White Female College Students", *Journal of Counseling Psychology*, Vol. 51, No. 1, 2004.

④ 孙文影：《完美主义的结构特征及对情绪健康的影响机制研究》，硕士学位论文，东北师范大学，2011 年。

不到自己设定的高标准时产生差异感，并进行消极自我评价的稳定的人格特质。国外关于完美主义人格的研究成果繁多，涉及了完美主义的定义、结构、测量工具等，还有相关的实证研究。近几年来，在临床与咨询心理学领域，国内一些学者也开始对完美主义进行探索。通过以往文献的回顾，发现在影响完美主义人格形成的相关因素、完美主义的重要研究取向、完美主义的积极和消极因素对个体的不同影响，社会、学校或家庭教育如何引导个体完美主义人格健康成长等方面还存在不足，有待进一步深入研究。

（一）关于完美主义形成的相关因素的研究不足

综合以往有关完美主义形成的因素的研究，国外研究者曾提出过多种关于完美主义形成的理论模型。社会学习模型（Bandura，1964）认为，儿童的完美主义倾向是通过模仿父母而发展起来的；社会期望模型（Missildine，1963；Hamachek，1978）提出，父母对儿童的高期望是儿童完美主义产生的根源；焦虑抚养模型（Barret，1996）认为，父母对子女不完美的过分关注和对子女的过分保护会促使他们发展完美主义倾向；社会反应模型（Kaner，1993）认为，完美主义是对严酷环境条件（如身体虐待、心理折磨、爱的剥夺以及不稳定的家庭环境）或者逆境的社会反应；整合模型（Hewitt & Flett，2002）提出，父母因素、儿童因素、环境压力以及内化、外化和拒绝四种因素间的不同组合和交互影响，成为完美主义形成的心理机制。

从 20 世纪 90 年代开始，一些完美主义研究者用实证研究方法对部分形成模型进行验证（Frost，1991；Vieth & Trull，1999；Flett，Hewitt & Singer，1995；Neumerister，2006），由此得出了一些很有价值的结论。虽然这些形成模型侧重点各有不同，但多数模型只从家庭早期教育的单一因素阐述完美主义发展的根源，整合模型虽然比较全面，但是缺乏经典研究的支持（王敬群、梁宝勇，2005）。已有的少量实证研究，由于研究工具与研究对象的不同，所得出的研究结果并不一致。为了深入了解完美主义人格，需要对完美主义形成的多个预测因素以及预测因素间可能存在的关系进行进一步探讨。

（二）测量父母教养方式的工具不足

儿童与父母的关系互动的质量，特别是父母采用的教养方式对子女人格的形成与社会化影响深远，国外有少量研究证明，父母教养方式与不同类型的完美主义之间关系密切（Flett，Hewitt & Singer，1995；Frost & Lahart，1991；Kawamura & Frost，2002；Neumerister，2006）。儿童个性或人格特质的形成是受到父母的整个行为模式而非某一个行为的影响，心理学家 Baumrind 根据这种理论构想，将父母教养方式分为权威型、专制型和放任型三种，这种分类对该研究领域产生了重大的影响。但是，国内现在关于测量父母教养方式的工具较少，且绝大多数的相关研究采用的是父母养育方式评定量表（EMBU），父母养育方式评定量表侧重于从养育行为角度理解父母养育的行为特征，以及该行为方法对子女发展的影响。EMBU 存在诸多缺陷，如条目过多（共 111 个条目）、因子结构不稳定、对父母的教养方式不能分型等。

（三）完美主义研究取向的问题

对完美主义人格的研究经历了最初单维度病态的认识到现在多维度概念的发展（Burns，1983；Hewitt，1991；Frost，1993；Terry－Short，1995；Slaney，2001）。如今，研究者们普遍认为完美主义是含有积极和消极两种成分的多维人格特质，分别称为积极（适应性/个人标准/追求完美）完美主义和消极（适应不良/在意评价/对不完美的消极回应）完美主义。但是，由于对完美主义最开始的认识比较偏激，过去的研究主要关注完美主义消极层面以及它对个体造成的破坏性结果，大量研究发现完美主义的适应不良维度与抑郁、焦虑、低自尊、进食障碍、强迫症、自杀倾向、学业不满意等显著正相关（Blatt，1995；Frost et al.，1991；Grezegork et al.，2004；Hewitt & Flett，1991；Rice & Slaney，2002；Suddarth & Slaney，2001）。至今，仅有少量研究考察完美主义的适应性层面对较好的学业成就、安全型依恋、高自尊、良好的大学适应状态等的正向预测作用（Ashby & Slaney，2001；Rice et al.，1998；Slaney & Ashby，1996；Gilman & Ashby，2003）。由于完美主义的研究取向偏重其适应不良的层面，有关完美主义适应性层面对个体心理与行为的积极影响还缺少研究支持。

近年来，随着积极心理学的发展以及心理健康观念的变化，少数研究者开始将研究视角转向完美主义与积极心理的关系方面，考察完美主义对个体的生活满意度、成就等的影响。研究发现，在资优学生、运动员和音乐家等特殊群体中，完美主义的适应性层面（如追求完美、高标准、自我取向完美主义等）与心理健康的适应性指标（如较好的比赛成绩、主观幸福感、积极情感等）呈正相关（Stoeber，2007，2009；Chan，2009；Neumeister & Finch，2006）。这些研究对完美主义适应性层面与适应不良层面进行区分，并着重关注完美主义的适应性层面，但对“适应性”完美主义与心理健康的适应性指标的关系上，没有进一步探讨其他的调节或中介机制。另外，以上研究具有完美主义的“领域特殊性”（Domain - specificity），对象均是特殊群体，由这些群体得出的结论难以向普通人群推广。对于普通在校大学生或中学生而言，他们追求完美与取得的成就或积极情感间是否有必然的联系，这种联系后面存在什么样的心理机制，还有待深入研究。

（四）完美主义的积极和消极层面对个体的不同影响的问题

完美主义是一种稳定的人格特质，是个体为自己设定的高标准，积极地追求完美，但在达不到自己设定的高标准时产生的差异感，并进行消极自我评价的人格特质。早期研究中，研究者对于完美主义的界定有着不同的见解。Horney（1950）把完美主义看作神经症的一个亚型，认为完美主义是苛刻的要求。Horney 对于完美主义的界定有一定的消极色彩，主要强调完美主义者在追求完美的过程中对比自身的不足产生心理上的失衡，导致心理崩溃。Adler 是一位赋予完美主义积极意义的人格心理学家，他从积极的角度界定完美主义。Adler（1956）认为个体追求完美主义是人的天性，是一种正常的动机，他指出，当个体关心的是社会利益的时候，对完美的追求是健康的，只有这种追求与支配他人的需要结合在一起时其内涵才是消极的，并导致诸多的心理问题和心理障碍。关于完美主义的定义和性质，多数研究者认为完美主义既有积极的一面，也有消极的一面，是具有双重含义的多维人格特质（Terry - Short，1995；Slaney，2001；Bieling，2003；Stoeber & Otto，2006；等等）。本书认为完美主义是一个多维变量，分为适应良好（积极）完美主义以及适应不良（消极）完美主义，适应良好的完美主义对个体产生积极的影响；反之，适应不良的完美主义对个体产生消极的影响。基于此，本书将从适应良好完美主义与适应不良完美主义两个层面探讨其对个体的影响，适应性影响包括对个体的学业成绩与自我效能感的影响，适应不良影响包括对抑郁、焦虑、强迫症状及拖延行为的影响。

关于完美主义对个体的影响，乐嘉于2006年出版的《“色”眼识人》一书中也有独特的见解。乐嘉将人的性格划分为四种色彩，分别是红色、蓝色、黄色、绿色，每种色彩代表着不同的性格分类。乐嘉认为，蓝色人具有高标准、追求完美的优势，是完美主义的代表，但是蓝色过当也会导致个体产生一些问题，如忧郁、压抑、强迫等。他认为完美主义是蓝色人的核心特质，并详细分析了蓝色人的优势和蓝色过当产生的问题，这些为本书提供了强有力的理论依据①。

二　研究意义

完美主义是心理学和社会学领域一个古老的话题，有关完美主义的研究受到国内外学者的广泛关注。这些研究中有对完美主义的定义、结构、测量工具等的基本探讨，也有对完美主义人格的形成机制的讨论，还有对完美主义人格对个体的影响的大量发现，近年来，也有关于如何引导完美主义人格的健康发展的研究出现。本文以完美主义人格为研究对象，结合文献资料、实证研究以及案例分析，深度探讨完美主义的影响因素，完美主义的二分取向（适应良好完美主义与适应不良完美主义）对个体的具体影响，并针对适应不良完美主义者所导致的一系列问题提出相应的教育策略，以期为这一领域的研究者提供一个参照。

---

① 乐嘉：《“色”眼识人》，文汇出版社2006年版。

（一）理论意义

（1）人格是个体相对稳定的、具有跨情境和跨时间一致性的心理与行为特征。完美主义人格特质形成后就不易改变。本书结合完美主义的人格特征，从理论上深入了解该人格特质的可能预测因素，并通过实证研究探讨完美主义的各个预测因素间的关系，建立完美主义形成的综合模型，尝试阐明各因素之间的不同组合和交互影响，以完善完美主义形成的理论模型。

（2）丰富与发展临床与咨询心理学、教育心理学、社会心理学。研究以往文献发现，完美主义在临床样本与普通人群中与心理健康的关系密切。本书在前人研究的基础上，将成就目标取向、无条件自我接纳引入完美主义与心理健康的关系中，通过建构以成就目标取向和无条件自我接纳为完美主义与学业成绩和抑郁之间的中介因素的模型，帮助我们明确这些心理变量之间的关系，阐明完美人格预测学业成绩和抑郁的复杂的心理中介机制。本书对“适应性”和“适应不良”的完美主义进行区分研究，除了减轻“适应不良”的完美主义造成的消极心理后果，更要充分发挥完美主义的积极内涵的作用，努力促进“适应性”完美主义的积极心理功能。

（二）实践意义

（1）通过对 Buri 父母权威问卷（PAQ）的中文修订，为国内父母教养方式的研究提供一个有效的测量工具。

（2）在临床与咨询心理工作中，对完美主义人格特质形成的根源因素进行深入了解，可以为健康人格培养和提供有益的思路和途径。

（3）本书有效区分了“适应性”完美主义与“适应不良”完美主义对个体的影响，深入探索了完美主义与学业成绩、负性情绪与行为之间的关系：一方面，有效地区分了完美主义的积极与消极层面。本书认为适应良好的完美主义会促进个体的学业成绩，提高个体自我效能感；适应不良完美主义使个体产生一系列问题，如抑郁、强迫、焦虑、拖延等。这些发现有助于教育者在心理健康教育工作中有针对性地干预适应不良的完美主义。另一方面，帮助并促进个体追求卓越的正常动机，发挥完美主义的适应性功能，以帮助个体获得好的学业成绩，提高其自我效能感，并对其心理健康产生正向引导作用的积极功能。

第三节 研究设计

一 研究思路

完美主义作为一种稳定的人格特质，一方面，形成这种人格特质的背后存在许多根源因素，包括社会、学校、家庭以及个体自身等方面；另一方面，形成后的完美主义人格与个体的心理健康、高成就息息相关。目前，临床与咨询心理学研究中越来越关注中介或调节机制的作用，这也是临床与咨询心理学研究走向成熟的标志。因此，本书遵循这一思路，对完美主义形成的各影响因素进行了探究，对形成后的完美主义人格如何发挥其对心理健康的作用进行了探究，同时对社会、学校、家庭及个体自身帮助完美主义个体教育的策略也进行了探究。

二 研究内容

（一）Buri 父母权威问卷（PAQ）的中文修订

探讨完美主义人格特质形成的相关因素时，首先要对重要的预测因素——父母教养方式提供有效的测量工具，因此本书的首要工作就是修订 Buri 父母权威问卷。在广泛查阅国内外有关研究文献的基础上，根据中国文化对父母教养方式的理解，本书对父母教养方式作出如下定义：父母抚养与教育子女时，表现出的一种不随情境的改变而变化的相对稳定的教养态度与行为风格。Buri（1991）根据 Baumrind 的父母教养方式分类编制了父母权威问卷（Parental Authority Questionnaire，PAQ），该问卷是用于评估青少年和年轻人知觉其父亲和母亲所采用的教养方式的回顾性自陈问卷，包括 30 个项目，分为权威型、专制型和放任型三个维度。[①] PAQ 有包含相同项目的权威问卷母亲版（PAQ－M）和权威问卷父亲版（PAQ－F）两个版本，国外大量研究证明，PAQ 是测量父母教养方式可信、有效的工具。

（二）完美主义形成的家庭内相关因素的探讨

基于以往研究发现，父母教养方式、亲子依恋、父母完美主义与个体完美主义紧密相关，且子女和父母之间存在完美主义的社会学习现象，这种学习主要在同性亲子间（Vieth & Trull，1991；Flynn et al.，2001）。本书拟在 Bandura 的社会学习模型、Neumerister 的整合模型基础上，建立一个完美主义形成的综合模型，并提出父母教养方式、亲子依恋可能是父母与子女完美主义之间的中介变量。拟通过问卷调查方法深入探讨父母与子女完美主义之间存在的社会学习现象，进而尝试发现社会模仿学习后的其他复杂的心理中介机制。

（三）适应良好完美主义与适应不良完美主义

本书借鉴 Frost（1990）对完美主义的划分，认同完美主义既有积极的一面，也有消极的一面，将完美主义划分为适应良好完美主义与适应不良完美主义。基于此，探讨完美主义不同层面对个体的影响，具体为：适应良好完美主义对个体的影响，包括对个体学业成绩的影响（以成就目标取向为中介变量）、对个体自我效能感的影响；适应不良完美主义对个体的影响，包括对个体抑郁（以无条件自我接纳为中介变量）、焦虑、强迫症状以及个体拖延行为的不同影响。

（四）完美主义者与非完美主义者的比较研究

用近乎完美量表修订版（APS－R－CR）的高标准和差异分量表对被试进行分类。采用中位数法，将被试分为完美主义者（高标准高差异组）、追求卓越者（高标准低差异组）、非完美主义者（低标准低差异组，低标准高差异组），并从学业成绩、抑郁、无条件自我接纳、成就目标取向各指标上对不同组别间的异同进行比较，目的是鉴别它们的不同，提高教育者心理健康教育工作的针对性与有效性。

---

① Buri，J. R.，“Parental Authority Questionnaire”，*Journal of Personality Assessment*，Vol. 57，No. 1，1991.

（五）教育策略

在完美主义人格的形成过程中，社会、学校、家庭都会对其产生不同的影响：一方面，完美主义人格在现今社会具有普遍存在性；另一方面，完美主义人格具有一旦形成很难改变的特性，而完美主义人格本身还具有两面性，适应性层面有助于个体的成长成才，而适应不良层面导致个体情绪困扰与行为困难。鉴于以上因素，本文在深入了解完美主义人格的前因后果的基础上，从社会、学校、家庭、个体自身等不同层面提出相关的教育策略，期待用科学方法正确地引导和帮助完美主义个体的发展。

三　研究方法

研究方法没有固定的模式，只要能有效帮助实现研究的目的，并能收集到广泛的资料支持研究论点，且收集的材料有助于解释现象，这样的研究方法就是好的。对完美主义的研究经历了理论研究与实证研究过程，理论研究始于 Horney（1950）、Adler（1956）、Hamachek（1978）等对完美主义的理解与探讨。实证研究从一开始的单维度研究到现今的多维度研究，不同研究者依据自己对完美主义人格的理解编制了一系列的研究量表，如 Burns 完美主义量表、Garner 进食障碍调查量表的完美主义分量表等。根据本书的研究目的，拟选取文献法、问卷调查法和案例分析法开展整个研究计划。

（一）文献法

文献法也称历史文献法，即收集和分析研究各种现存的有关文献资料，从中选取信息，以达到某种调查研究目的的方法①。它是最基础和用途最广泛的收集资料的方法，是一种独特的和专门的研究方法。本书通过检索和收集来自 CNKI、维普、全国图书馆等关于完美主义以及相关研究的文献，用来作为本书的文献支持和理论基础。

---

① 百度百科：《文献法》，http：//baike. baidu. com/item/% E6% 96% 87% E7% 8C% AE% E6% B3% 95/9410981？fr = aladdin。

（二）问卷调查法

问卷调查法也称“书面调查法”或称“填表法”，是用书面形式间接收集研究材料的一种调查手段，即通过向调查者发出简明扼要的征询单（表），请其填写对有关问题的意见和建议来间接获得材料和信息的一种方法。问卷调查法是本书最核心、最主要的研究方法。在研究的过程中，本书选用杨丽（2008）修订的近乎完美主义量表修订版（APS－R）、[①] 王争艳等（2005）翻译修订的父母同伴依恋问卷、[②] 张咏梅等（1999）修订的成就目标取向问卷、[③] 国智丹（2006）修订的 Haaga（2001）的无条件自我接纳问卷以及 Beck 编制的抑郁问卷。[④] 此外，考虑采用适合中国样本的量表，本书根据 Buri（1991）编制的父母权威问卷（PAQ）以及瑞典 Umea 大学 Perris 等（1980）编制的父母养育方式评定量表（EMBU），修订了 Buri 父母权威问卷，用于本书正式的研究。

（三）案例分析法

案例分析法（Case Analysis Method）又称个案研究法，是由哈佛大学于 1880 年开发完成的，后被哈佛商学院用于培养高级经理和管理精英的教育实践，并逐渐发展至今天的“案例分析法”。本书主要探讨适应良好完美主义与适应不良完美主义对个体的影响。其中，在适应不良完美主义的章节中，为了深入探析适应不良完美主义与几种不适应症状（抑郁、焦虑、强迫、拖延）之间的关系，在适应不良的症状中引入相关案例，进一步深入了解完美主义的不适应情况及调试方法。

---

① 杨丽：《完美主义、应激、应对、社会支持和抑郁的关系研究》，博士学位论文，天津师范大学，2008 年。

② 王争艳、刘迎泽、杨叶：《依恋内部工作模式的研究概述及探讨》，《心理科学进展》2005 年第 13 期。

③ 张咏梅、方平、郭春彦：《成就目标分类及其动机模式的实验研究》，《心理科学》1999 年第 22 期。

④ 国智丹：《中学生无条件自我接纳的相关研究》，硕士学位论文，西北师范大学，2006 年。

第四节　研究创新点

在已有研究的基础上，针对目前存在的问题，本书拟结合国内外对完美主义的研究成果，对完美主义形成的影响因素，以及形成后的适应良好完美主义与学业成绩和自我效能感，适应不良完美主义与抑郁、焦虑、强迫和拖延之间的关系进行了积极探索和有益尝试，具体体现在以下几个方面：

（1）结合中国文化背景对父母教养方式的理解，对 Buri 父母权威问卷进行中文修订，修订后的问卷有比较稳定的信度和效度，为今后国内父母教养方式的相关研究提供了一个有效的测量工具。

（2）综合考虑完美主义形成的影响因素，以实证研究的方式对家庭中父母完美主义、父母教养方式、亲子依恋与子女完美主义之间的相互关系进行考察。以 Bandura 的社会学习模型、Neumeister 的整合模型为基础，提出完美主义形成的家庭综合模型。在子女完美主义与各因素相关研究的基础上，深入探讨各因素间的相互作用，最后建立并验证母亲教养方式、母子依恋在母亲完美主义与子女完美主义之间关系的结构方程模型，揭示了完美主义人格特质形成的过程中，家庭环境中的母亲教养、母子依恋、父母的完美主义人格等因素的重要作用。

（3）对形成后的完美主义人格的积极层面与消极层面进行有效区分，增强对完美主义认识的客观性与科学性。深入了解完美主义积极层面、学业成绩与自我效能感之间的关系，完美主义消极层面与抑郁、焦虑、强迫和拖延之间的关系。转变以往研究重点关注完美主义对个体带来的破坏性结果的倾向，提高对完美主义积极心理功能的重视。同时，拓展完美主义消极层面与抑郁关系的心理中介机制，建立无条件自我接纳、成就目标取向在完美主义差异维度与抑郁关系间的结构方程模型，揭示了完美主义不同层面对个体生活、学习、心理健康作用的机制。

（4）以 APS－R－CR 为工具对大学生和中学生进行分类研究，并比较了完美主义者、追求卓越者和非完美主义者的心理特征，为家庭正确引导教育孩子、为学校心理健康教育的干预工作提供明确方向。

第二章　完美主义形成的影响因素

黛安·E. 帕普利在《儿童世界》中说过："只有知道了我们是怎样的人，又是如何变成了这样的人，我们才有希望创造出更美好的世界。"从20世纪90年代开始，大多数完美主义研究者主张完美主义是一种多维度的人格特质，并认为它具有双重性（既有积极的一面，也有消极的一面），只是因人因事而异。但不管研究者持什么样的态度，都会涉及一个共同问题，即什么因素影响了完美主义的形成？只有弄清了完美主义的起因，才可能真正理解完美主义的本质。

然而，完美主义作为一种人格特质，其成因是非常复杂的，即使同种类型的完美主义（如适应不良的），可能也是由很多种原因导致的。这些原因的确切数目难以估计，更难精确地说明它们之间的因果关系和交互作用。家庭是社会的细胞，是个体成长和发展的重要场所，家庭中各种显性或隐性因素都是个体发展的影响因素。完美主义的研究者对影响人格发展的关键家庭因素（父母教养方式、亲子依恋、父母人格特征）和个体完美主义之间的关系进行了大量理论探讨和实证研究，以下将对完美主义形成相关的几个因素理论与实证研究进行追溯。

第一节　父母教养方式与完美主义的关系

一　父母教养方式的概述

（一）父母教养方式的定义

父母教养方式是父母与子女在社会环境和家庭环境下相互作用的

产物，由于社会大环境的不同以及父母个性特征、受教育水平、社会经济地位等的不同，父母采用的教养方式也各不相同。

有关父母教养方式的定义，中外学者目前还未统一。Darling 和 Steinberg（1993）认为，教养方式是父母的教养观念、教养行为及其对子女情感的一种组合形式，这种组合形式是相对稳定的，不随情境的改变而变化，它反映了亲子交往的实质。① Prevatt（2003）认为，父母教养方式是指一种与教养有关的、稳定的态度和信念的综合体。② 顾明远（1991）等认为，家庭教养方式有广义和狭义之分：广义的家庭教养是指家庭成员之间相互实施的一种教育，也就是说不仅包括长辈对后辈的抚养、教育，也应该包括后辈对长辈的影响；狭义的家庭教养就是指由家长（主要是父母）对其子女及其他年幼者实施的教育。③ 林崇德等（2003）把父母教养方式看作父母对子女的教育态度，不同类型的教养方式对儿童人格的形成具有不同的作用。④ 陈陈（2002）认为，教养方式是父母在抚养、教育儿童的活动中通常使用的方法和形式，是父母各种教养行为的特征概括，是一种相对稳定的行为风格。⑤

综上可见，父母教养方式定义的核心内容包括：父母在对子女进行抚养、照顾、教育时，根据自己的信念、态度、情感、价值观等所表现出来的一种相对稳定的行为风格。本书认为父母教养方式是父母抚养与教育子女时，表现出的一种不随情境的改变而变化的相对稳定的教养态度与行为风格。

（二）父母教养方式的理论

心理学中没有专门的理论解释父母教养方式，但是关于儿童发展

---

① Darling, N. & Steinberg, L., "Parenting Style as Content: An Integrative Model", *Psychological Bulletin*, Vol. 113, No. 3, 1993.

② Prevatt, F. F., "The Contribution of Parenting Practices in a Risk and Resiliency Model of Children's Adjustment", *The British Journal of Developmental Psychology*, Vol. 21, No. 4, 2003.

③ 顾明远：《教育大辞典》，上海教育出版社 1991 年版，第 668 页。

④ 林崇德、杨治良、黄希庭：《心理学大辞典》，上海教育出版社 2003 年版。

⑤ 陈陈：《家庭教养方式研究进程透视》，《南京师大学学报》（社会科学版）2002 年第 6 期。

的几个不同时期的观点和理论——从父母影响儿童的单向决定观、亲子双向互动观，再到人类发展的生态理论观，由于研究者关注教养方式中的不同方面，从而影响了父母教养方式的研究取向。

1. 心理动力学理论

父母影响儿童的单向决定观主要有心理动力学与行为主义两种理论。持心理动力学观点的研究者关注亲子间的情感关系和这种关系对孩子的心理性欲、心理社会和人格发展的影响。Frued 认为，个体童年期的生活事件对成年期人格发展起十分重要的作用，成年期人格特点在生命的头几年里就已经被决定了。若个体在人格发展的几个关键期没有很好地发展，将会影响日后的心理发展和个性成熟。

2. 行为主义理论

行为主义强调环境的决定作用，认为个体的行为完全可以由后天环境加以塑造。行为论者发展出一些改变行为可采用的方式，如强化作用、制约作用、消退作用及惩罚原则等。行为论者认为父母教养子女时可运用强化、制约、削弱及惩罚原则来建立子女的行为规范。

3. 亲子控制系统理论

Bell（1968）对社会化研究中的影响方向进行了再解释，他提出双向模式，认为儿童自出生起就表现出明显的天赋差异，而这些差异又影响了父母的行为。Bell 还提出了亲子控制系统理论，揭示了亲子关系的互动机制。互动理论认为教养方式是父母与女子一同发生的行为（陈陈，2002）。

4. 生态系统论

Bronferbrenner（1979，1989）认为个体的发展受其所在环境系统的影响。他对个体所处环境系统划分层级，提出微观、中间、外部和宏观系统四种类别。家庭、学校是与儿童关系最密切的微观系统，由于微观系统是个体在某一特定时期所处的即时环境，因此它们对个体的发展往往起着直接的重要影响。个体在这四种不同的结构水平上与他人或周围环境交互作用，形成特定的交往模式并对个体发展产生影响（张文新，1999）。

5. 家庭系统论

Belsky（1984）阐述了家庭系统内各子系统间的相互关系。家庭作为一个相互作用的系统，其中每一成员都不是孤立的个体，而是彼此联系相互影响的；每一成员的特征和行为都与他人发生相互作用，影响所有成员并做出反应，如父母的抚养行为既对儿童的行为发展产生影响，同时也受儿童行为反应的影响；亲子关系既受父母婚姻质量好坏影响，又受父母的婚姻关系影响。总之，家庭是一个有着复杂内部作用的系统，家庭系统的任何两部分之间的关系都是相互影响的双向关系。

以上理论的侧重点各有不同，有些强调外在环境重要与他人的教导，有些强调儿童内在的认知发展程度，有些强调儿童发展过程中内外环境的综合影响，但所有理论都认为父母教养方式对子女个性发展与人格成熟有较大的影响。

（三）父母教养方式的分类与评定

在父母教养方式对儿童社会化影响的早期研究中，西方心理学家受到单向决定观的影响，努力寻求父母决定儿童的教养维度或模式，由此采取了不同的研究取向。一种取向从父母教养行为的维度入手；另一种取向是将父母教养方式类型化、模式化，然后探讨某一行为维度或某一模式下具体的教养方法对儿童发展的影响。

将父母教养方式按维度划分包括：Symonds（1939）把教养方式分为接受—拒绝和支配—服从两个维度；Erikson（1950）提出控制和温暖两个维度；Baldwin（1955）提出情感温暖—敌意、情感冷漠—情感卷入两个维度；Sears（1957）等把教养方式分为情感温暖（宽容）—严厉两个维度；Schaefer（1959）把教养方式分为爱—敌意和自主—控制两个维度。

将父母教养方式按类型分类包括：Pumory（1966）把教养方式划分为保护、严格、拒绝、放纵四种类型；将父母教养方式类型化最有代表性的是Baumrind，她受到社会学习理论、生态学和家庭系统理论的影响，采用家庭观察、实验观察和访谈等方法，从控制、成熟的要求、父母与儿童交往的清晰度以及父母的教养四个方面来评定父母的教养行为，Baumrind（1968）将父母教养方式划分为权威型、专制型和放任型三种；Maccoby 和 Martin（1983）把父母教养方式按要求控制和无要求无控制分为权威、专制、宽容和忽视四种类型；Hong 等（1997）把父母教养方式分为民主、专制和策略三种类型；Steinberg（1994）等把父母教养方式分为权威、专制、放任和溺爱四种类型（龚艺华，2005）。

在对父母教养方式按维度或类型分类的基础上，研究者们编制了对父母教养行为进行评定的测量工具，现将几个产生重要影响的父母教养方式评定量表整理如下：

1. 父母养育方式评定量表

瑞典 Umea 大学精神医学系 Perris（1980）等共同编制了用于评定父母教养态度与行为的问卷——父母养育方式评定量表（Egma Minnen av Bardndosnauppforstran，EMBU）。原量表有 81 个条目，涉及父母 15 种教养行为：辱骂、剥夺、惩罚、羞辱、拒绝、过度保护、过分干涉、宽容、情感、行为取向、归罪、鼓励、偏爱同胞、偏爱被试和非特异性行为。对上述 15 个分量表进行主因素分析，抽取了 4 个主因子：因子 1 是管束、行为取向和归罪行为；因子 2 是一个对称的维度，一极是情感温暖和鼓励行为，另一极是爱的剥夺和拒绝行为；因子 3 是偏爱同胞或被试；因子 4 是过度保护。Simonton（1990）对 EMBU 进行修订，修订后的问卷分为父亲分量表与母亲分量表，其中父亲分量表包括情感温暖、理解，惩罚、严厉，过分干涉，偏爱，拒绝、否认，过度保护 6 个维度，共 58 个条目；母亲分量表包括情感温暖、理解，过分干涉、过度保护，拒绝、否认，惩罚、严厉，偏爱 5 个维度，共 57 个条目。

2. 父母教养方式问卷

Steinberg 等（1992）编制的父母教养方式问卷（Parenting Styles Questionnaire，PSQ），用于评定孩子在家庭中对父母教养实践的知觉。问卷有 26 个条目，分 3 个维度，分别是父母接受/参与（9 个条目）、心理自主（9 个条目）、严厉/监督（8 个条目）。项目计分为 3 点、4 点和 7 点，问卷具有较好的信度、效度。

3. 父母权威问卷

Buri（1991）根据 Baumrind（1968）对父母教养方式的分类编制了父母权威问卷（Parental Authority Questionnaire，PAQ）。他组织 21 名心理学、社会学、教育学和社会工作专业人员对 Baumrind 的父母教养方式原型进行逐一研究，并对 48 个原始项目评估，最后选出 30 个项目组成 PAQ。PAQ 分为权威、专制和放任 3 个类型，每种类型有 10 个项目。该问卷已被广泛应用于父母教养方式的研究中，用于评估父母教养方式与大学生和其父母间的交流次数的关系（Trice，2002），与成就目标取向的关系（Gonzalez，2001），与自尊和幸福感的关系（McBride - Chang Chang，1998），以及与自我实现的关系。以上研究者从不同方面证明了 PAQ 是测量父母教养方式的可信、有效工具。

二　与父母教养方式相关的研究

父母的态度和教养方式对孩子的智力发展水平、个性、道德品质和心理健康都有重要的影响。但是父亲与母亲对子女的影响在不同年龄阶段、内容、方式和性质上有许多不同的特点。社会学的研究表明，在儿童时期（3—11 岁），母亲对子女的教育有重要的作用，如果失去母亲就会使子女的情绪波动大并产生不安全感。少年时期，由于子女的社会性有所发展，与父亲的关系逐渐重要，虽然在此期间，子女若失去父母的任何一方，其越轨的比例都较大，但父亲对子女的成长作用比母亲更显著（孟育群，1998）。发展心理学家认为，在个体人格的形成（尤其是社会化）过程中，父母教养方式的影响至关重要，如果父母本身存在个性的缺陷，对孩子的社会性发展与人格形成会造成一定的不利影响。

父母教养方式对个体人格形成的最早研究起源于对精神病和神经症患者致病起因的探讨（Solyom，1976；Parker，1979；Bezirganian，1993）。Solyom（1976）研究发现，母亲的过度保护是造成旷野恐惧症的一个重要原因。Parker（1979）对神经病症与父母教养方式的关系研究发现，父母不良特征与子女的抑郁特征存在正相关，是促发子女发生神经病症的危险因素之一。Bezirganian（1993）发现，父母长期不当的教养方式容易使子女产生边缘性人格障碍，促使其出现自杀念头，容易焦虑和失眠，造成罹患神经病症的病前个性基础。

除了与精神病或神经症患者致病因素紧密相关以外，父母教养方式对于正常人的健康人格和良好社会适应能力也有重要影响（Kawash et al.，1985；张文新、林崇德，1998）。Kawash 等（1985）发现，父母对子女的接纳与认可与其自尊显著正相关，而父母对子女的控制则与其自尊呈极显著的负相关。张文新、林崇德（1998）研究发现，青少年的自尊与其感受到的来自父母的情感温暖与理解呈显著的正相关，而与父母的惩罚严厉、拒绝否认、父母亲的过分干涉和过度保护呈显著的负相关。

三　父母教养方式与完美主义的关系

多数研究者认为，在孩子成长的家庭环境中，父母采用的教养方式对其完美人格的形成影响较大。Missildine（1963）和 Pacht（1984）认为，父母明显的批评或者强迫孩子接受高标准和期望的批评，使孩子几乎很少达到完美表现，因此孩子会对自己的表现进行更多、更严厉的批评。许多研究调查了不同的完美主义维度与父母教养方式间的关系，发现儿童的完美人格与严厉批评型的父母教养有关联（Flett, Hewitt & Singer，1995；Frost，Lahart & Rosenblate，1991；Rice，Ashby & Preusser，1996；Neumerister，2004）。

Robin 和 Koepke 等（1990）研究发现，如果父母相信子女应该是"无瑕疵的"，则其教养方式更为专制。Frost 等（1991）发现，女儿的完美主义与知觉到的父亲苛刻的教养显著相关。Flett 等（1995）对父母教养风格与子女完美主义的关系进行调查，发现只有男生的社会决定完美主义同时与父母亲的专制型教养（苛刻的、惩罚的和过度控制的）显著相关。适应不良完美主义者比适应性完美主义者知觉到父母更多的专制特征（Rice et al.，1996）。Neumerister（2004）发现，社会决定型完美主义者通常知觉到父母双方或一方为专制型，而自我取向型完美主义者认为自己的父母采取的是权威型的教养。

由于集体主义文化的影响，亚裔美国人家庭的父母偏爱专制型的教养（Kelley & Tseng，1992；Schneider & Lee，1990），这种家庭中的父母多被子女视为批评型和要求型的。Chang（1998）发现，亚裔美国大学生比高加索裔美国大学生出现更高水平的适应不良完美主义。尽管一般文化认为，适应不良完美主义和专制型教养是负面的，对亚裔美国人却不尽然，如他们虽然报告了家庭中的专制型教养和高水平完美主义，同时也出现了高水平的教育成绩（Reglin & Adams，1990）。Kawamura 和 Frost 等（2002）调查父母教养风格与完美主义关系的种族差异，发现在高加索裔美国男女大学生和亚裔美国女大学生中，苛刻型的和专制型的教养风格与适应不良完美主义相关。① 完美主义的适应良好层面与两个种族中的女大学生更高的学业成绩相关，但与男大学生无关。对亚裔美国男大学生而言，完美主义的发展独立于家庭影响，这跟集体主义文化中强调男孩子的独立性与情感控制力有关，因而他们较少受到父母行为的影响。对男孩子而言，同辈或更广泛的社会赞许对其完美人格的发展影响更为重要。

Barret 等（1996）提出的焦虑抚养模型认为：一方面，父母的焦虑特征会使他们过分关注子女的错误和消极面，子女为了避免错误以满足父母的要求就会发展完美主义倾向；另一方面，父母的焦虑特征又会使他们过度保护子女以避免子女犯错误，他们常常教育子女“当心犯错误”。② 这样的教养方式使子女发展出完美主义的倾向，其目的是避免“可能犯错误”，以及由此而可能遭受的惩罚。Flett 和 Hewitt（2002）认为，如果儿童成长在完美主义的焦虑型教养家庭中，其父母持续地担心其不够完美或处于焦虑担忧状态，成长中的儿童会竭力避免出现错误或将相关的危险最小化以达到完美的目的。③ Besharat（2003）研究发现，焦虑的青少年通常有焦虑的父母，父母的完美主

---

① Kawamura，K. Y.，Frost，R. O. & Harmatz，M. G.，“The Relationship of Perceived Parenting Styles to Perfectionism”，*Personality and Individual Differences*，Vol. 32，No. 2，2002.

② Barrett，P. M.，Rapee，R. M.，Dadds，M. M. & Ryan，S. M.，“Family Enhancement of Cognitive Style in Anxious and Aggressive Children”，*Journal of Abnormal Psychology*，Vol. 2，No. 24，1996.

③ Flett，G. L. & Hewitt，P. L.，*Perfectionism：Theory，Research，and Treatment*，Washington，DC：American Psychological Association，2002，pp. 373 – 391.

义与儿女的考试焦虑相关。[①]

訾非和周旭（2006）研究发现，完美主义在相当大的程度上可以用个体对他人评价（尤其是权威他人评价）的惧怕来解释。[②] 他们发现学生适应性的完美主义维度与父母的温暖理解因素呈正相关，与父母的惩罚严厉、过度保护、过分干涉、拒绝否认等因素呈负相关。而完美主义的4个非适应性维度只与父母教养方式的个别因素有关。结果表明，不良的教养方式不利于个体完美主义适应性方面的发展，但并不必然强化完美主义适应不良的方面。

第二节　亲子依恋与完美主义的关系

一　亲子依恋的概述

（一）依恋的定义

英国精神病学家Bowlby（1969，1973，1982）最早提出了依恋的概念，他把依恋定义为“一种个体与具有特殊意义的他人形成牢固的情感纽带的倾向，它能为个体提供安全和安慰”。Bowlby在习性学的基础上整合了心理分析理论、信息加工理论与控制论，创立了依恋理论，系统地论述了依恋产生的生物基础、依恋的阶段性发展及其内部机制，并对依恋的特征进行了剖析。

在Bowlby理论的影响下，依恋研究开始仅限于儿童早期，即子女对母亲的依恋，但这是对Bowlby理论的误解（Marimis，2005）。事实上，Bowlby（1988）认为，依恋关系建立的主要时期是婴儿期和儿童期，但依恋关系的建立是一个动态的过程，持续在个体的生命全程。在人生的早期，依恋对象可能是父母或其他主要照顾者，随着儿童成长为青少年乃至成人，依恋对象也扩展为同伴、恋爱对象、配偶等。

---

① Besharat, M. A., "Parental Perfectionism and Children's Test Anxiety", *Psychological Reports*, Vol. 93, No. 2, 2003.

② 訾非、周旭：《大学生完美主义心理与父母教养方式的关系》，《中国健康心理学杂志》2006年第14期。

另一位研究依恋的先驱者把依恋定义为儿童经常与互动的特定对象间强烈而持久的情感联结，而且是一种互惠的情感关系（Ainsworth，1978）。同时，Anisworth（1989）也提出依恋能够超越儿童期的观点。Weiss（1991）认为，婴儿与照看者之间的那些特征也适用于多数婚姻或忠诚的非婚姻的浪漫关系中。Hazan 和 Shaver（1987，1988）最早将 Weiss 的假设用于考查成人的依恋关系，发现成人的依恋类型及类型比例与婴儿的非常相似。他们提出，爱情可以看作一个依恋过程，也就是说，配偶或未婚但忠诚的恋人之间的关系是包括复杂的社会情绪过程的情感联系。Hazan 和 Shaver 的开创性研究在婴儿依恋理论和恋人依恋理论之间搭建了一座桥梁，随后出现了大量与成人依恋有关的研究，如今这一领域已成为西方人格心理学研究的热点。

本书关注青少年与父母之间的亲子依恋关系，鉴于以上分析，将依恋定义为个体在生命过程中与重要他人建立的亲密、持久、强烈、安全的情感连接。

（二）依恋的理论

Bowlby（1969）提出内部工作模型（Internal Working Model）概念，用以深入阐述和解释依恋的内在机制。[①] 依恋的内部工作模型指个体在与依恋对象交往过程中形成的关于自我、重要他人以及自我和重要他人关系的心理表征的内容。随着年龄的增长，个体的内部工作模型逐渐形成一个组织良好的结构。依恋的内部工作模型从概化模型到具体模型是以层级的方式组织起来的，个体能够对不同的重要他人形成不同的工作模型，即形成不同的依恋类型。虽然个体可以有多个依恋对象，如爱人、父母、好友、姐妹等，也可以在不同依恋关系中体现出不同的依恋模式，但其始终能够确定一个典型的依恋类型，即个体同时拥有依恋的概化模型和具体关系模型（Badwin，Keelan，Fehr，Enns & Koh - Rangarajoo，1996）。内部工作模型实质是个体对自我、重要他人以及人际关系的一种稳定认知。Bowlby（1980）指出，内部工作模型具有一定的稳定性与持续性，主要以无意识方式运行，

---

① Bowlby，J.，*Attachment and Loss*：*Attachment*，London：Hogarth，1969.

一旦建立起来就倾向于永久存在，它决定着儿童的行为方式，并成为未来人际关系的参照系。

（三）依恋的测量

随着对依恋研究的深入，许多学者创立了相应的依恋测量方法，下面介绍几种主要的依恋测量工具。

1. 陌生情境法

Ainsworth 通过对 26 对母子一年的家庭观察发现，不同孩子在与母亲分离及相逢时所表现出来的反应是有区别的，在此基础上他创立了“陌生人情境”的研究程序（Strange Situation Procedure），这是第一个用来评定依恋类型的工具（Ainsworth，1973，1978）。陌生情境法是评价亲子依恋的一个标准化程序，该方法在预先设置好的实验室情境中进行，主要针对 12—18 个月的婴儿。实验者分别设置婴儿与母亲在一起、母亲离去、陌生人加入、母亲回来与婴儿重聚等实验情境，在这些情境中观察婴儿的行为表现，并将母婴依恋划分为安全型、回避型、矛盾型三种类型。该方法观察到的婴儿的外显行为反映了婴儿有关依恋关系的内部工作模型（张咏梅，2006）。

2. Q 分类法

由 Stephenson（1953）首创的依恋 Q－set 卡片是比较普遍的依恋测量方法。它是在日常生活环境中考察 2—6 岁儿童与成人依恋关系安全性的测量工具，共有 90 个条目，每一条目描述一种日常生活中常见的儿童的行为，其中大多数是依恋行为，还有一些是与依恋无关的一般行为。评价人通常是对幼儿行为有一定了解的成人，如研究者、母亲或幼儿园教师。这种方法克服了陌生情境法在生态效度上的缺陷，是可以在较自然的家庭环境中进行的测量方法。

3. 父母与同伴依恋问卷

父母与同伴依恋问卷（Inventory of Parent and Peer Attachment，IPPA）是 Greenberg 和 Armsden（1987）基于 Bowlby 的内部工作模型理论发展的、用于测量青少年对与父母和亲密同性朋友的依恋关系的知觉的问卷，是国外应用最广泛的青少年依恋测量工具。IPPA 包括父亲、母亲、同伴三个分量表，每个分量表包括三个维度，即信任（指个体认为依恋对象理解、尊重自己的愿望和需求的程度）、沟通（指个体认为依恋对象对自己的情绪状态和情感需求的敏感程度和反应性）、疏离（指个体对依恋对象感到气愤并形成情感隔离的程度），可以从不同的依恋对象和不同的维度全面反映青少年阶段情感依恋的质量，三个分量表可以结合使用，也可独立使用。信任维度和沟通维度正向记分，得分越高表示依恋安全性越高，疏离维度反向记分，得分越高表示疏离感越低，依恋安全性越高。新版的 IPPA 中每个分量表有 25 个项目，采用李克特五点记分法，有良好的信度和效度，是青少年依恋研究中应用最广泛的量表，已得到国内外许多学者的认可及应用（朱海东，2008）。

4. 成人依恋访谈

Main 等（1985）的成人依恋访谈（Adult Attachment Interview，AAI）是测量青少年和成人依恋表征的主要工具。该访谈是关于个体依恋关系和意义的半结构式访谈，要求被试用一些具体事例来描述他们的父母及与父母的关系，通过被试对自己早期依恋经历的描述，采用内容分析来划分他们的依恋类型。但是该方法要求访谈者具有较高的访谈知识与技巧，需要经过严格的培训。

5. 亲密关系体验问卷

Bernan、Clalk 和 Shaver 等（1998）设计的亲密关系体验问卷（Experiences in Close Relationships，ECR）包括两个维度，分别是焦虑维度（测量个体对与伴侣分离或者被伴侣抛弃的担心程度）和回避维度（测量个体与情侣的亲密程度及个体在心理和情感上的独立程度），各维度含有 18 道题目。该量表有较高的信度和效度，目前是测量成人依恋最理想的一种方法。

二 亲子依恋与完美主义的关系

自从 Bowlby 创立依恋理论以来，越来越多的学者关注依恋关系对个体发展的重要影响，亲子依恋的关系不仅与子女的身心健康和社会化发展密切相关，且直接影响到个体人格的完善。早在完美主义概念提出之初，许多研究者就针对依恋关系对完美主义者的影响做出了理论阐述，亲子依恋关系的性质或父母的形象可为不同类型完美主义的发展提供平台（Hamachek，1978；Barrow & Moore，1983；Sorotzkin，1998；Blatt，1995；Harter，1998）。

Hamachek（1978）、Barrow 和 Moore（1983）认为，如果依恋对象（父母）是可得到的、有反应的、提供养育的而非让人压抑的，孩子不用通过达到标准去获得父母的赞许，就会形成安全型的亲子关系，而安全型依恋能产生适应良好完美主义。反之，适应不良完美主义是对不安全型亲子依恋的反应，不安全的根源是孩子缺少父母的支持、父母对孩子接受与赞许的不一致、父母不合理的严厉与父母强加给孩子的期望。

Sorotzkin（1998）提出，适应良好完美主义者的父母是正面的、支持的和鼓励的，由此，孩子能发展对自我价值的现实认识，把他人看作可信的和负责的。① 适应不良完美主义者的父母对他们不赞赏或不一致地赞赏，父母对孩子的兴趣仅当孩子按期望表现时才出现，但对孩子的主观体验并不敏感或并不感兴趣，孩子因此学会强调成就而非自己的情感需要，做到完美且压制自己的情感需要就能得到并保持父母的承认，也就可以逃避或避免父母严厉的或惩罚的反应。他专门研究了传统的犹太裔青少年，发现他们通常是完美的，但却有临床上表现出的如冲动的、自大的、替代的、可怜的自我概念。

Blatt（1995）认为，有较高完美主义与自我批评倾向的个体，会努力达到苛刻的父母的标准，他们认同父母的态度并将这些态度指向自己以至于无论完成什么都永远不会满足。② 不安全的亲子依恋出现在适应不良完美主义者身上，使他们的心理显著失调。在有关儿童自我表达的文献中研究发现，有安全依恋关系的儿童能接受自己的理想的与不理想的形象，他们把自己描述为积极的同时也承认自己“不够完美”；不安全型依恋的儿童的父母对孩子的情感需要反应迟钝或过度反应，过度反应的父母强调儿童应该感觉什么而不去理解孩子的真

---

① Sorotzkin，B.，“Understanding and Treating Perfectionism in Religious Adolescents”，*Psychotherapy*，Vol. 35，No. 1，1998.

② Blatt，S. J.，“The Destructiveness of Perfectionism：Implications for the Treatment of Depression”，*American Psychologist*，Vol. 50. No. 12，1995.

实感觉，即没有安全依恋关系的孩子描述自己是完美的和理想化的自我，目的是去“掩饰无价值的感觉”，他们可能会发展出自我无价值、他人不关心的自我负面观点（Harter，1998）。

在亲子依恋与完美主义发展的关系假设的基础上，很多研究者用实证研究（Mallinckrodt & Wei，2003；Rice，1996；Rice & Mirzadeh，2000；Flett et al.，2002；Wei，2004；Rice & Lopez，2005）去深入探讨亲子依恋对个体完美主义人格的影响。Rice（1996）是第一个用实证研究去探讨亲子依恋与完美主义关系的心理学家。他发现，适应不良完美主义者相对于适应良好完美主义者，描述父母有更高的要求并经常受到批评，但是两组在父母关心或过度保护的维度上没有差异。Rice 和 Mirzadeh（2000）研究发现，根据大学生依恋风格可判断其完美主义类型，和父母之间存在安全依恋是适应性完美主义最重要的来源，而依恋关系对适应不良完美主义的影响较弱。① 适应良好完美主义者相比适应不良完美主义者有更好的学业成绩，有高安全感和高质量的亲子联结，这种亲子关系鼓励适应良好完美主义的发展，当孩子没有达到标准时并不去破坏这种关系。另外，适应不良完美主义者经常表现出抑郁等临床问题。

完美主义作为一种人格特质，部分来源于与父母间的亲子互动关系，这种关系的实质对完美主义者的成人关系有暗示作用。

Flett 等（2002）发现，社会决定完美主义与回避型依恋（即对自我持消极观点，对他人持积极观点）和害怕型依恋（即对自我和他人都持消极观点）的相关程度显著高于与安全型依恋（即对自我与他人都持积极观点）的相关程度。Mallinckrodt 和 Wei（2003）认为，严重的人际关系问题产生的可能原因是在儿童的成长过程中，父母用爱的取消作为控制情感的手段。有焦虑依恋的儿童认为，如果自己是完美的，就能获得父母的爱与接纳。作为获得父母接纳的“追求完美模式”，在儿童期只是间或存在，在成人期时就成为适应不良完

---

① Rice，K. G. & Mirzadeh，S. A.，“Perfectionism，Attachment and Adjustment”，*Journal of Counseling Psychology*，Vol. 47，No. 2，2000.

美主义的模式。适应良好完美主义的大学生有安全的成人依恋，较少关注“如果不能达到高的成就目标，会导致社会的不赞许、拒绝或放弃”。他们对成就的态度与依恋无关，能无拘无束地追求有挑战的目标，同时可以很快从与成就相关的失败中恢复。与有不安全依恋的同伴相比，有安全依恋的大学生拥有灵活和具有适应性的解决问题策略，可更好地调整情感和情绪状态，有更一致的和整合的自我形象（Mikulincer，1995；Brennan & Shaver，1998；Lopez，1996，2001）。

对于依恋风格与抑郁的关系，Wei（2004）的研究发现，适应不良完美主义可部分中介焦虑型依恋与抑郁心境的关系，完全中介回避型依恋与抑郁心境的关系。[①] 随着完美主义水平的提高，焦虑型依恋与抑郁心境间的联系加强。原因可能是回避型依恋的人倾向于抵制正常的依恋反应，他们通过认知和情感调节，把注意力从唤起应激反应的刺激和与依恋相关的想法和感觉上转移。反过来，高焦虑依恋的个体习惯把注意力固定在唤起应激反应的刺激上，为了尝试保持与依恋对象的亲近和恳求慰藉而扩大对悲痛的表达。适应不良完美主义部分中介早期的亲子关系与抑郁易感性间的关系（Enns，2002；Randolph & Dykman，1998）。Rice 和 Lopez（2005）研究发现，父母和社会的成就期望是适应性与适应不良完美主义的显著影响因素。适应不良完美主义完全中介了父母和社会的成就期望与成人依恋取向间的关系，适应性完美主义尽管与成人依恋取向显著相关，却没有在两者的关系中发挥中介作用。[②]

---

① Wei, M., Mallinckrodt, B. & Russell, D. W., “Maladaptive Perfectionism as a Mediator and Moderator between Adult Attachment and Depressive Mood”, *Journal of counseling Psychology*, Vol. 51, No. 2, 2004.

② Rice, K. G., Lopez, F. G. & Vergara, D., “Parental/Social influences on Perfectionism and Adult Attachment Orientations”, *Journal of Social and Clinical Psychology*, Vol. 24, No. 4, 2005.

第三节 父母完美主义与子女完美主义的关系

“完美主义家族延续论”观点的支持者认为，完美人格是习得的，主要来自童年期与父母亲子互动（Hamachek，1978；Burns，1980）。

Hamachek（1978）区分了正常的和神经症性的完美主义，前者是积极模仿或负面模仿的结果，积极模仿指当孩子的关键照料人表现了与完美主义有关的行为，如精确和完整，并且他们能够悦纳自己的成就时，孩子看到努力就能得到满意，满意感会使孩子产生积极的感受和对自我的高标准。负面模仿是与一个总是无组织的或很少完成任务的关键照料人在一起，孩子观察父母行为产生的挫败感和内部紧张感导致他们变得更加精确和小心翼翼、整洁和整齐，也更有组织性。神经症性的完美主义产生于童年期的两种情绪环境：一种是条件性赞赏的环境，另一种是不赞赏或不一致赞赏的环境，在这样的情绪环境中，孩子采用完成个人的高标准方式去取悦他人。

Burns（1980）认为，完美主义的起因至少部分源于与完美主义父母的交流互动，儿女的优异表现会受到强化，但是当儿女的努力失败时，父母会把这个失败看作他们育儿技能的失败，不会安慰儿女。父母用失望、焦虑和烦躁进行反馈，结果使儿女害怕犯错误，儿女害怕的反应又进一步强化了父母的行为。

Bandura（1964）的社会学习模型（Social Learning Model）认为，儿童的完美主义倾向是通过模仿父母发展起来的。由于儿童对父母都有一种理想化的观念，无论其父母是否是完美主义者，儿童都会把父母视为“完美的人”，并希望通过自己的努力而成为像父母一样“完美的人”。Bandura 和 Kupers 利用实验证明了模仿学习现象，他们用两组成人作为榜样让儿童观察学习，一组成人用高标准要求自己，另一组则用低标准要求自己，达到标准后两组成人都奖励自己。结果表明，观察第一组成人的儿童用高标准要求自己，达不到高标准不奖励自己；观察第二组成人的儿童则相反，他们一旦达到低标准就奖励自己。

近年来，有研究陆续证明了 Bandura 的完美主义社会学习理论（Frost，1991；Parker，1995；Vieth & Trull，1999；Chang，2000；Flynn et al.，2001；Cook & Kearney，2008；杨宏飞等，2005）。Frost 等（1991）用 FMPS 考察 41 名女大学生与部分父母的完美主义的关系，发现女儿完美主义与母亲完美主义显著相关，与父亲完美主义相关不显著。Parker（1995）调查了六年级资质优越的学生与父母完美主义的关系，结果发现，母亲和父亲在 FMPS 上的总分能分别解释子女在同样测量上的 21% 和 11% 的分数。母亲的分数对女儿的分数解释比率大于对儿子的（29% 对 20%），父亲的分数对儿子和女儿的分数解释比率分别为 15% 和 5%。Vieth 和 Trull（1999）研究发现，在自我取向完美主义维度中，女儿与母亲正相关而与父亲无关，儿子与父亲正相关而与母亲负相关；在社会决定完美主义维度中，母亲与女儿正相关而与父亲无关；在他人取向完美主义维度中未发现相关性。Chang（2000）研究发现，女大学生的完美主义和母亲的完美主义显著相关。由此可见，完美主义模仿学习主要存在于同性亲子之间。

Flynn 等（2001）用 HMPS、家庭环境量表、父母亲密指数和父母行为方式 4 个量表测量大学生完美主义和他们知觉到的父母完美主义之间的关系，结果发现，在相应的维度上两者显著相关。杨宏飞等（2005）用 FMPS 调查 736 名高中生，发现高中生的完美主义与知觉到的父母完美主义显著正相关，且知觉到的父亲完美主义与母亲完美主义显著正相关。以上研究进一步说明，在知觉层面上存在子女和父母完美主义的社会学习现象，子女完美主义受到父母完美主义的影响，且父亲、母亲的完美主义相似。

Cook 和 Kearney（2008）以 11—17 岁的青少年为被试，调查父母和子女间的完美主义关系、父母完美主义和子女内化的心理病理间的关系，两种关系都以父母内化的心理病理为中介。结果发现，母亲完美主义与儿子自我取向完美主义、儿子内化的心理病理密切相关，即母亲自我取向完美主义与儿子自我取向完美主义紧密相关，而母亲社会决定完美主义与儿子内化心理病理紧密相关。母亲的强迫症状中介了母亲和儿子自我取向完美主义间的关系。

由以上文献梳理可见，父母教养方式、亲子依恋、父母自身的完美主义等家庭环境因素可影响子女的完美人格。而这些因素间存在相互作用，父母的人格特质直接影响父母所采用的教养方式，不同的教养方式会导致与子女间不同的亲子互动，而亲子依恋的关系可影响子女不同层面完美主义的发展。

有研究者提出，依恋关系可以中介父母教养方式与子女完美主义间的关系，Bowlby（1980）的依恋理论模型说明，不同的教养方式可以导致安全或不安全依恋，依恋关系又影响不同类型的完美主义的发展。Baumrind（1991）、Maccoby 和 Martin（1983）解释了不同依恋关系的发展，权威型和放任型的教养方式以较高水平的反应为特征，这种教养方式意味着对孩子的温暖与接受，这样的反应使个体形成对自我与他人的积极的内部工作模型，因而产生安全的依恋。相反地，以低反应为特征的不干涉和专制的教养风格容易产生不安全的依恋关系，使个体对自我或他人形成了负面的工作模型。

Allen（1996）等认为，情感的可获得性、父母的响应和鼓励有助于青少年独立性的发展。Kerns（2000）研究发现，父母宽容型的教养方式与孩子童年中期的安全型依恋呈正相关，与回避型依恋呈负相关。大学生自我报告的安全依恋同父母的关爱呈正相关，与父母的过度控制呈负相关，在恐惧—回避型的依恋中则呈现相反的关系（Strayer & Preece，1999）。Kilmann（2006）发现，父亲对子女的过分干涉以及子女缺少父母的关爱多形成不安全依恋关系。其中，父亲与子女有隔阂并且子女缺少母爱多形成恐惧型和回避型的依恋关系，父母对子女过分干涉易形成先占型依恋关系。安芹（2001）发现，父母对子女给予温暖照顾，并以合理的方式养育子女，其子女多形成安全型依恋关系。

Neumeister 是第一位对父母教养方式、亲子依恋与完美主义间的关系作深入探讨的心理学家。Neumeister（2004）先用定性的访谈研究调查了资优大学生的社会决定、自我取向完美主义两个维度的形成因素，访谈结果表明，父母的完美主义与专制型的教养方式导致子女感受到严厉的期望，将自我价值与成就相联系，害怕让他人失望，这些因素共同对社会决定完美主义的形成产生影响。而自我取向完美主义的形成因素有：早期掌握的学业经验，无学业失败的体验，对父母完美主义的模仿学习。Neumeister 和 Finch（2006）进一步用实证研究去验证访谈研究的结果，发现父母教养方式与依恋相关，权威的和放任的教养方式与安全依恋相关；专制的和忽略的教养方式与不安全依恋相关。亲子依恋关系可影响完美主义不同层面的发展，不安全依恋可导致个体的自我取向和社会决定完美主义。形成后的个体完美主义可反映其成就目标取向的选择，自我取向完美主义者采用掌握或成绩接近的目标，社会决定完美主义者倾向于成绩接近或成绩回避目标。

第四节　父母权威问卷的中文修订

Reiss（1998）指出，接受家庭影响是人类的本能行为之一，家庭通过各种方式，如家庭环境、教养方式等对孩子的成长产生影响。Darling 和 Steinberg（1993）认为，父母教养方式是父母的教养观念、教养行为及其对子女情感的一种组合形式，这种组合形式是相对稳定的，不随情境的改变而变化，它反映了亲子交往的实质。国内外大量研究证明，父母教养方式对子女的人格完善、认知发展、性格形成、价值观形成等具有不同程度的影响，子女能否健康成长很大程度上取决于父母采用的教养方式是否适当。

美国著名心理学家 Baumrind（1968，1996）认为，儿童的个性形成并非由父母的某一个行为决定的，而是受到父母整个行为模式的影响。根据两个主要的亲子养育维度——“要求”与“反应”，她将父母教养方式类型化、模式化，分为权威型、专制型和放任型三种。权威型（Authoritative）指高要求与高反应，高要求是对孩子的活动与行为进行合理的限制与监督，高反应是通过温暖、依恋、清楚的交流、人性的方式培育孩子的自我确认感（Self - confirmation）和个性，父母运用养育实践，在孩子的独立与对他们的指导间获得平衡。专制型

（Authoritarian）指高要求与低反应，父母对孩子进行高控制与惩罚，忽略孩子的需要，实质上是专制的，由父母控制孩子的决定。放任型（Permissive）指低要求与高反应，父母没有给孩子设置恰当的行为限制，但是有积极的反应，实质上是放任的，父母很少用权威建议或改变孩子的行为，这种父母教养方式可能出于两种动机：一是为满足对孩子爱的需要，二是回避当父母的责任。Buri（1991）、Maccoby 和 Martin（1983）等心理学家都支持 Baumrind 对父母教养方式的分类，并以此为基础进行了许多研究。

Buri（1991）根据 Baumrind 的父母教养方式分类编制了父母权威问卷（Parental Authority Questionnaire，PAQ），该问卷是用于评估青少年和年轻人所认知到的其父亲和母亲所采用的教养方式的回顾性自陈问卷。父母权威问卷采用相同的项目，但是赋予其不同的称谓（分别用“母亲”“父亲”，或“她的”或“他的”）对父母亲的教养方式分别进行测量。问卷发表后，国外许多研究者使用其进行父母教养方式方面的研究，研究结果证明，该问卷是测量父母教养方式的可信、有效的工具。

近年来，国内在该研究领域常用的问卷是父母养育方式评定量表（EMBU），还有部分研究者根据研究的需要自编父母教养方式问卷。杨红君等（2009）还修订了父母养育方式量表（PBI）。鉴于 PAQ 在国外的广泛应用及其良好的信效度，而我国大陆至今还没有该问卷的中文版，本部分研究旨在对 PAQ 进行中文修订和信效度检验，为今后开展相关研究提供一个可靠的测量工具。

一　研究方法

（一）被试

采用整群抽样的方法获得两个样本：样本一由两所高校抽取的 390 名大学生组成，有效问卷 365 份。其中男生 118 人，女生 247 人，平均年龄 21.15 岁。样本二由另外两所高校的 380 名大学生组成，有效问卷 361 份。其中男生 132 人，女生 229 人，平均年龄 20.70 岁。

所有被试均为自愿参加，并获赠一份小礼品。采用集体施测方式，施测者经过统一培训，当场回收问卷。

（二）测量工具

1. 父母权威问卷

Buri（1991）编制的父母权威问卷（PAQ）包括30个项目，分为权威型、专制型和放任型3个维度，每个维度10个项目。该问卷有两个版本，分别为包含相同项目的权威问卷母亲版（PAQ－M）和权威问卷父亲版（PAQ－F），从非常不同意到非常同意，采用李克特五点计分法。问卷编制时的内部一致性系数分别是：母亲权威0.82，母亲专制0.85，母亲放任0.75；父亲权威0.85，父亲专制0.87，父亲放任0.74。PAQ有良好的结构效度，与父母养育问卷（Buri，Misukanis，Mueller，1988）的相关性为：权威维度与最高的养育水平相关；专制维度与养育水平负相关；放任维度与养育水平相关不显著。

2. 父母养育方式评定量表

父母养育方式评定量表（EMBU）1980年由瑞典Umea大学Perris等编制，岳东梅等（1993）修订，共66个项目，父亲养育方式包括6个因子，母亲养育方式包括5个因子，分别由58个和57个条目组成。量表修订时的内部一致性系数为父亲情感、温暖0.85，惩罚严厉0.83，过分干涉0.46，偏爱被试0.85，拒绝否认0.70，过度保护0.59；母亲情感、温暖0.88，过分干涉、过度保护0.69，拒绝否认0.75，惩罚严厉0.80，偏爱被试0.84。

（三）研究程序

1. 量表翻译

由两名英语水平较高的心理学博士先将Buri的父母权威问卷的英文翻译成汉语，研究者比较两份译稿，调整个别有歧义的地方，形成了量表的中文初稿，再请两名大学英语的专业教师（英语教育硕士研究生且有留学经验）将中文初稿回译成英文，并比较回译后的英文和原条目英文的意思的异同，进而对中文初稿的部分文字进行调整；最后由心理学专家确定问卷的中译试测本，保持原问卷的指导语。

2. 预备测试

对样本一进行预测，通过探索性因素分析，确定问卷的正式项目及结构。

3. 正式测试

利用样本二进行正式测试，并对数据做验证性因素分析。为取得效标效度资料，同时对样本二施测岳东梅修订的 EMBU。间隔 1 个月后，抽取同一班级的 55 名大学生进行重测，得到重测信度。

4. 统计处理

采用 SPSS13.0 和 LISREL8.70 对数据进行统计分析。

二　研究结果

（一）探索性因素分析

PAQ－M 的探索性因素分析结果显示，KMO 指数为 0.882，Bartlett 球形检验在 0.000 水平上显著，适合做因子分析。采用主成分分析法，经方差最大法正交旋转。依据原问卷的因子个数，结合特征根和碎石图，限定因子数为 3，进行探索性因素分析，删除因子载荷小于 0.40 或双负载的项目，最终保留 26 个项目，三个因子可解释总方差的 43.8%。根据原问卷的维度名，将因子 1 命名为母亲权威，因子 2 命名为母亲专制，因子 3 命名为母亲放任，各项目因子载荷见表 2－1。在探索性因素分析中，PAQ－M 有 3 个项目的维度归属发生变化，项目 6、项目 24 从原问卷放任维度转为权威维度；项目 1 从放任维度转为专制维度。

表 2－1　　PAQ－M 各项目的因子载荷

因子 1 母亲权威		因子 2 母亲专制		因子 3 母亲放任	
条目	因子载荷	条目	因子载荷	条目	因子载荷
M4	0.618	M1	0.469	M13	0.730
M5	0.720	M2	0.692	M17	0.481
M6	0.565	M3	0.620	M19	0.476
M11	0.676	M7	0.635	M21	0.738
M14	0.639	M9	0.645	M28	0.717
M15	0.661	M12	0.623		
M22	0.627	M16	0.505		
M23	0.749	M18	0.647		

续表

因子 1 母亲权威		因子 2 母亲专制		因子 3 母亲放任	
条目	因子载荷	条目	因子载荷	条目	因子载荷
M24	0. 598	M25	0. 542		
M27	0. 594	M26	0. 602		
M30	0. 670				

注：M 代表母亲问卷，M 后的数字代表问卷中的项目。

PAQ－F 的探索性因素分析的 KMO 指数为 0. 880，Bartlett 球形检验在 0. 000 水平上显著，适合做因子分析。采用同样的方法，结果同 PAQ－M 一致，PAQ－F 上保留 26 个项目，三个因子可解释总变异量的 44. 9%。将三个因子分别命名为父亲权威、父亲专制与父亲放任，各项目因子载荷见表 2－2。

表 2－2　　　　PAQ－F 各项目的因子载荷

因子 1 父亲权威		因子 2 父亲专制		因子 3 父亲放任	
条目	因子载荷	条目	因子载荷	条目	因子载荷
F4	0. 648	F1	0. 633	F13	0. 658
F5	0. 741	F2	0. 736	F17	0. 533
F6	0. 560	F3	0. 664	F19	0. 553
F11	0. 706	F7	0. 515	F21	0. 687
F14	0. 657	F9	0. 718	F28	0. 661
F15	0. 678	F12	0. 556		
F22	0. 568	F16	0. 508		
F23	0. 736	F18	0. 595		
F24	0. 536	F25	0. 561		
F27	0. 574	F26	0. 648		
F30	0. 621				

注：F 代表父亲问卷，F 后的数字代表问卷中的项目。

（二）项目分析

以每个项目上被试得分与分量表总分的相关系数（r）作为项目

鉴别力指标，所有项目得分与所属分量表总分均达显著相关水平，且相关系数都在 0.500 以上，表现出较好的项目鉴别度。结果见表 2 – 3。

表 2 – 3　PAQ 中文修订版各项目得分与所属分量表总分的相关分析

父/母亲权威		父/母亲专制		父/母亲放任	
父/母 4	0.647**/0.600**	父/母 1	0.603**/0.510**	父/母 13	0.707**/0.692**
父/母 5	0.695**/0.684**	父/母 2	0.735**/0.715**	父/母 17	0.507**/0.551**
父/母 6	0.572**/0.570**	父/母 3	0.660**/0.626**	父/母 19	0.548**/0.520**
父/母 11	0.629**/0.649**	父/母 7	0.657**/0.709**	父/母 21	0.691**/0.704**
父/母 14	0.642**/0.629**	父/母 9	0.709**/0.666**	父/母 28	0.692**/0.734**
父/母 15	0.646**/0.666**	父/母 12	0.612**/0.591**		
父/母 22	0.604**/0.627**	父/母 16	0.620**/0.649**		
父/母 23	0.733**/0.745**	父/母 18	0.646**/0.669**		
父/母 24	0.625**/0.591**	父/母 25	0.500**/0.560**		
父/母 27	0.604**/0.601**	父/母 26	0.558**/0.540**		
父/母 30	0.643**/0.602**				

注：* 代表 $p<0.05$，** 代表 $p<0.01$。

（三）信度分析

表 2 – 4 的数据表明，该量表的内部一致性较高，并具有一定的稳定性。

表 2 – 4　父母权威问卷中文修订版的信度

维度	权威	专制	放任
内部一致性（母亲）	0.869	0.822	0.655
内部一致性（父亲）	0.862	0.843	0.653
重测信度（母亲）	0.822	0.712	0.621
重测信度（父亲）	0.755	0.733	0.600

（四）结构效度分析

以 26 个项目的正式量表对第二组被试施测，用 LISREL8.70 做验证性因子分析。修订后的父母权威问卷和三个维度的理论模型拟合较好，各项拟合指数比较理想。结果见表2－5。

表2－5　　父母权威问卷的拟合指数

模型	χ^2	*df*	χ^2/df	NNFI	RMSEA	CFI	IFI
三因子（母亲）	581.85	206	2.82	0.91	0.071	0.92	0.90
三因子（父亲）	585.16	297	1.97	0.89	0.076	0.90	0.90

（五）效标关联效度分析

本书选取EMBU中的母亲情感温暖、理解，母亲过分干涉、过度保护，母亲拒绝否认，母亲惩罚严厉4个分量作为效标，分别计算它们同父母权威问卷（母亲）中权威、专制与放任分量表的相关程度；选取EMBU中的父亲情感温暖、理解，父亲惩罚严厉，父亲过分干涉，父亲拒绝否认，父亲过度保护5个分量作为效标，分别计算它们同父母权威问卷（父亲）中权威、专制与放任分量表的相关程度。结果见表2－6和表2－7。

表2－6　　父母权威问卷（母亲）效标关联效度

	母亲 情感温暖、理解	母亲 过分干涉、过度保护	母亲 拒绝否认	母亲 惩罚严厉
母亲权威	0.757 ***	－0.030	－0.508 **	－0.473 ***
母亲专制	－0.371 ***	0.379 ***	0.495 ***	0.430 ***
母亲放任	－0.197 ***	－0.303 ***	－0.087	－0.062

注：** 代表 $p<0.01$，*** 代表 $p<0.001$。

表2－7　　父母权威问卷（父亲）效标关联效度

	父亲 情感温暖、理解	父亲 惩罚严厉	父亲 过分干涉	父亲 拒绝否认	父亲 过度保护
父亲权威	0.659 ***	－0.376 ***	0.027	－0.469 ***	－0.033
父亲专制	－0.222 **	0.494 ***	0.368 ***	0.421 ***	0.339 ***
父亲放任	－0.354 ***	－0.012	－0.321 ***	－0.049	－0.293 ***

注：** 代表 $p<0.01$，*** 代表 $p<0.001$。

由表2－6可知，母亲权威与母亲情感温暖、理解显著正相关，与母亲拒绝否认、惩罚严厉显著负相关；母亲专制与母亲情感温暖、理解显著负相关，与母亲拒绝否认、过分干涉、过度保护、惩罚严厉显著正相关；母亲放任与母亲情感温暖、理解，过分干涉、过度保护显著负相关。

由表2－7可知，父亲权威与父亲情感温暖、理解显著正相关，与父亲惩罚严厉、拒绝否认显著负相关，与父亲过分干涉与过度保护不相关；父亲专制与父亲情感、温暖、理解显著负相关，与父亲惩罚严厉、过分干涉、拒绝否认、过度保护显著正相关；父亲放任与父亲情感温暖、理解，过分干涉，过度保护显著负相关。

三　研究讨论

本书通过多次的探索性因素分析，删除了在各维度中载荷低于0.40或双载荷的4个项目。修订后的PAQ最后由26个项目组成，因子载荷基本都在0.50以上。其中有3个项目的维度归属发生了变化，如项目6“母亲/父亲总认为孩子需要的是自由地做决定并且做他们想做的事，即使与父母的意见不一致”从放任维度转为权威维度，仔细察看3个项目的内容，发现它们确实符合中国文化下对父母教养方式中权威或专制的理解，项目归属变化符合中西方文化差异。修订量表中放任维度的项目数有了较大的变化，从原量表的10个项目删减到5个项目，使量表三个维度的项目数出现不平衡的现象（权威维度11个项目，专制维度10个项目，放任维度5个项目）。针对这一问题，侯杰泰等（1999）建议，就每一因子内的题数而言，一般建议是最少三题，以解决识别问题（简单来说，有足够资料去推算各参数）。虽然放任维度现仅有5个项目，但保留下的项目内容符合中国文化背景中对放任型养育方式的理解。本书最终接受了修订量表的结构与各维度的项目数，没有对项目不平衡情况作进一步的调整。

信度分析结果表明，父母权威问卷的母亲问卷各维度的内部一致性系数在0.655—0.869，一个月后的重测信度在0.621—0.822；父亲问卷的各维度内部一致性系数在0.653—0.862，一个月后的重测信度在0.600—0.755。说明量表有较高的稳定性和可靠性。

验证性因子分析的拟合指标均达到理想标准，结果支持 PAQ 原有的维度与 Baumrind 的理论模型，即父母教养方式包括权威型、专制型与放任型三种类型。

研究中效标关联效度的选择主要基于以下的理论思考：EMBU 在国内同类研究中得到广泛应用，有较好的信效度。EMBU 的因子 1 情感温暖、理解主要反映父母养育子女时的积极态度与行为层面，PAQ 中的权威型与其有相似性；EMBU 的父母拒绝否认、惩罚严厉因子主要反映了养育子女时对子女高要求，同时忽略子女的情感需要的层面，这与 PAQ 中的专制型相似。相关分析的结果表明，修订的问卷有较好的效标效度。

本书的结果表明，修订后的父母权威问卷对父母教养方式的理论建构基本符合中国文化的实际情况，该量表信度和效度指标符合心理测量学的要求，可以作为研究父母教养方式的一个有效工具。

四　研究结论

父母权威问卷中文修订版信度和效度良好，可用于测量中国文化下父母教养方式中的权威、专制和放任三种类型。

第五节　完美主义人格形成的影响因素的实证研究

完美主义是一种为自己设定的高标准，积极地追求完美，且在达不到自己设定的高标准时产生的差异感，并进行消极自我评价的稳定的人格特质。既往研究表明，完美主义形成过程中受到多种家庭环境因素的影响，据此，心理学家们曾提出社会学习模型、焦虑抚养模型、社会期望模型等研究完美主义形成的理论模型，并进行了一些实证研究。

有些研究支持社会学习模型，即完美主义的“家庭延续”观点（Frost，1991；Vieth & Trull，1999），研究结果表明，子女和父母之间存在完美主义的模仿学习，特别是同性亲子之间。另有研究以社会反应或焦虑抚养模型为依据，调查完美主义与父母教养方式间的关系，但研究结果并不一致。如 Flett 等（1995）发现，只有男生在社会决定完美主义上同时与父亲、母亲的专制型教养显著相关；Rice 等（1996）发现，适应不良完美主义者感知到了父母更多的专制特征；訾非等（2004）发现，完美主义适应性维度与父母的温暖、理解因素呈正相关，与父母的惩罚严厉、过度保护等呈负相关，但完美主义非适应性维度只与父母教养方式的个别因素有关。在亲子依恋与完美主义发展的关系方面，有研究发现，大学生和父母的安全型依恋是适应性完美主义的正向影响因素，但依恋关系对适应不良完美主义的影响较弱（Rice & Mirzadeh，2000）。Neumeister 和 Finch（2006）则发现，父母教养方式可预测亲子依恋关系，权威的和放任的教养方式与安全依恋相关；专制的和忽略的教养方式与不安全依恋相关。亲子依恋还会影响完美主义不同层面的发展，不安全依恋与自我取向、社会决定完美主义相关。

以上研究采用 HMPS 和 FMPS 作为完美主义的测量工具，但是 FMPS 的父母期望和父母批评维度、HMPS 的他人取向完美主义和社会决定完美主义更像是在测量完美主义的假定原因、伴随物和完美主义的结果，而不是测量完美主义本身。Slaney（2001）提出，完美主义包括高标准、秩序和差异 3 个维度，高标准和秩序被称作“积极维度”，前者指个体为自己的行为或表现设置高标准，后者指个体做事倾向于整洁和有秩序。差异被称作“消极维度”，指个体感觉自己设定的标准和自己的实际表现之间存在差距。他们在访谈研究的基础上编制的近乎完美量表修订版（APS－R）符合完美主义的二分观点，适合于对正常人的完美主义进行研究。不过，秩序是完美主义的一个特殊特征，对于其分量表作用还存在争论，有些研究者主张秩序是独立于完美主义之外的一种人格特点，虽然和完美主义人格特质有比较密切的关系，但不是其核心特征（Grzegorek et al，2004；Flett et al.，1991；Suddarth et al.，2001）。经过文献分析发现，APS－R 是目前测量完美主义核心特质的较为准确有效的研究工具，所以本书选用杨丽（2007）的近乎完美量表中文修订版（APS－R－CR），并就完美主义高标准维度和差异维度的形成因素进行深入的研究。

综观完美主义形成的模型与有关的实证研究发现，大量研究支持完美主义的模仿学习现象，也有关于父母教养方式、亲子依恋关系影响个体完美主义的研究。Neumeister（2004，2006）在定性和实证研究的基础上建立了完美主义形成的整合模型，认为父母教养方式可通过亲子依恋关系影响不同层面完美主义的形成，形成后的完美主义又与不同的成就动机目标紧密相关。本书拟在完美主义人格理论和上述研究的基础上，系统地阐释父母完美主义、父母教养方式以及亲子依恋关系与子女完美主义的关系。

虽然目前的证据不足以说明父母教养方式、亲子依恋关系对父母完美主义和子女完美主义具有中介作用，但综合前人较一致的研究结果发现，父母完美主义与子女完美主义间密切相关，父母教养方式与亲子依恋关系又可作用于不同的完美主义层面。在 Bandura 的社会学习模型、Neumeister 的整合模型基础上，本书尝试建立一个家庭中完美主义形成的综合模型，主要目的是进一步探索父母与子女完美主义相关背后的作用机制。利用本书中修订的 PAQ、APS - R - CR、IP-PA，通过问卷调查的方法，一方面探讨父母完美主义与子女完美主义的关系；另一方面拟通过结构方程模型（SEM），对父母教养方式、亲子依恋关系在父母完美主义与子女完美主义间的作用进行分析。具体假设如下：

假设 1：父母完美主义对子女完美主义具有直接的影响。

假设 2：在以父母完美主义为预测变量、以子女完美主义为后果变量的关系中，父母的教养方式和亲子依恋关系起中介作用，如图 2 - 1 所示。

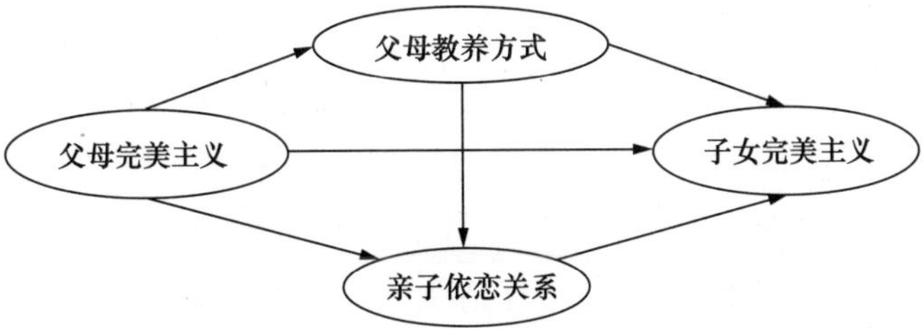

图 2 - 1　父母教养方式、亲子依恋关系在父母完美主义与子女完美主义间的作用的假想模型

一 研究方法

（一）被试

以两所高校的大学生为被试，采用整群分层抽样的方法，年级跨度从一年级至三年级，文理兼顾，共发放问卷580份，回收问卷572份，回收率98.6%。剔除无效问卷后，有效问卷538份，有效率94%。缺失数据采用均值替代法处理。被试平均年龄为20.78±1.30岁，有效样本的基本分布情况见表2－8。

表2－8　有效样本基本情况（N＝538）

类别	被试分类	频数（n）	占比（%）
性别	男	207	38.5
	女	331	61.5
是否独生子女	是	216	40.2
	否	321	59.8
	缺失	1	0.2
来源地	城市	168	31.2
	乡镇	366	68.8
	缺失	4	0.8
父母婚姻状况	正常	492	91.4
	离异	44	8.6
	缺失	2	0.4

（二）研究工具

1. 近乎完美量表中文修订版

选用杨丽（2007）修订的近乎完美量表修订版（APS－R）测量完美主义。采用李克特七点计分法，从“非常不同意”（计1分）到“非常同意”（计7分）。此量表包括高标准、秩序和差异三个分量表。本书选用差异分量表作为完美主义消极层面的指标（12个条目，如“我最好的表现似乎从来没有达到令我满意的程度”），选用高标准分量表作为完美主义积极层面的指标（8个条目，如“我为自己设置了非常高的标准”）。差异分量表和高标准分量表在本书中的系数分别是 0.839 和 0.763。

为了测量子女感知到的父母完美主义，把问卷项目的第一人称“我”改为“父亲”与“母亲”，由此构成 APS－R－CR（母亲）和 APS－R－CR（父亲），得到父亲、母亲的完美主义得分。母亲差异分量表和高标准分量表的系数分别是 0.872 和 0.725；父亲差异分量表和高标准分量表的系数分别是 0.873 和 0.783。

2. 父母权威问卷

采用周亚娟等（2010）修订的 Buri 父母权威问卷（PAQ），包括权威型（11 个条目）、专制型（10 个条目）和放任型（5 个条目）3 个分量表。PAQ 对父母亲的教养方式分别进行测量，采用李克特五点计分法，从“非常不同意”（计 1 分）到“非常同意”（计 5 分）。PAQ 修订时的系数为：母亲权威 0.869，母亲专制 0.822，母亲放任 0.655；父亲权威 0.862，父亲专制 0.843，父亲放任 0.653。

3. 父母同伴依恋问卷

选用王争艳等（2005）翻译修订的父母同伴依恋问卷（IPPA）。本书仅测量母亲依恋、父亲依恋两个分量表。每个分量表由 25 个项目组成，包括信任、沟通、疏离 3 个维度。采用李克特五点计分法，从“完全不符合”（计 1 分）到“完全符合”（计 5 分）。三个分维度可以结合使用，也可独立使用。信任维度和沟通维度正向记分，得分越高表示依恋安全性越高；疏离维度反向记分，得分越高表示疏离感越低，依恋安全性越高。IPPA 在本书中的系数为：母亲依恋 0.827，母亲信任 0.731，母亲沟通 0.659，母亲疏离 0.758；父亲依恋 0.847，父亲信任 0.800，父亲沟通 0.723，父亲疏离 0.731。

（三）研究程序

将所有问卷装订成册，由经过培训的心理学硕士生对被试进行集体施测，当场回收问卷。测试时间在 20 分钟左右，采用 SPSS13.0 和 LISREL8.70 统计软件对结果进行统计分析。

二　研究结果

（一）子女完美主义与父母完美主义的关系分析

为了考察子女完美主义与父母完美主义的关系，利用 SPSS13.0，以皮尔逊相关法对不同性别的子女在完美主义高标准、差异维度上的得分分别与父母亲在对应维度上的得分作相关分析。结果见表2－9。

表2－9　　子女完美主义与父母完美主义的相关分析

	父亲高标准	母亲高标准	父亲差异	母亲差异
男生高标准	0.440***	0.422***		
女生高标准	0.445***	0.487***		
男生差异			0.523***	0.518***
女生差异			0.518***	0.557***

注：***代表 $p<0.001$。

由表2－9可知，在男女生完美主义分别与父母亲完美主义对应维度的比较中，男生高标准得分同父亲高标准、母亲高标准的得分显著正相关，两者之间没有显著差异（$t=0.03$，$p>0.05$）；男生差异得分与父亲差异、母亲差异的得分显著正相关，两者之间没有显著差异（$t=0.11$，$p>0.05$）；女生高标准的得分同父亲高标准、母亲高标准的得分显著正相关，两者之间没有显著差异（$t=0.88$，$p>0.05$）；女生差异的得分与父亲差异、母亲差异的得分显著正相关，两者之间没有显著差异（$t=1.10$，$p>0.05$）。

在男女生完美主义分别与父母亲完美主义的同维度比较中，男生高标准同父亲高标准的相关系数为0.440，女生高标准同父亲高标准的相关系数为0.445，两者之间没有显著差异（$z=0.071$，$p>0.05$）；男生高标准同母亲高标准的相关系数为0.422，女生高标准同母亲高标准的相关系数为0.487，两者之间没有显著差异（$z=1.048$，$p>0.05$）；男生差异同父亲差异的相关系数为0.523，女生差异同父亲差异的相关系数为0.518，两者之间没有显著差异（$z=0.083$，$p>0.05$）；男生差异同母亲差异的相关系数为0.518，女生差异同母亲差异的相关系数为0.557，两者之间没有显著差异（$z=0.75$，$p>0.05$）（张厚粲、徐建平，2004）。

（二）子女完美主义与父母教养方式一致性的关系分析

根据父母教养方式一致性的特征划分出9组教养组合：父母教养

方式“一致”的组合（父亲和母亲采用同一种教养类型）有3种，即母亲权威和父亲权威、母亲专制和父亲专制、母亲放任和父亲放任。父母教养方式“不一致”的组合（父亲和母亲采用不同的教养类型）有6种，即母亲权威和父亲专制、母亲权威和父亲放任、母亲专制和父亲权威、母亲专制和父亲放任、母亲放任和父亲权威、母亲放任和父亲专制。为了检验子女完美主义各维度在父母教养方式一致性间是否存在差异，进行了单因素方差分析，结果见表2－10和表2－11。

表2－10　　子女完美主义差异维度在父母教养方式一致性变量上的差异性

变异源		*df*	MS	F	p
父母教养方式一致性	组间	8	226.226	1.881	0.061
	组内	529	120.278		
	总计	537			

表2－11　　子女完美主义高标准维度在父母教养方式一致性变量上的差异性

变异源		*df*	MS	F	p
父母教养方式一致性	组间	8	100.366	3.161	0.002
	组内	529	31.752		
	总计	537			

由表2－10可见，子女完美主义差异维度在父母教养方式一致性变量上的差异不显著，$p>0.05$。

由表2－11可见，子女完美主义高标准维度在父母教养方式一致性变量上的差异显著。以LSD法进行事后检验发现，母亲权威和父亲权威（教养一致）方式下的子女高标准水平显著高于母亲放任和父亲放任，而母亲放任和父亲放任（教养一致）方式下的子女高标准水平显著低于母亲权威和父亲专制（教养不一致）。

（三）子女完美主义与亲子依恋的关系分析

为了考察子女完美主义分别同父母亲的亲子依恋的关系，以皮尔逊相关法对不同性别的子女在完美主义高标准、差异维度上的得分分别与父母亲依恋的总分和父母亲依恋的各个分维度得分做相关分析。结果见表2-12。

表2-12　　子女完美主义与父母亲子依恋的相关分析

	高标准		差异	
	男生	女生	男生	女生
母亲沟通	0.199***	0.193***	0.186***	-0.055
母亲信任	0.289***	0.231***	0.102	-0.108*
母亲疏离	-0.025	0.018	-0.342***	-0.225***
父亲沟通	0.019	0.158***	0.109	-0.059
父亲信任	0.154***	0.165***	0.079	-0.125*
父亲疏离	-0.068	-0.052	-0.235***	-0.237***
母亲依恋总分	0.224***	0.178***	-0.031	-0.153***
父亲依恋总分	0.048	0.119***	-0.019	-0.164***

注：*代表 $p<0.05$，***代表 $p<0.001$。

由表2-12可知，男生完美主义高标准维度得分与母亲沟通、母亲信任、父亲信任的得分及母亲依恋总分正相关；男生完美主义差异维度的得分与母亲沟通的得分正相关，与母亲疏离、父亲疏离的得分负相关；女生完美主义高标准维度得分与母亲沟通、母亲信任、父亲沟通、父亲信任的得分及母亲依恋和父亲依恋总分正相关；女生完美主义差异维度得分与母亲信任、母亲疏离、父亲信任、父亲疏离的得分及母亲依恋和父亲依恋总分负相关。

男女生完美主义在与父母亲依恋同维度的比较中，男生高标准同母亲沟通的相关系数为0.199，女生高标准同母亲沟通的相关系数为0.193，两者之间没有显著差异（$z=0.13$，$p>0.05$）；男生高标准同母亲信任的相关系数为0.289，女生高标准同母亲信任的相关系数为0.231，两者之间没有显著差异（$z=0.74$，$p>0.05$）；男生高标准同父亲信任的相关系数为0.154，女生高标准同父亲信任的相关系数为0.165，两者之间没有显著差异（$z=-0.19$，$p>0.05$）；男生差异同母亲疏离的相关系数为-0.342，女生差异同母亲疏离的相关系数为-0.225，两者之间没有显著差异（$z=-1.49$，$p>0.05$）；男生差异同父亲疏离的相关系数为-0.235，女生差异同母亲疏离的相关系数为-0.237，两者之间没有显著差异（$z=0.071$，$p>0.05$）。

（四）父母完美主义、父母教养方式、亲子依恋关系与子女完美主义的相关分析

以皮尔逊相关法对所有被试在APS-R-CR、APS-R-CR（母亲）、APS-R-CR（父亲）、PAQ（母亲）、PAQ（父亲）、IPPA（母亲）、IPPA（父亲）上的得分进行相关分析，结果见表2-13。

从表2-13可以看出，母亲高标准与母亲权威、母亲沟通、母亲信任、子女高标准显著正相关，母亲高标准与母亲放任显著负相关；母亲权威与母亲信任、母亲沟通、子女高标准显著正相关；母亲信任、母亲沟通与子女高标准显著正相关。

父亲高标准与父亲权威、父亲沟通、父亲信任、子女高标准显著正相关，父亲高标准与父亲放任显著负相关；父亲权威与父亲信任、父亲沟通、子女高标准显著正相关；父亲信任、父亲沟通与子女高标准显著正相关。

母亲差异与母亲专制、子女差异显著正相关，母亲差异与母亲疏离显著负相关；母亲专制与子女差异显著正相关，母亲专制与母亲疏离显著负相关；母亲疏离与子女差异显著负相关。

父亲差异与父亲专制、子女差异显著正相关，父亲差异与父亲疏离显著负相关；父亲专制与子女差异显著正相关，父亲专制与父亲疏离显著负相关；父亲疏离与子女差异显著负相关。

参考各变量间的相关分析结果，研究中引入父母教养方式、亲子依恋关系作为中介变量，检验父母教养方式、亲子依恋关系在父母完美主义与子女完美主义关系间的中介效应。

表 2－13　子女完美主义与父母完美主义、父母教养方式、亲子依恋关系的相关矩阵

	子女高标准	子女差异	母亲高标准	母亲差异	父亲高标准	父亲差异	母亲权威	母亲专制	母亲放任	父亲权威	父亲专制	父亲放任	母亲沟通	母亲信任	母亲疏离	父亲沟通	父亲信任	父亲疏离
子女高标准	1																	
子女差异	0.311**																	
母亲高标准	0.464**	0.207**																
母亲差异	0.142**	0.512**	0.297**															
父亲高标准	0.444**	0.102*	0.467**	0.096*														
父亲差异	0.179**	0.536**	0.243**	0.692**	0.153**													
母亲权威	0.232**	−0.047	0.224**	−0.118**	0.181**	−0.011												
母亲专制	0.120**	0.275**	0.198**	0.457**	0.133**	0.395**	−0.416**											
母亲放任	−0.060	0.201**	−0.152**	0.297**	−0.119**	0.348**	−0.055	0.265**										
父亲权威	0.194**	0.047	0.175**	0.025	0.298**	0.023	0.431**	−0.038	0.013									
父亲专制	0.150**	0.215**	0.137**	0.319**	0.139**	0.349**	−0.118**	0.546**	0.208**	−0.304**								
父亲放任	0.024	0.154**	0.029	0.262**	−0.153**	0.314**	−0.020	0.301**	0.527**	−0.017	0.283**							
母亲沟通	0.197**	0.033	0.255**	0.020	0.128**	0.051	0.522**	−0.126**	−0.063	0.311**	0.406	0.056						
母亲信任	0.252**	−0.032	0.246**	−0.112**	0.180**	−0.050	0.570**	−0.319**	−0.212**	0.257**	−0.077	−0.071	0.609**					
母亲疏离	0.001	−0.269**	−0.061	−0.358**	0.013	−0.330**	0.395**	−0.516**	−0.345**	0.061	−0.340**	−0.354**	0.201**	0.437**				
父亲沟通	0.114**	−0.001	0.093*	0.092*	0.228**	0.080	0.260**	0.039	−0.092*	0.505**	−0.013	0.049	0.441**	0.223**	0.001			
父亲信任	0.163**	−0.052	0.118**	−0.020	0.330**	−0.035	0.284**	−0.092*	−0.103*	0.606**	−0.261	−0.132**	0.290**	0.451**	0.183**	0.578**		
父亲疏离	−0.057	−0.237**	−0.100*	−0.247**	−0.091*	−0.289**	0.194**	−0.308**	−0.248**	0.309**	−0.448**	−0.334**	0.008	0.167**	0.568**	0.210**	0.446*	1

注：* 代表 $p<0.05$，** p 代表 <0.01。

（五）中介效应分析

1. 模型的设定

通常，在预见因素和后果变量之间的关系出乎意料地低或不一致的时候引入调节变量；在预见因素同后果变量之间已经存在强有力的关系，希望进一步探索这种关系背后的机制时，引入中介变量（Frazier et al.，2004）。中介效应的大前提是自变量与因变量显著相关，否则不会考虑中介变量（温忠麟等，2004）。传统的统计方法（如回归分析、路径分析）虽然允许因变量包含测量误差，但前提是假设自变量没有误差，在计算回归系数或路径系数时，对每个因变量逐一计算。结构方程模型（SEM）可以分析一些涉及潜变量的复杂关系，分析时允许自变量和因变量含有测量误差，并能够同时处理多个因变量，同时估计因子结构和因子关系，并以不同模型对同一样本的数据进行拟合，找出最接近数据所呈现的关系的模型（侯杰泰等，2004）。

为了能够同时考虑多变量之间的关系，并排除测量误差的影响，本书利用 LISREL8.70 软件建构结构方程模型，对父母教养方式、亲子依恋关系在父母完美主义和子女完美主义间的中介效应进行检验。根据温忠麟（2004）及 Baron 等（1986）提出的一个实用的中介效应检验程序，做 Baron - Kenny 依次检验。第一步：检验回归系数 c，如果显著，继续下面的第二步，否则停止分析。第二步：做 Baron - Kenny 部分中介检验，即依次检验系数 a、b，如果都显著，意味着 X 对 Y 的影响至少有一部分是通过中介变量 M 实现的，第一类错误率小于或等于 0.05，继续下面第三步；如果至少有一个不显著，由于该检验的功效较低（即第二类错误率较大），所以还不能下结论，转到第四步。第三步：做 Judd - Kenny 完全中介检验中的第三个检验（因为前两个在上一步已经完成）即检验 c'，如果不显著，说明是完全中介过程，即 X 对 Y 的影响都是通过中介变量 M 实现的；如果显著，说明只是部分中介过程，即 X 对 Y 的影响只有一部分是通过中介变量 M 实现的，检验结束。第四步：做 Sobel 检验，如果显著，意味着 M 的中介效应显著，否则中介效应不显著，检验结束。

由于父母教养类型、完美主义的不同层面以及不同依恋类型的不可加和性，并且考虑到模型的简效性，如果将各种教养类型、完美主义不同层面、不同的依恋类型同时引入模型，模型将过于庞大，相互关系过于复杂，反而不能有效地验证理论假设。因此本书采用分别引入的方法，对母亲专制和母亲疏离在母亲完美主义差异维度与子女完美主义差异维度关系间的中介效应，父亲专制和父亲疏离在父亲完美主义差异维度与子女完美主义差异维度关系间的中介效应，母亲权威和母亲沟通、母亲信任在母亲完美主义高标准维度与子女完美主义高标准维度关系间的中介效应，以及父亲权威和父亲沟通、父亲信任在父亲完美主义高标准维度与子女完美主义高标准维度关系间的中介效应进行探索，然后逐个探讨。

本书的模型设定采用部分分散模型，为保证测量模型中概念的构想效度，以项目负荷为引导，利用平衡取向的方法，将各测量问卷中分量表的项目进行组合，生成新的项目小组（卞冉，2007），以项目小组作为各个潜变量的外显指标。具体组合结果如下：

APS－R－CR 差异分量表以平衡法组成三个项目小组。其中，母亲差异分量表为：①19、13、20、3；②18、17、9、15；③6、16、22、11。子女差异分量表为：①19、13、18、3；②16、20、9、11；③6、17、22、15。父亲差异分量表为：①19、13、22；②18、20、9、11；③17、16、15、3。

APS－R－CR 高标准分量表以平衡法组成两个项目小组。其中，母亲高标准分量表为：①21、5、1；②8、12、14。子女高标准分量表为：①8、21、5；②1、12、14。父亲高标准分量表为：①1、21、14；②8、12、5。

PAQ 的专制分量表以平衡法组成两个项目小组。其中，母亲专制分量表为：①7、3、12；②2、9、25；③18、16、26、1。父亲专制分量表为：①2、16、1；②9、18、12；③3、7、26、25。

PAQ 的权威分量表以平衡法组成两个项目小组。其中，母亲权威分量表为：①23、14、24；②15、22、27、6；③5、11、30、4。父亲权威分量表为：①23、15、11；②5、14、24、6；③4、30、22、27。

IPPA 疏离分量表以平衡法组成两个项目小组。其中，母亲疏离分量表为：①10、17、3；②18、8、11、23。父亲疏离分量表为：①18、3、8；②10、17、23、11。

因为信任与沟通分量表均正向计分，得分越高，依恋安全性越高，因而将沟通与信任两个分量表作为安全依恋维度，对母亲沟通、母亲信任、父亲沟通、父亲信任几个分量表，用分量表的分数值直接作为外显指标。

基于以上的理论思考，本书设定了理论上可以接受的两个相互竞争模型：模型 1 为完全中介模型，从父母完美主义到子女完美主义的路径参数被设定为 0；模型 2 为部分中介模型，对从父母完美主义到子女完美主义的路径予以估计。

2. 母亲专制、母亲疏离对母亲完美主义差异与子女完美主义差异的中介效应检验

利用 LISREL8.70 软件，采用最大似然法（Maximum Likelihood, ML）进行模型估计。以母亲专制、母亲疏离作为母亲完美主义差异与子女完美主义差异间的中介变量的两个竞争性模型拟合指数见表 2－14。

表 2－14　　　中介效应结构模型拟合指数（N＝538）

	χ^2	df	χ^2/df	RMSEA	SRMR	NNFI	CFI	IFI	PNFI	ECVI
完全中介模型	170.07	39	4.36	0.078	0.085	0.96	0.97	0.97	0.68	0.41
部分中介模型	92.15	38	2.42	0.053	0.035	0.98	0.99	0.99	0.68	0.28

表 2－14 的结果显示，两个模型均可识别，拟合度均可接受。可以得到的拟合指数包括 χ^2/df、RMSEA、SRMRPNFI、ECVI、NNFI、IFI、CFI。各指数的拟合标准分别为：χ^2/df 应小于等于 5；NNFI、IFI、CFI 应大于 0.90，越接近 1 越好；RMSEA 应该小于 0.08，越接

近0越好。模型选取时主要考虑理论原则和最简化原则。PNFI为简效指标，其值越高越好，在比较模型时，0.06至0.09的差别才被视为模型间有实质差异（黄芳铭，2005）。以上两个模型的PNFI一样，视为无实质差异。模型2复核效度指标ECVI（0.28）值最小，证明该模型复核效度最佳，并且其绝对拟合指数与增值拟合指数值也最为理想，因此接受模型2；即部分中介模型。结构模型见图2－2（路径系数采用标准化系数，以下模型同）。

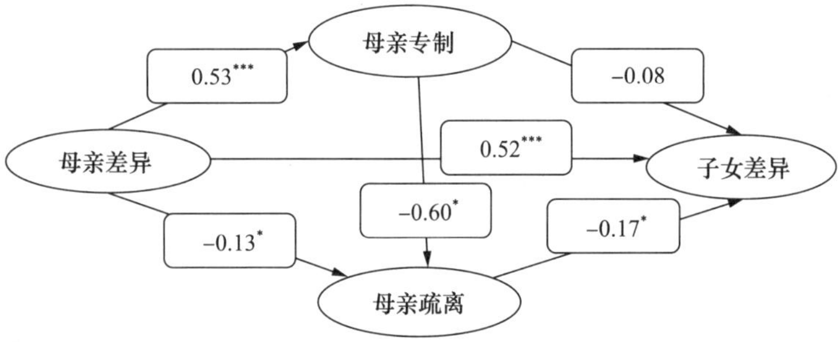

图2－2　母亲专制、母亲疏离为中介的结构模型路径图

结构模型统计数字提供的主要信息是效果的大小，可以分为直接效果（标准化路径系数）、间接效果（该路径中路径系数的乘积）以及总效果（直接效果与间接效果之和），这里的间接效果就是中介效应（温忠麟等，2004）。对于标准化路径系数而言，可供参考的标准是：绝对值小于0.10视为小效果，0.30左右视为中效果，大于0.50视为大效果（黄芳铭，2005）。

由图2－2可知，显著的路径有：母亲差异→子女差异；母亲差异→母亲疏离→子女差异；母亲差异→母亲专制→母亲疏离→子女差异。母亲差异对子女差异后果变量的直接效应显著（效果大），母亲专制→母亲疏离对母亲差异与子女差异的间接效果显著（效果中等偏小）。母亲完美主义差异维度对子女完美主义差异维度的影响效果见表2－15。

表 2-15 母亲完美主义差异对子女完美主义差异的影响效果

效果	母亲差异维度→子女差异维度
直接效果	0.52
间接效果（中介：母亲专制、母亲疏离）	0.105
总效果	0.625

母亲专制、母亲疏离对母亲完美主义差异与子女完美主义差异的中介效应同母亲完美主义差异对子女完美主义差异的直接效应之比为：$0.53 \times (-0.60) \times (-0.17) \div 0.52 = 10.40\%$，说明中介效应小于直接效应。

3. 父亲专制、父亲疏离对父亲完美主义差异与子女完美主义差异的中介效应检验

由于父亲专制、父亲疏离没有对父亲完美主义差异与子女完美主义差异的关系起到中介作用，所以省略了相关的模型拟合指数表，仅列出结构模型图。

由图 2-3 可知，显著的路径有：父亲差异→子女差异，即父亲差异对子女差异后果变量的直接效应显著（效果大），但通过父亲专制到父亲疏离到子女差异的中介效应不显著，不存在部分中介作用。父亲完美主义差异维度对子女完美主义差异维度的直接效应为 0.52。

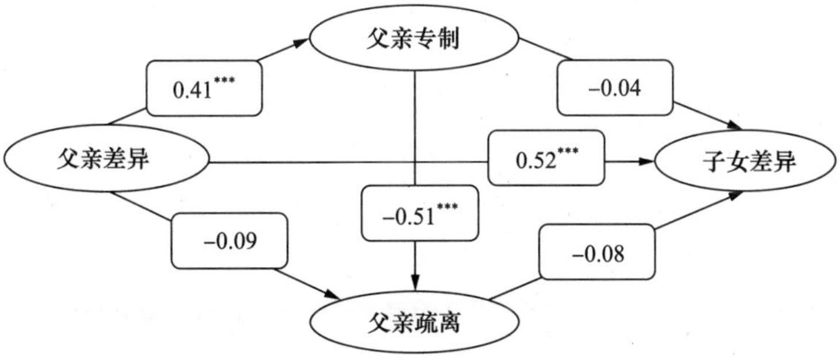

图 2-3 父亲专制、父亲疏离为中介的结构模型路径图

4. 母亲权威、母亲信任和母亲沟通对母亲完美主义高标准与子女完美主义高标准的中介效应检验

以母亲权威、母亲信任、母亲沟通作为母亲完美主义高标准维度与子女完美主义高标准维度间的中介变量的两个竞争性模型拟合指数见表2－16。

表2－16　　　中介效应结构模型拟合指数（N＝538）

	χ^2	df	χ^2/df	RMSEA	SRMR	NNFI	CFI	IFI	PNFI	ECVI
完全中介模型	267.08	9	5.45	0.082	0.11	0.93	0.95	0.95	0.70	0.62
部分中介模型	207.40	8	4.32	0.076	0.098	0.95	0.96	0.96	0.69	0.48

由表2－16可见，两个模型均可识别，拟合均可接受。两个模型的PNFI相差0.01，视为无实质差异。但模型2复核效度指标ECVI（0.48）值最小，证明该模型复核效度最佳，并且其绝对拟合指数与增值拟合指数值也最为理想，因此接受模型2，即部分中介模型。结构模型如图2－4所示。

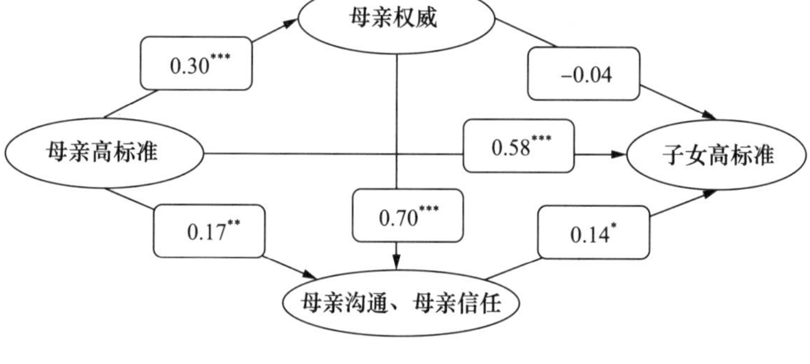

图2－4　母亲权威、母亲沟通、母亲信任为中介的结构模型路径图

由图2－4可知，显著的路径有：母亲高标准→子女高标准；母

亲高标准→母亲沟通、母亲信任→子女高标准；母亲高标准→母亲权威→母亲沟通、母亲信任→子女高标准。母亲高标准维度对子女高标准维度的直接效应显著（效果大），而母亲权威→母亲沟通、母亲信任对母亲高标准与子女高标准的间接效应显著（效果小）。母亲高标准维度对子女高标准维度的影响效果见表2－17。

表2－17　母亲完美主义高标准对子女完美主义高标准的影响效果

效果	母亲高标准→子女高标准
直接效果	0.58
间接效果（中介：母亲权威、母亲沟通和母亲信任）	0.05
总效果	0.63

由表2－17可知，母亲权威和母亲信任、母亲沟通对母亲高标准维度与子女高标准维度的中介效应同母亲高标准对子女高标准的直接效应之比为：$0.30 \times 0.70 \times 0.14 \div 0.58 = 5\%$，说明中介效应小于直接效应。

5. 父亲权威、父亲信任和父亲沟通对父亲完美主义高标准与子女完美主义高标准的中介效应检验

由于父亲权威、父亲信任和父亲沟通没有对父亲完美主义高标准与子女完美主义高标准的关系起到中介作用，省略了相关的模型拟合指数表，仅列出结构模型图2－5。

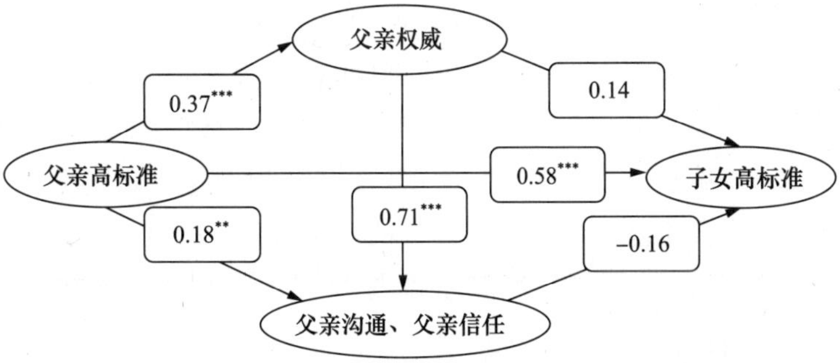

图2－5　父亲权威、父亲沟通、父亲信任为中介的结构模型路径图

由图2-5可知，显著的路径有：父亲高标准→子女高标准，即父亲高标准对子女高标准后果变量的直接效应显著（效果大），但通过父亲权威到父亲沟通、父亲信任的中介效应不显著，不存在部分中介作用。父亲完美主义高标准维度对子女完美主义高标准维度的直接效应为0.58。

三 研究讨论

（一）子女的完美主义、父母的完美主义、父母教养方式与亲子依恋的关系分析

本书发现，子女完美主义高标准、差异维度与对应的父母亲完美主义高标准、差异维度显著正相关，这与Flynn（2001）等的研究发现一致，即在父母与子女之间存在完美主义的模仿学习。父母自身的人格特质对子女有潜在的影响，朝夕相处的父母是子女学习与模仿的最好榜样，甚至可以说，完美主义的父母“造就”了完美主义的子女。经相关系数的显著性检验发现，男生完美主义各维度同对应的父母亲完美主义维度呈正相关，但与父母亲的两种相关关系没有显著差异。换句话说，男生高标准几乎同等地受到父亲和母亲高标准的影响，女生的情况同男生一样。男女生完美主义各维度与相应的父母亲完美主义各维度的相关关系不存在显著差异，即男生高标准和女生高标准受到父亲高标准的影响是同等的，子女完美主义在受到父亲和母亲的影响上不存在性别差异。这个结果与Frost（1991）、Vieth和Trull（1999）、Chang（2000）的研究结论不太一致，即完美主义的模仿学习不仅存在于同性亲子之间，也存在于异性亲子之间。这一结果可能与完美主义测量工具和方法的不同，以及不同的文化背景有关。上述的研究采用HMPS或FMPS测量完美主义，方法是参考学生自我报告的完美主义与父母自我报告的完美主义的相关关系，文化背景是在西方。本书以中国大学生为被试，用APS-R-CR测量学生感知到的父母完美主义与自身完美主义的相关关系。研究发现，完美主义的模仿学习在同性、异性亲子间都存在，这与中国学者杨宏飞（2005）的研究结论一致。据此可以说，在中国背景下，父母亲的心理与行为示范作用对子女的影响具有同等重要性。生活在同样的家庭

环境里，父亲与母亲间、父母与子女间的心理和行为有许多相似之处，家庭里如果有完美主义特质的父母，就有可能出现完美主义倾向的子女。

研究发现，子女完美主义与父母教养方式显著相关。其中，子女完美主义高标准维度与父母教养方式中的权威型、专制型显著正相关，子女完美主义差异维度与教养方式中的专制型、放任型显著正相关，这个结果与 Flett（1995）、Rice（1996）、Neumerister（2004）的研究结果部分一致。但与以往研究不一致的是，本书中父母的专制型教养与子女完美主义的两个维度均显著正相关，结合 Reglin 和 Adams（1990）的研究结果发现，报告了专制型教养风格和高水平完美主义的亚裔美国人，同时也出现高水平的学业成就。这里的专制型教养与完美主义高标准、差异维度都显著正相关，可能原因是中国父母秉承“严教出英才”的信念，一向对孩子寄予较高的期望，教育与管理倾向于专制型教养。曾奇等提出，中国具有强调父母权威和子女顺从的社会传统，对子女的严厉是建立在双方认可的基础上的，是严慈相济的。父母尽管对孩子的非期望行为给予严格限制，但父母和孩子都意识到父母是爱孩子才会惩罚孩子的（张文新，1999）。父母的专制型教养意味着对子女的关爱与重视，方式上较权威型教养更为严厉与苛刻，但结果却不一定只有负面的影响，有时还会有利于子女取得好的学业成绩。

父亲和母亲的教养方式是否一致也会影响子女完美人格的形成。本书发现，子女完美主义高标准维度在父母教养方式一致性变量上的差异显著，如果父母采用的教养方式一致，母亲和父亲“一致权威”的子女高标准水平显著高于母亲和父亲“一致放任”；如果父母采用的教养方式不一致，母亲和父亲“一致放任”的子女高标准水平显著低于母亲权威和父亲专制（教养不一致）。这个结果与 Hamachek（1978）的完美主义人格理论相符，他提出，神经症性的完美主义产生于童年期的两种情绪环境，其中一种就是不赞赏或不一致赞赏的环境。父母亲对子女一致的放任教养就如“不赞赏的环境”，父母任凭孩子自由发展，子女感受不到父母的期望与指导，无法为自己设置较高的成就标准。通常父母采用不一致的教养方式时，会传递给子女矛盾的信息，子女不知道认可父亲的还是母亲的观点，矛盾的认知冲突会影响孩子对自我价值、自我成就进行正确的肯定。但是在中国家庭中，父母双亲常常扮演不同的角色，母亲权威和父亲专制是一种常见的组合，即父亲唱黑脸母亲唱红脸，所以严父慈母组合虽然是不一致的教养组合，相比于父母亲一致的放任教养，反而更有助于子女的社会化与人格的健康发展。而其他的教养组合，不论一致与否，均不及“一致权威”“一致放任”或不一致的严父慈母对子女完美人格的作用显著。

在子女完美主义与亲子依恋的关系上，本书发现男女大学生的高标准维度分别与父亲、母亲的沟通、信任维度，母亲依恋的得分呈正相关，但只有女大学生的高标准与父亲依恋、母亲依恋均呈正相关；而男女大学生的差异维度分别与父亲、母亲的疏离维度呈负相关，但只有女大学生的差异与父亲依恋、母亲依恋均呈负相关。这个结果表明，母亲依恋的重要性大于父亲依恋，因为母亲依恋同女大学生的高标准和差异维度、男大学生的高标准维度均显著相关。母亲在家庭中的角色是不可替代的，安全性的母亲依恋有助于孩子健全人格的形成，而不安全性的依恋会使孩子发展完美主义的消极层面，不利于自我成长。经相关系数的显著性检验发现，男女生完美主义各维度与父母亲依恋各维度的相关关系不存在显著差异，即男生高标准和女生高标准受到母亲沟通、母亲信任、父亲信任的影响是同等的，男生差异和女生差异受到父亲疏离、母亲疏离的影响也是同等的。由此可以说，亲子依恋的各维度上不存在性别差异。另外，父亲依恋与女儿的高标准与差异均相关，与儿子高标准、差异均不相关。据此可知，女儿受到双亲的影响明显大于儿子，女儿在家庭里会得到父母更多的关注与呵护，与父母的互动也更多，而为了培养儿子的独立性与竞争力，父母和儿子的互动相应少于女儿。

（二）父母教养方式、亲子依恋关系对父母完美主义与子女完美主义关系的中介作用

相关分析的结果表明，子女完美主义高标准、差异维度与对应的

父母完美主义高标准、差异维度呈非常显著的正相关，该结果支持了Bandura的社会学习理论。另外，以往大量文献发现，父母的完美主义、教养方式以及亲子依恋能影响子女完美主义的不同层面，但至今没有研究考虑这些影响因素间的可能关系。本书在Neumeister（2004，2006）的整合模型基础上，建立完美主义形成的新模型，结果支持部分假设，父母教养方式、亲子依恋在父母完美主义和子女完美主义的关系中发挥着重要作用，母亲教养方式、母子依恋对母亲完美主义与子女完美主义的关系起部分中介作用，而父亲教养方式、父子依恋没有在父亲完美主义与子女完美主义间起中介作用。

母亲完美主义差异维度与子女完美主义差异维度的关系被母亲专制型教养、母亲疏离的亲子依恋部分中介。Hamachek（1978）认为，正常的完美主义是积极或负面模仿的结果，积极模仿是指当孩子的关键照料人表现出了与完美主义有关的行为，如精确和完整，并且他们能够悦纳自己的成就时，孩子看到努力就能得到满意，从而进行相应学习。负面模仿是孩子看到关键照顾人总是无组织地或很少完成任务时，他们会变得更加精确和小心翼翼、整洁和整齐，也更有组织性。本书的发现与上述理论相符，一方面，如果母亲感觉到自己的实际表现和理想标准间有差距时，难以满意已有的成就。子女会模仿母亲的行为方式，看到母亲无法自我满意，子女也很难满意已有成绩，也容易在自己设置的标准与实际表现中感觉到差距。另一方面，孩子向母亲模仿学习的背后还有其他心理中介机制的作用，有完美主义差异倾向的母亲，总是对自己不满意，关注自己的无能和缺陷。为了弥补自己的人生遗憾，母亲会将高要求与高期望转加给子女，希望他们获得成功。急迫的心态使她们对子女实施更为严厉的教养方式，而由于母亲过于严厉与苛刻，造成了子女与母亲关系的疏离，子女会对自己所依恋的母亲采用的专制型教养感到气愤，缺乏家庭情感交流，感受不到母爱的温暖，失去和母亲间的安全依恋，使子女更可能形成完美主义差异倾向，觉得自己没法达到父母的要求，无法令他们满意，因而时时产生差距感，对自我进行消极评价。

另外，母亲完美主义高标准维度与子女完美主义高标准维度的关系被母亲权威型教养、母亲沟通、母亲信任的亲子依恋部分中介。如果母亲为自己的行为或表现设定很高的标准，但在达不到标准时并不进行严厉的自我批评，并客观地评价自己并接纳自己，一方面，子女会在母亲的影响下提高对自我的成就要求，但他们设置的标准合理且在自己的能力范围内。另一方面，有完美主义高标准的母亲为了子女的成长，可能采用严厉的教养风格，但同时也给予子女关心与爱护。权威型的家庭教养氛围有利于子女认同母亲的教养，并相信母亲是理解、尊重自己的愿望与需求的，因而愿意与母亲进行积极的情感交流，和谐安全的母子依恋关系帮助子女对成绩与成就树立正常的、合理的高标准，即使达不到高标准，也不会自责与批评自己，因为坚信母亲不会因此责怪自己，仍然会继续关爱和支持自己。

母亲完美主义的人格特质决定她们将采用的教养方式，而教养方式又影响母亲与子女间的亲子依恋关系，并通过亲子依恋影响子女完美主义不同层面的发展。

本书还发现，父亲完美主义高标准维度与子女完美主义高标准维度的关系没有被父亲权威型的教养、父亲沟通、父亲信任的亲子依恋部分中介；父亲完美主义差异维度与子女完美主义差异维度的关系也没有被父亲专制型教养、父亲疏离的亲子依恋部分中介，该结果没有支持本研究的假设。但是，父亲高标准与子女高标准显著正相关，父亲差异也与子女差异显著正相关，说明父亲的完美主义能显著影响子女的完美主义，子女确实会模仿父亲的行为。对自己有高标准的父亲会采取温暖又严格的权威型教养，也会与子女形成良好的沟通、信任关系。而有差异倾向的父亲因为采用专制型的教养，使子女不愿与之亲近，与父亲情感互动少，疏离感强，因而形成不安全的亲子依恋关系。但是不管安全或不安全的父亲依恋关系，都没有必然决定子女的完美主义高标准与差异感的形成，原因可能是由父亲特定的社会角色所决定的，大多数父亲投入家庭外的时间多于家庭内，对子女生活、学习的管理与教育远不及母亲。虽然子女尊重并接纳父亲的建议，但由于现实存在较少的交流与沟通，甚至与父亲相处的时间都不够充分，因而，父亲对子女人格的形成的影响力远远小于母亲，这种现象与“关键照顾人”的理论是一致的，即母亲的特别角色与身份决定了她对子女的影响更大。由此可见，母亲自身的人格完善与性格成熟对于后代的成长具有非常重要的作用。

在一个家庭中，父母的完美主义、教养方式乃至亲子依恋之间存在非常复杂的关系，子女的完美主义正是在这种复杂关系的影响下形成的。本书中为了便于分析，将父亲和母亲的完美主义分解开，也将父母教养方式和亲子依恋因素分解开（父对父，母对母），再分别探讨它们在子女完美主义形成中的中介作用。这是此类研究的一个局限性，有待未来研究者更新研究方法，以解决此类研究中普遍存在的问题。

四　研究结论

（1）父母的完美主义可显著影响子女的完美主义。

（2）子女完美主义高标准维度在父母教养方式一致性变量上有显著差异，母亲权威和父亲专制（教养不一致）、母亲和父亲一致权威的子女高标准水平显著高于母亲和父亲一致放任。

（3）母亲专制型教养方式、母亲疏离的母子依恋部分中介母亲完美主义差异维度与子女完美主义差异维度的关系。

（4）母亲权威型教养方式，母亲沟通、母亲信任的母子依恋部分中介母亲完美主义高标准维度与子女完美主义高标准维度的关系。

本章小结

本章重点考察了完美主义形成过程中，家庭中存在的相关因素及其彼此间的关系，并据此建立并验证了完美主义形成过程中家庭因素的综合模型。结果发现子女的完美主义模仿学习了父母的完美主义，同时，母亲的亲子依恋、母亲教养方式的选取对这种模仿学习产生了不同的方向引导。家庭是个体人格健全发展、个体素质综合发展的第一重要环境，对该环境中各个影响因素的深入了解与掌握，结合社会大环境和学校环境，以及个体自身的个性特点，为全面了解完美主义人格打下坚实基础，并可以据此预测完美主义个体在学习、生活及工作中的表现，有效帮助并引导适应不良完美主义个体。

附录：Buri 父母权威问卷（母亲版）

指导语：下面句子是询问在您成长的过程中，与家中母亲（或继母、祖母等主要照料者）相处时的实际感受。请根据最适合您与她关系的描述，在右边答案中打“√”，每题只选一个答案。答案没有对错之分，请勿漏题。

题项	非常不符合	不符合	中立	符合	非常符合
1. 母亲觉得在一个健康的家庭里，孩子的行为方式应该与父母一样					
3. 每当母亲要我做事的时候，她总是希望我没有任何疑问地马上去做					
5. 当我觉得家庭规矩不合理的时候，母亲总是鼓励我同她进行语言交流					
7. 母亲从不允许我质疑她所做的任何决定					
9. 我知道母亲对我的期望。当觉得期望不合理时，我可以自由地与她讨论					
12. 母亲作大部分家庭决定的时候会考虑家中孩子的愿望					
14. 每当我试图表达不一致的意见时，母亲会变得很烦乱					
18. 母亲并不认为她有责任对我的行为进行指引和教导					
21. 母亲尊重我对家庭事务的看法，通常允许我自己决定要做的事情					
25. 母亲不会指导家里孩子的行为、活动和意愿					

第三章　适应性完美主义

第一节　完美主义、成就目标取向与学业成绩的关系概述

健康心理是当今心理学研究领域的重点，而健全人格与身心健康之间关系密不可分。现有大量研究已证明，完美主义人格与个体的心理健康密切相关。国内外心理学家对心理健康（Psychological Health）的定义各不相同。世界卫生组织（WHO）于1948年提出，健康指在身体上、心理上和社会性上的完好状态，而不仅仅是指身体无病和不虚弱。WHO在2001年报告《心理健康：新的理解，新的希望》中指出："心理健康是一种情感和社会的幸福感，个人能意识到自己的能力，能应对生活中正常的紧张情绪，能创造性地或卓有成效地工作，能对自己和自己所生活的社会做出贡献。"陈家麟认为，心理健康是指在充分发挥个体潜能的内部心理协调与外部行为适应相统一的良好状态。梁宝勇（2004）将心理健康视为一种充满生命活力、能够有效地发挥个人潜能以适应各种社会环境并有积极的内心体验的、完全的心理健康状态。他认为，不能脱离一个人的生活、学习和工作而空谈心理健康。[①] 目前我国对心理健康的研究主要采用以SCL－90为代表的症状量表来衡量心理健康的状况。国外的研究则更多地从适应和不

---

① 梁宝勇：《关于心理健康素质及其结构的思考》，《心理与行为研究》2004年第4期。

适应两方面来考量心理健康水平。

本书重点关注形成后的完美人格对心理健康的影响，根据上述几种对心理健康观点的阐述，考虑到本书中的被试主要是在校学生，学生的情绪表达与学习成绩是他们心理健康的外显指标，因而选取在校学生的学习成绩作为心理健康的社会适应性指标，选取自我效能感作为他们适应性情绪情感指标。

一　成就目标取向的概念与结构

成就目标取向理论是当今成就动机研究的前沿课题。随着人们对成就动机研究的不断深入，心理学家开始从社会认知的角度来探讨个体的成就动机和成就行为。这种认知模式的研究主要集中在对成就活动中决定个体认知与行为方向的成就目标定向上的分析（王雁飞等，2001）。Dweck（1988）提出成就目标定向是一种有计划的认知过程，它具有认知、情感和行为的特性。[①] Ames（1992）依据成就目标的表征内容把成就目标看作是学生对学习活动、学业成就、成功意义或目的的感知。Elliot（1997）明确地将成就目标与胜任力联系在一起，认为成就目标是对与胜任力有关的行为的认知动力关注。[②] Pintrich（2000）认为成就目标定向是关于个体追求成就任务的理由，对目标认知的表征，它反映了个体对成就任务的一种内在认知取向，是一种关于目标、胜任、成功、能力、努力、错误和标准的有组织的结构系统（刘惠军，2003）。综上所述，本书认为成就目标取向是个体对所从事的某一成就任务的目的或原因的知觉，具有认知（如对于情境的认识、成败归因）、情感（如焦虑）和行为（如学习策略、任务选择和学业）的特征。

Dweck（1988）最早提出的目标取向模型是单因素模型，认为学习目标和成绩目标是一个连续体上的两个相对独立的变量。Elliot（1996）等把成就目标分为成绩目标和学习目标，前者注重成绩和比

---

① Dweck，C. S. & Leggett，E. L. A.，"Social - cognitive Approach to Motivation and Personality"，*Psychological Review*，Vol. 95，1988.

② Elliot，A. J. & Church，M. A.，"A Hierarchical Model of Approach and Avoidance Achievement Motivation"，*Journal of Personality and Social Psychology*，Vol. 72，1997.

较，后者注重学习和过程；Ames（1992）提出了能力目标和掌握目标，前者希望表现出高能力而避免表现出低能力，后者则重视能力的增加；Nicholls（1984）提出了自我卷入目标和任务卷入目标，自我卷入强调对自我的评价，表现出高的能力或是避免低的评价，任务卷入强调可以被理解为以获得新的技能并能完成新的任务。[①] 这些理论可以整合为成绩目标（成绩目标、能力目标和自我卷入）和掌握目标（学习目标、掌握目标和任务卷入）。持有掌握目标定向的个体将学习本身视为一种目的，以此来关注自身能力的发展，从而更加注重对任务的理解和掌握。持有成绩目标定向的个体将学习视为一种手段，通过学习成绩来表现自己的能力，但极力回避那些可能失败或可能导致表现出低能力的情境。两者本质的区别就在于能力观的差异，即能力是发展的还是固定不变的。

Elliot 等（1997）在后来的研究中发现成绩目标还存在两种非常显著的差异：有出现失助取向反应的，也有表现为掌握取向反应的。[②] 因此 Elliot 等提出了三因素的目标取向模型，即把成绩目标再分成成绩接近目标和成绩回避目标，两种取向都关注其自身表现的结果，但成绩接近目标者则更关注展示自身能力并从他人那里得到肯定的评价；而后者则着力于隐藏自己的不足，以避免得到否定性评价。目前三因素模型得到了广泛关注，许多研究也证实了成就目标三分法（掌握目标、成绩接近目标和成绩回避目标）的存在。后来，Pintrich 和 Elliot（2001）等指出掌握目标也有接近—回避的区别，从而提出了四结构观点，认为成就目标定向包括掌握接近目标、掌握回避目标、成绩接近目标和成绩回避目标。

虽然国外心理学家对成就目标定向的结构有不同的划分方法，但是总体的指导思想是一致的，都是基于能力和努力基础上的划分，只是对于能力和努力的趋向不同而提出成就目标定向结构的不同观点，

---

① Nicholls, J. G., "Achievement Motivation: Conceptions of Ability, Subjective Experiences, Task Choice and Performance", *Psychology Review*, Vol. 91, 1984.

② Elliot, A. J. & Church, M. A., "A Hierarchical Model of Approach and Avoidance Achievement Motivation", *Journal of Personality and Social Psychology*, Vol. 72, 1997.

本书所支持的成就目标定向包括掌握学习、成绩接近和成绩回避三因素的目标取向模型。

二 成就目标取向与学业成绩的关系

Dweck（1988）认为学习目标取向总是适应的，成绩目标取向总是不适应的。类似观点的实验研究发现在学习目标定向的工作情境下，个体的工作绩效会有很大提高，但在成绩目标定向情境下，个体的工作绩效却很低（Butler，1993）。

也有研究者认为学习目标取向并非完美无缺，而成绩目标取向也并非一无是处。Valle 等（2003）认为学习与成绩两种取向实际上是互补的。尽管个体可能有很强的学习动机取向，并积极投入学习，但如果这是个体唯一的动机取向，他将很难在学习情境中取得令人满意的成绩和进步，除非他同时还想获得很好的学习成绩。Harackiewicz（1998）的实验发现，成绩接近目标取向对预测学业成就具有正效应，但与兴趣不相关；而学习目标取向与兴趣正相关，却不能预测学业成就。这就意味着同时持有两种目标取向的个体很可能会具有更高的动机水平从而取得更好的学业成就。因此，有研究者提出最充分有效的动机是个体不仅想获得知识、提高能力，同时还想达到一定的成绩水平（Bouffard，1995）。

三 完美主义与学业成绩的关系

近年来关于完美主义与学业成绩的相关研究中，研究者认为完美主义者具备的追求完美与渴求成功的特质与其个体的学业成绩有关（Rice & Slaney，2002；Stoeber，2007；Bieling，2004；Accordino，2000，等等）。Stoeber（2006，2007）将完美主义划分为追求完美和对不完美的消极反应（在意完美）两种形式①②③，其中追求完美与个

① Stoeber，J. & Eismann，U.，"Perfectionism in Young Musicians：Relations with Motivation Achievement，and Distress"，*Personality and Individual Differences*，Vol. 43，2007.

② Stoeber，J.，Otto，K.，Pescheck，E.，Becker，C. & Stop，O.，"Perfectionism and Competitive Anxiety in Athletes：Differentiating Striving for Perfection and Negative Reactions to Imperfection"，*Personality and Individual Differences*，Vol. 42，No. 6，2007.

③ Stoeber，J.，Rambow，A.，"Perfectionism in Adolescent School Students：Relations with Motivation，Achievement，and Well – being"，*Personality and Individual Differences*，Vol. 42，2006.

体多种积极的人格特征存在正相关关系，如责任心、外向、忍耐力、生活满意度、积极应对、积极情感等，此外，追求完美与个体的学业成就也呈正相关关系，这里所指的学业成就包括特定考试成绩和普遍学业表现。Rice 和 Slaney（2007）以在校大学生为研究对象，将其划分为适应性完美主义者（高追求完美低错误关注）、非适应性完美主义者（高追求完美高错误关注）和非完美主义者（低追求完美）。研究表明，与非适应性完美主义者和非完美主义者相比，适应性完美主义者会表现出更高的平均成绩（Grade Point Average，GPA）。[①] Bieling 等（2003）的调查研究表明，高程度追求完美主义的大学生比低程度追求完美主义的大学生显示出更好的成绩。[②] 以上研究对完美主义的划分均是二维划分，即分为追求完美和在意完美（对不完美的消极反应），这里的追求完美对应的就是适应良好完美主义，而在意完美对应的则是完美主义的消极层面。研究表明，追求完美及其各维度与努力和学业成绩呈正相关关系（通过考查花费在学业上的时间和学生分数），而在意完美则与焦虑抑郁（包括演出焦虑）正相关。[③④] 孙楠（2015）以高中生为研究对象，研究了其完美主义对学业成绩的影响，结果发现父母期望和担心的错误维度对学业成绩有显著负影响；个人标准维度对学业成绩有显著正影响；条理性和行动疑虑对学业成绩没有显著影响。[⑤]

综上所述，个体追求完美与其学业成绩呈正相关，本书认为追求

---

① Rice, K. G., Ashby, J. S., "An Efficient Method for Classifying Perfectionists", *Journal of Counseling Psychology*, Vol. 54, No. 1, 2007.

② Bieling, P. J., Israeli, A., Smith, J., et al., "Making the Grade: The Behavioral Consequences of Perfectionism in the Classroom", *Personality and Individual Differences*, Vol. 35, 2003.

③ Stoeber, J., Rambow, A., "Perfectionism in Adolescent School Students: Relations with Motivation, Achievement, and Well-being", *Personality and Individual Differences*, Vol. 42, 2006.

④ Stoeber, J., Stoll, O., Salmi, O. & Tiikkaja, J., "Perfectionism and Achievement Goals in Young Finnish Ice-hockey Players Aspiring to Make the under-16 National Team", *Journal of Sports*, Vol. 27, No. 1, 2009.

⑤ 孙楠：《高中生完美主义对学业成绩的影响及作用机制研究》，硕士学位论文，吉林大学，2015。

完美指的是完美主义的积极层面，与适应良好完美主义相对应；而在意完美意指过度在意完美，是完美主义的消极层面，与适应不良完美主义相对应。因此，适应良好完美主义对个体的学业成绩有促进作用。

四　完美主义、成就目标取向与学业成绩的相关研究

近年来，研究者考察了完美主义、成就动机与学业或工作成绩关系，发现不同类型的完美主义者在追求成就活动的过程中，由于对不同类型的成就目标取向不同，所取得的学业或成绩自然不同。

Parker（1997）考察学生的父母对资优子女的成就目标取向与子女完美主义间的关系时发现，大部分的父母采用学习目标取向，而父母采用成绩目标取向的子女则出现了功能障碍型的完美主义。① Neumeister（2004，2006）研究发现，社会取向完美主义者的潜在动机是避免因失败而影响他们的成就目标，基于这种动机，他们设置了成绩回避与成绩接近目标，倾向于在工作或学习中延迟。自我取向完美主义者为了获得更高的成就，采用与成绩接近的目标，发展了强有力的工作伦理，被驱动着去应对更大的挑战。

Accordino 等（2000）研究发现，在意完美的核心成分——感受到成就和期望间的差异与 10—12 年级学生的高抑郁相关。而追求完美的核心成分——高标准与掌握目标（意味着偏爱挑战任务）、工作目标（对努力工作的渴望）和较好的学业成绩相关联。② Nounopoulos（2006）等用 APS 调查中学生的完美主义时，发现完美主义及高标准与较好的学业成绩正相关。

Stoeber 和 Rambow（2007a）以 121 名九年级学生为被试，调查学生追求完美及对不完美的消极反应以及感觉到父母希望其完美所致的

---

① Parker, W. D., "An Empirical Typology of Perfectionism in Academically Talented Children", *American Educational psychologist*, Vol. 33, No. 4, 1997.

② Accordino, D. B., Accordino, M. P. & Slaney, R. B., "An Investigation of Perfectionism, Mental Health, Achievement, and Achievement Motivation in Adolescents", *Psychology in the Schools*, Vol. 37, No. 6, 2000.

压力、动机、学业成绩和幸福感之间的关系。① 发现学生对不完美的消极反应与害怕失败的动机、躯体疾病和抑郁症状呈显著的正相关关系；追求完美与渴望成功、学习动机和学业成绩正相关，与抑郁症状负相关。结果表明青少年追求完美伴随着积极的特征和适应性结果，是对健康的积极追求。对不完美的消极反应与感知到父母要求其完美所致的压力，伴随着消极的特征和适应不良的结果，破坏了青少年的动机与幸福感。Stoeber（2007b）对146名年轻音乐家的完美主义、内化与外化动机、努力程度，以及成绩和抑郁程度进行调查，发现追求完美与内化动机、更多努力和高成就正相关，而从音乐教师身上感知到的压力也与音乐家的内化动机有关。对不完美的消极反应与外化动机和抑郁正相关。由此可以说明，音乐家们同时有积极与消极的完美主义，对不完美的消极反应是不健康的，而追求完美是健康地追求卓越②。

Chan（2009）调查了中国香港资优学生的完美主义与目标定向的关系，评估了15名学生的积极与消极完美主义和四个目标定向。研究发现，学生们倾向于积极的完美主义，更偏重于学习和社会目标。学习与社会目标取向是积极完美主义的显著预测源，而成绩与回避目标取向是消极完美主义的显著预测源。研究建议，设置不同的成就目标以促进个体积极健康地追求完美③。

Stoeber（2009a）以2×2的成就动机为理论框架，第一个研究对象是以大学生运动员（非优秀运动员）为被试，发现其追求完美与掌握接近、成绩接近目标相关，在意完美与掌握回避、成绩接近和成绩回避目标相关。第二个研究对象是138名年轻优秀的冰球运动员，对其同时使用多种完美主义的测量工具及结构方程模型来进一步肯定追

---

① Stoeber, J., Rambow, A., "Perfectionism in Adolescent School Students: Relations with Motivation, Achievement, and Well-being", *Personality and Individual Differences*, Vol. 42, 2007.

② Stoeber, J. & Eismann, U., "Perfectionism in Young Musicians: Relations with Motivation, Effort, Achievement, and Distress", *Personality and Individual Differences*, Vol. 43, 2007.

③ Chan, D. W, "Perfectionism and Goal Orientations among Chinese Gifted Students in Hong Kong", *Roeper Review*, Vol. 31, 2009.

求完美、在意完美和成就目标的关系。研究结果表明，对于优秀的运动员，其追求完美与掌握接近和成绩接近目标取向相关，而在意完美与掌握回避、成绩接近和成绩回避目标取向相关。因此，对于运动员的完美主义，要从追求完美与在意完美两方面加以区分，只有在意完美与成就目标的适应不良模式有关。

为了解完美主义如何影响竞技运动成绩，以及运动员目标在竞争运动中的作用，Stoeber（2009b）连续开展了两个研究，回归分析结果显示，完美主义的个人标准、较高的成绩接近目标、低的成绩回避目标、高的个人目标影响了比赛成绩（超过运动员的成绩水平）。另外，成绩回避与成绩接近目标间的差异中介了完美主义个人标准与成绩间的关系，而个人的目标设置调节了成绩接近与成绩间的关系。研究结果表明，完美主义个人标准没有破坏竞争成绩，当它与目标联合后，能帮助运动员取得更好的成绩。

第二节　完美主义与学业成绩关系的实证研究

通过完美主义形成与发展相关因素的实证研究发现，父母完美主义可直接影响子女完美主义，而母亲教养方式、母子依恋在父母完美主义与子女完美主义间起部分中介作用，其他如社会、学校和个体自身的特质也会影响完美主义特质的发生和发展。了解完美主义形成的相关因素后，需要考虑形成后的完美主义人格特质对个体的生活、学习、社会适应的具体影响，以帮助个体完善人格、健全心理，发挥更好的社会适应能力。

随着积极心理学的发展、心理健康观念的变化，研究者们已开始关注完美主义与积极心理的关系。研究发现，资优学生、运动员、音乐家等特殊群体的完美主义适应性层面与学业成就、比赛成绩、积极情感等显著正相关（Accordino，2000；Stoeber，2007，2009a，2009b）。Adler（1956）提出，当个体关心的是社会利益的时候，就能最大化个人的潜能，对完美的追求就是健康的。完美主义始于“对卓越的健康追求”，是心理健康素质的重要人格因素，在探讨完美主义与心理健康的关系时，研究者发现，完美主义个体在设置高标准、追求完美的过程中，由于被不同目标取向的动机驱动，最后得到的成绩与心理和谐状态各异。Neumeister（2004）的研究发现，有些完美主义者被害怕失败的动机驱动，设置成绩回避的目标取向，习惯在工作或学习中延迟；而有些完美主义者为了获得高成就的动机，采用掌握学习与成绩接近的目标取向，他们具有强大的工作动力，被驱动着去寻找挑战。另外，有研究（Stoeber，2009b）以运动员的比赛成绩为因变量，以完美主义、成就目标取向等为自变量进行回归分析，结果发现，完美主义的高标准、高的成绩接近目标与个人目标、低的成绩回避目标可正向影响运动员的比赛成绩。成绩回避与成绩接近目标间的差异可部分中介完美主义个人标准与比赛成绩之间的关系，而个人目标可调节成绩接近目标取向与比赛成绩的关系。

对于不同的成就目标取向对工作或学习绩效的影响，研究者们的观点并不一致，有研究者支持掌握学习目标取向总是适应的，而成绩目标取向总是不适应的（Dweck，1988），而有研究提出学习与成绩两种目标取向实质上是互补的。尽管个体可能有很强的学习动机取向，并积极投入学习，但如果这是唯一的动机取向，个体将很难在学习情境中取得令人满意的成绩和进步，除非他同时还想获得很好的学习成绩（Valle，2003）。

综上，研究者们发现，完美主义个体追求高标准、达到高目标的人格特点，影响他们对成就动机的独特认知和行为，并最终对其学习和工作成绩有不同的影响。这些研究是在完美主义与积极心理的关系方面的有益尝试，但由于研究对象具有特殊性，将由此得出的结论向普通人群作推广时需谨慎。而是否追求完美、完美主义高标准同个人成就有密切联系，这种联系背后存在什么样的心理机制，有待深入研究。对于在校学生而言，学业成绩是当前最重要的任务，也是衡量他们心理健康社会适应性的最好指标之一。本部分的主要研究目的是：根据已有的研究发现和完美主义人格理论，以高中生为样本，对完美主义的积极与消极维度进行有效的区分。探讨完美主义、成就目标取向与学业成绩之间的关系，以识别完美主义的适应性功能。该研究具体假设如下：

假设1：完美主义高标准维度可以直接影响学业成绩。

假设2：成就目标取向在完美主义与学业成绩的关系中起中介作用，见图3-1。

图3-1　成就目标取向在完美主义与学业成绩间关系的假想模型

一　研究方法

（一）被试

采用整群抽样的方法，以某市市属重点中学高二年级的全体学生为被试，共发放问卷560份，回收问卷550份，回收率98.2%。剔除无效问卷后，有效问卷510份，有效率92.7%。缺失数据采用均值替代法处理。男女生人数相当，平均年龄为16.43±0.58岁，被试有效样本的基本分布情况见表3-1。

表3-1　有效样本基本情况（N=510）

类别	被试分类	频数（n）	占比（%）
性别	男	226	44.3
	女	283	55.5
是否独生子女	缺失	1	0.2
	是	371	72.7
	否	139	27.3
父母婚姻状况	正常	421	82.5
	离异	89	17.5
	缺失	2	0.4

（二）研究工具

1. 近乎完美量表中文修订版

同第二章关于完美主义形成与发展相关因素的研究，选用杨丽（2007）修订的近乎完美量表修订版（APS－R）测量完美主义。

2. 成就目标取向问卷

采用张咏梅等（1999）修订的成就目标取向问卷。该问卷由掌握学习、成绩接近和成绩回避目标取向三个分量表构成，包含 14 个项目。采用李克特五点计分法，从完全不符合（计 1 分）到完全符合（计 5 分）。问卷修订时，3 个分量表的系数分别为：掌握学习分量表为 0.759、成绩接近分量表为 0.693、成绩回避分量表为 0.637。本书中各分量表的系数分别为：掌握学习分量表为 0.756、成绩接近分量表为 0.687、成绩回避分量表为 0.663。

3. 学业成绩

收集被试在高一年级第二学期的期中考试成绩，以语文、数学、英语、物理、化学、政治六科成绩总分作为学业成绩的衡量指标。

（三）研究程序

将所有问卷装订成册，由经过培训的班主任对被试进行集体施测，当场回收问卷。测试时间在 15 分钟左右，采用 SPSS13.0 对结果进行统计分析。

二　研究结果

（一）人口统计学变量分析

根据人口统计学特征，从性别、是否独生子女等方面进行分类，并对各组的完美主义、成就目标取向、学业成绩进行差异性 t 检验，结果见表 3－2。

由表 3－2 可知，完美主义各维度、学业成绩的得分在性别、是否独生子女变量上不存在显著差异。成绩回避的目标取向维度在性别变量上存在显著差异，男生的得分显著高于女生，其他变量在性别变量上都没有显著差异；成绩接近的目标取向维度在是否独生子女变量上有显著差异，独生子女的得分显著高于非独生子女，其他变量在是否独生子女变量上都没有显著差异。

表 3－2　　各个因素在性别、是否独生子女变量上的差异性

	性别/是否独生子女	*N*	*M*	SD	t	P
高标准	男	226	28.15	5.91	－0.02	0.983
	女	283	28.17	5.74		
	独生	371	28.4	5.79	1.47	0.143
	非独生	139	27.55	5.84		
差异	男	226	51.7	11.64	1.03	0.302
	女	283	50.64	11.31		
	独生	371	51.67	11.45	1.75	0.082
	非独生	139	49.69	11.37		
掌握学习	男	226	19.92	4.32	－0.46	0.644
	女	283	20.1	3.9		
	独生	371	19.82	4.04	0.52	0.602
	非独生	139	20.59	4.17		
成绩接近	男	226	17.25	4.22	0.55	0.586
	女	283	17.05	3.73		
	独生	371	17.48	3.9	3.07	0.002
	非独生	139	16.27	3.97		
成绩回避	男	226	8.76	2.96	3.52	0.000
	女	283	7.87	2.69		
	独生	371	8.31	2.9	0.47	0.636
	非独生	139	8.17	2.71		
学业成绩	男	226	337.74	77.94	－1.21	0.225
	女	283	346.03	74.75		
	独生	371	343.92	76.57	0.65	0.515
	非独生	139	338.99	75.8		

（二）完美主义、成就目标取向与学业成绩的相关分析

以皮尔逊相关法对所有被试的完美主义、成就目标取向、学业成绩进行相关分析，结果见表 3－3。

表 3－3　　完美主义、成就目标取向与学业成绩的相关矩阵

	高标准	差异	掌握学习	成绩接近	成绩回避	学业成绩
高标准	1					
差异	0.498**	1				
掌握学习	0.459**	0.192**	1			
成绩接近	0.389**	0.336**	0.333**	1		
成绩回避	0.197**	0.307**	0.116**	0.434**	1	
学业成绩	0.139**	0.047	0.170**	0.097**	－0.019	1

注：** 代表 $p<0.01$。

由表 3－3 可见，完美主义的积极高标准维度与学业成绩显著正相关，高标准与掌握学习、成绩接近、成绩回避也显著正相关；完美主义的消极差异维度与掌握学习、成绩接近、成绩回避呈显著正相关，与学业成绩无关；掌握学习、成绩接近与学业成绩显著正相关。

通常，在预见变量和后果变量之间的关系出乎意料地低或不一致的时候，引入调节变量；在预见变量同后果变量之间已经存在强有力的关系，希望进一步探索这种关系背后的机制时，引入中介变量。所谓调节变量是改变预见变量和后果变量之间关系的方向或强度的变量，调节变量的影响不过是一个变量赖以影响另一个变量的水平的一种交互作用，而理想的调节变量与自变量和因变量的相关关系都不强（James，1984；Frazier et al.，2004）。相关分析的结果表明，完美主义高标准维度与学业成绩之间显著正相关，但是相关系数很低，只有 0.139，根据 James 和 Frazier 的建议，不再引入两者关系间的中介变量。而掌握学习、成绩接近目标取向与预见变量的相关系数中等偏大，也不考虑这两个变量在完美主义高标准与学业成绩关系间的调节作用。

（三）回归分析

运用多元逐步回归分析，以学业成绩作为因变量，以完美主义的高标准维度、成就目标取向的掌握学习、成绩接近、成绩回避维度作为自变量进行回归分析，结果见表 3－4。

表 3-4　　完美主义、成就目标取向对学业成绩的回归分析

因变量	预测变量	R	调整后的 R^2	R^2 的改变量	Beta	F
学业成绩	掌握学习	0.170	0.029	0.027	0.170	15.074***

注：***代表 $p<0.001$。

由表 3-4 可知，只有掌握学习成就目标取向进入了学业成绩的回归方程。

三　研究讨论

（一）完美主义、成就目标取向的人口学差异

本书是对完美主义与学业成绩关系的初步考察，通过人口统计学变量的分析发现，除了在成绩回避目标取向维度上，男生得分显著高于女生外，在掌握学习、成绩接近、高标准、差异和学业成绩上的得分均无性别差异。有成绩回避取向的个体关注自身表现的结果，努力不暴露自己的不足，避免得到否定性评价。对于青少年而言，特别是男孩子，他们由于爱面子，不愿意在同伴和老师的面前表现出低能力，害怕因为表现不好而得到较低评价，甚至受人嘲笑。而中国的传统文化没有对女性的社会角色赋予过多的责任与成功要求，即使女生重视表现自身的能力，也不会有害怕暴露低能力而得到否定性评价的压力。因此，男生成绩回避的得分高于女生。

在是否独生子女的差异检验上，只有成绩接近目标取向维度上独生子女的得分显著高于非独生子女，其他变量的各维度不存在显著差异。成绩接近同成绩回避目标取向一样，关注自身表现的结果，但重点是展示自身能力并从他人那里得到肯定评价，有这种目标取向的个体将学习视为一种手段，通过成绩来表现自己的能力。独生子女作为家中唯一的孩子，集父母宠爱于一身，父母的所有希望全部寄托于他们身上，从小就被鼓励着从各方面展示自己，并经常得到赞美与肯定。因而他们在学校采用的成就目标取向，主要目的是通过成绩表现能力，大胆地展示自我，以获得家长、老师、同学的肯定评价。因此，独生子女在成绩接近上得分显著高于非独生子女。

（二）完美主义、成就目标取向与学业成绩的关系分析

本研究发现，完美主义的高标准维度与学业成绩显著正相关，据此可以说，给自己确立高标准、追求完美的学生，以积极主动的态度对待学习，与实际取得的学业成绩紧密相关。这个结果与 Accordino（2000）和 Blatt 等（1996）的研究结论相一致，他们发现，中学生的完美主义高标准得分与年级平均成绩显著正相关。有自我高标准的学生伴随着良好的工作或学习习惯、努力拼搏的精神和较好的学业成绩。本结果也支持了 Hamachek（1978）的人格理论，他认为，正常完美主义者拥有健康的成就标准，容易取得高水平的成就。但是，高中生完美主义差异维度与学业成绩无关的结果，与 Brophy 等（1989）的观点不太一致，他认为，完美主义差异维度与年级平均成绩显著负相关，原因是青少年学生经历了期望的标准与实际成就间的差异后，更有可能出现较低的学业成就。本书研究说明，高中生感到实际的成绩或表现与设置的标准间存在差异时，因为学生的主要任务就是不断地追求好的成绩与表现，所以不会对学生取得的学业成绩产生实质性的影响，对成绩产生影响的是他们是否拥有正常的、健康的和灵活的高标准。

Stoeber 和 Otto（2006）认为，完美主义有积极与消极两个层面，消极层面由多维完美主义中的错误关注、社会决定完美主义，或期望与结果间的差异组成。积极层面由完美主义多维度中的个人高标准、自我取向完美主义，或追求卓越组成。本书研究发现，完美主义的高标准、差异维度与成就目标取向的掌握学习、成绩接近、成绩回避 3 个维度均显著正相关。但是高标准与掌握学习、成绩接近的相关系数远远高于与成绩回避的相关系数，而差异与成绩接近、成绩回避的相关系数远远高于与掌握学习的相关系数。该结果与 Neumeister（2004）和 Stoeber（2009a，2009b）的研究结论一致。Neumeister 发现，社会决定完美主义者的潜在动机是避免失败影响他们的成就目标责任与行为，他们设置了成绩回避目标，倾向于在工作或学习中延迟。而自我取向完美主义者为了获得高成就，采用掌握接近与成绩接近目标，他们具有强有力的工作动力，被驱动着去寻找挑战。Stoeber

发现，大学生运动员的追求完美与掌握接近、成绩接近目标相关，而在意完美与掌握回避、成绩接近和成绩回避目标相关。本书研究结果进一步表明，有健康高标准的个体为了获得高成就，偏爱采用掌握学习和成绩接近的目标取向，驱使他们行为的动机是发展能力并通过成绩展现自己的能力。而时常感觉自己的期望与实际表现有差异的个体，他们的动机只是通过成绩表现能力，特别害怕失败，极力回避可能失败或会表现低能力的情境。

与研究假设不一致的是，完美主义高标准维度对学业成绩没有直接影响。由于高标准与学业成绩相关程度较低，本书没有继续探讨成就目标取向在两者关系中的中介作用。研究结果没有支持假设的可能原因是：学业成绩作为学生心理健康的社会适应性指标，其高低受到个体的智力与能力、主观努力、教师素质等多种内外因素的影响。而个体追求高标准的人格特征只是成绩的影响因素之一，对个体最终的学业成绩没有直接影响。

国内外对成就目标取向与学业成绩的关系的研究正在逐步兴起，研究者认为，学习定向是一种适应性的动机模式，它使具有掌握学习取向的个体乐于接受富有挑战性的任务，并能够很好地坚持下去，有助于个体成绩的提高。本书的回归分析得出的结论也一样，掌握学习目标取向对学业成绩有显著影响。结合相关分析结果，高中生完美主义高标准维度与掌握学习显著正相关，可以得出推论：有健康的和正常的高标准个体，把学习本身视为目的，关注能力的发展，注意对学习任务的理解和掌握。这一结果与 Stoeber（2009b）的研究结果部分一致，他发现，完美主义的个人标准、较高的成绩接近目标、低的成绩回避目标、高的个人目标影响运动员的比赛成绩，而成绩回避与成绩接近目标间的差异对个人标准与成绩间的关系有部分中介作用。Stoeber 提出，完美主义的个人高标准非但不会破坏竞争成绩，其与成就目标的结合还有利于运动员取得好成绩。

本书在对高中生群体的研究中发现，高标准本身不能对学业成绩产生直接影响，但是有完美主义高标准倾向的个体偏爱掌握学习目标取向，驱使他们学习的动机是发展能力，并以学习为乐趣，不回避可能出现错误与失败的情境，对自己的能力充满信心。高标准与掌握学习的有机结合，将促使追求高标准的完美主义者以轻松的心态获得优异的学业成绩。这提示学校的教育工作者，为了提高学生的学业成绩，不仅要帮助他们建立健全的完美主义人格，减少差异感，发挥健康高标准的积极作用，更要培养他们对自己能力的信心，激发他们把学习当作乐趣和目的的成就动机与行为。

四 研究结论

（1）成绩回避目标取向在不同性别的高中生中有显著差异，男生得分显著高于女生；成绩接近目标取向在是否独生子女上存在显著差异，独生子女的得分显著高于非独生子女。

（2）完美主义高标准维度与学业成绩显著正相关；完美主义差异维度与学业成绩无显著联系。

（3）掌握学习目标取向对学业成绩有正向影响。

第三节 完美主义与自我效能感的关系

自我效能感（Self – Efficacy）的概念是美国当代著名心理学家Bandura于1977年提出的，指个体对自己是否有能力完成某一行为所进行的推测与判断。[①] 此外，Bandura的研究还关注到自我效能感与人类健康之间的关系。首先，人们对于自己处理应激能力的信念会影响到其身心调节系统；其次，自我效能感也会影响人们的动机和行为，自我效能感决定人们是否能维持良好习惯，是否能改变不良的习惯，并决定人们是否能从挫折中尽快恢复过来。[②] 近年来，针对自我效能感与个体健康的关系的研究也层出不穷。梁宇颂（2004）的研究发

① 周勇、董奇：《学习动机、归因、自我效能感与学习自我监控学习行为的关系研究》，《心理发展与教育》1994年第3期。

② 张亚男：《硕士生心理健康现状及与完美主义、一般自我效能感的相关性研究》，硕士学位论文，湖南师范大学，2012年。

现，大学生的学业自我效能感越高，心理健康水平越好。[①] 王敬群等（2005）的研究结果显示，低自我效能感与社会期望完美共同作用，将导致更高的抑郁和身心症状。[②] 梁宇颂与王敬群等的研究结果有相似之处，可以认为高自我效能感者有着较好的心理健康水平，而低自我效能感将导致个体不良的心理健康状况。在关于自我效能感的研究中，多数学者认为，个体的完美主义倾向与其自我效能感之间有密切的关系，完美主义者的自我效能感更高（Eun Hee Seo，2008；王晓博，2008；李红梅，2011）。随着对自我效能感研究的不断深入，研究者们认为，完美主义可分为适应性完美主义与非适应性完美主义（Frost，1990），二者对个体自我效能感的影响是不同的，适应性完美主义与自我效能感呈显著的正相关，非适应性完美主义与自我效能感呈显著的负相关（Schwarzer，1997；孙鉴等，2009；陈爱贞，2011），由此可见，适应良好完美主义者的自我效能感更高。

综上所述，自我效能感与人们的心理健康水平密切相关，高自我效能感者有较高的心理健康水平，研究表明，适应良好完美主义者的自我效能感更高。由此可以推测出，适应良好完美主义对个体的心理健康水平有着积极的作用，而高自我效能感是完美主义适应良好的表现。

一　自我效能感的概述

（一）自我效能感的概念界定

Bandura（1977）在《自我效能：关于行为变化的综合理论》一书中提出了“自我效能感”的概念，[③] 即个体对自己是否有能力完成某一行为所进行的推测与判断。Bandura 认为，不同自我效能感的人，其感觉、思维和行动都不同。在感觉层面上，自我效能感往往和抑

① 梁宇颂：《毕业生学业自我效能感与心理健康的相关性研究》，《中国临床康复》2004 年第 24 期。

② 王敬群、梁宝勇、邵秀巧：《完美主义研究综述》，《心理学探新》2005 年第 1 期。

③ A. 班杜拉：《自我效能：控制的实施（上册）》，缪小春等译，华东师范大学出版社 2003 年版，第 60 页。

郁、焦虑及无助相联系；在思维层面上，自我效能感可以在各种场合促进人们的认知过程和成绩；在个体行动层面上，自我效能感可以加强或者削弱个体的动机水平，自我效能感较高的人往往会选择更有挑战性的任务，并为自己确立较高的目标。Bandura 在社会学习理论及三元交互作用论中提出，主体、环境、行为是交互影响的，在他看来，如果能够改变个体的自我效能感，便能达到改变其心理和行为的目的。[①] 高自我效能感的个体会为自己确立较高的目标，一旦开始行动，他们会持之以恒并不断努力争取实现该目标，当遇到挫折的时候，自我效能感高的个体也有较高的恢复能力。而完美主义者同样也会为自己设置高标准，他们会始终如一、坚持不懈地去完成（乐嘉，2010）。因此，研究者很容易将完美主义与自我效能感联系到一起。

随后，班杜拉对自我效能感进行了深入研究，他于 1986 年的研究表明，自我效能感的形成与改变主要受到四种因素的影响：①行为的成败经验，指经由操作所获得的信息或直接经验。成功的经验对提高个体的自我效能感有积极作用，而失败的经验则会降低个人的自我效能感。②替代性经验，指学习者通过观察示范者或榜样的行为而获得的间接经验。当看到与自己条件相当的人取得成功后，能促进自我效能感的提高；但看到与自己条件相近的人失败，尤其是榜样在付出很大的努力后失败，则会降低自我效能感。③语言说服，这是试图凭借说服性的建议、劝告、解释和自我引导来改变人们自我效能感的一种方法。一般来说，缺乏事实基础的语言劝告对形成自我效能感的效果不大。并且，经由劝说形成的自我效能感，在面临困境时比较容易消失。④情绪和生理状态。强烈的激动、紧张、焦虑等负面情绪容易降低人们对自我效能感的判断，身体的生理状况也会起到影响作用。个体的自我效能感均受这四种因素的影响，但影响的方式以及影响的程度因人而异。

起初，班杜拉认为个体的自我效能感是特定领域的概念，即个体

---

① 金引丽、桂守才：《一般自我效能感研究综述》，《淮北职业技术学院学报》2014 年第 2 期。

只在某一领域有着自信心，而在其他领域就没有这样的自信心。随着研究的不断深入，研究者们提出了不同的观点，认为自我效能感既可以看作是状态的，也可以看作是特质的，他们认为，存在着一种概括化的跨越不同任务类型的自我效能感，称为一般效能感（General Self－Efficacy）（Sherer & Maddux，1982；Tipton & Worthington，1984；Lennings，1994；Judge，2002）。Sherer 等（1982）认为，个体间存在一般自我效能感差异，主要原因是不同的个体过去的成败经历不同，并且对成败经历的归因也不同。① 个体过去在各种情境中获得的成败经历会影响其对新环境的一般自我效能预期。Schuarzer 等（1997）提出，自我效能感指人们在应对普遍任务时所具备的一般能力和信心。②

在班杜拉关于自我效能感的研究的基础上，其他研究者结合他的理论以及自身研究的需要对自我效能感的概念界定提出了新的见解。Ashton、Webb（1986）把自我效能感界定为人们面对特定情境做出反应的一种心态。③ Judge（2001，2002）认为，概括化的自我效能感是个体对自己能否应对、执行和能否成功的基本能力的评估，是个体对各种情境能否有效处理的信心判断。张春兴（1991）将自我效能感定义为个人对自己从事某种工作所具有的能力以及对该工作可能做到某种地步的一种主观评价。④ 周国韬、戚立夫（1988）认为，自我效能感是个体对自己能够进行某一行为的实施能力的推测或判断，即个体是否确信自己能够成功地进行带来某一结果的行为。⑤

---

① Maddux, J. E., Sherer, M. & Rogers, R. W., "Self－efficacy Expectancy and Outcome Expectancy: Their Relationship and Their Effects on Behavioral Intentions", *Cognitive Therapy & Research*, Vol. 6, No. 2, 1982.

② Schwarzer, R. & Born, A., "The Assessment of Optimistic Self－beliefs: Comparison of the Chinese, Indonesian, Japanese, and Korean versions of the General Self－efficacy Scale", *Psychologia*, Vol. 40, No. 1, 1997.

③ Ashton, & Webb, R. B., "Making a Difference: Teacher's Sense of Efficacy and Student Achievement", 1986.

④ 张春兴：《现代心理学》，台湾东华书局 1991 年版。

⑤ 周国韬、戚立夫：《人类行为的控制与调节——班杜拉的自我效能感理论述评》，《现代中小学教育》1988 年第 4 期。

综上所述，自我效能感的概念自班杜拉提出后受到学者们的关注。班杜拉认为，自我效能感是个体对自己是否有能力完成某一行为所进行的推测与判断，且认为其是一个特定领域的概念。随着研究的深入，自我效能感概念的界定有了进一步的发展，如上所述，多数学者认为，自我效能感是概括化的概念，他们将其理解为个体的一种自信心。国内外学者根据自身研究的需要，对自我效能感的概念界定各不相同，本文综合以上观点，将自我效能感定义为：个体对自己是否有能力完成某一行为所进行的推测与判断，是对完成这项任务的能力预期或信心。

（二）自我效能感的测量

Bandura 认为，自我效能感具有以下三个维度：

（1）幅度，主要指个体所选择的不同任务的难度水平。

（2）普遍性，表示个体信心和效能感所能涉及的任务范围和广度。

（3）强度，表示个体自我信心和效能的强弱程度。

在早期的自我效能感量表编制中，研究者认为，应该兼顾 Bandura 所提出的三个维度（Locke et al.，1984；Lee & Bobko，1994），同时考虑自我效能感多维度的混合测量，保证信息更丰富。国内学者魏源（2004）尝试根据班杜拉提出的三个维度编制自我效能感的量表，但实践证明，兼顾三个维度编制量表非常困难。在查阅大量文献后，他发现国内自我效能感量表普遍缺乏 Bandura 提出的自我效能应具有的三个维度。后来，Bandura 根据自我效能理论明确指出，自我效能感测量的重要原则是“特定性”。关于如何建构一个好的自我效能感量表，他提出了两个重要的条件：一是根据有关活动领域的知识对活动领域相关功能进行周密的概念分析；二是自我效能感的测量，应依据在实现绩效目标过程中那些代表着挑战或障碍等级任务要求的水平来选择普遍性、强度和幅度三个维度，比起奢望能在量表编制过程中同时兼顾这三个维度，该方法更具操作性和灵活性。即便如此，现有的自我效能感量表也未能很好地体现 Bandura 所提出的维度及原则，因此，自我效能感量表的编制仍在不断发展中。

目前也有关于部分自我效能感的量表，如 Schwarzer 等（1981）编制的一般自我效能感量表（General Self Efficacy Scale，GSES）开始时共有 20 个项目，后来改进为 10 个项目。目前 GSES 已被翻译成至少 25 种语言，在国际上被广泛使用。我国学者王才康、胡中锋、刘勇等（2001）将中文版 GSES 引入国内，并对其做了信度分析，研究结果表明，GSES 具有良好的信度。

二　完美主义与自我效能感的关系

Bandura（1986）在对自我效能的概念界定中认为，自我效能是对自己完成某项任务的水平的感知能力，他认为这种感知能力是个体追求期望目标的重要预测因子。而完美主义是个体追求完美、追求高标准的一种人格倾向，已有研究指出，完美主义与自我效能感之间存在密切联系。如 Eun Hee Seo（2008）的研究发现，自我取向的完美主义与自我效能感之间显著相关。① 王晓博（2008）在毕业生完美主义、自我效能感、求职行为与心理健康的关系研究中发现，大学毕业生的自我效能感与完美主义之间呈显著性正相关。② 李红梅（2011）以师范生为被试群体，探讨了完美主义、学业自我效能感与心理健康的关系，结果表明，师范生的完美主义与自我效能感之间显著相关，个体的完美主义水平越高，其学业自我效能感水平也相对越高。③ 柴银侠、朱虹等（2011）的研究结果显示，消极完美主义的各因子（犹豫迟疑、害怕失败、极高目标和标准等）对自我效能感有明显的影响。④ 任亮宝、赵想霞（2016）做了大学生完美主义、自我效能感与应对方式的相关研究，结果显示，高标准可作为完美主义的核心特

---

① Eun Hee Seo, "Self - efficacy as a Mediator in the Relationship Between Self - oriented Perfectionism and Academic Procrastination", *Social Behavior and Personality*, Vol. 36, No. 6, 2008.

② 王晓博：《毕业生完美主义、自我效能感、求职行为与心理健康的关系研究》，硕士学位论文，沈阳师范大学，2008 年。

③ 李红梅：《师范生完美主义、学业自我效能感与心理健康的相关研究》，硕士学位论文，西南大学，2011 年。

④ 柴银侠、朱虹等：《消极完美主义与自我效能感的关系研究》，《中国健康心理学杂志》2011 年第 12 期。

征和本质进而预测和考察个体的自我效能感水平。[①]

但是也有研究者认为，完美主义者过于追求完美，野心大，反而削弱了自我效能感。例如，Burns（1980）认为，完美主义者会为自己设定过高的目标，而高完美主义者的自我效能感的水平可能比较低下。[②] Barrow 和 Moore（1983）也强调了完美主义的消极影响，认为大学生完美主义与其压力、抑郁、愧疚、拖延、学习效率低下存在极大关联。[③] 前文也提到个体自我效能感与其心理健康水平相关，高自我效能感可以反映个体较高的心理健康水平，而完美主义与自我效能感之间的关系也被研究者证实，即适应良好完美主义有较高水平的自我效能感。因此，自我效能感与完美主义之间的积极关系是建立在某种条件下的，即适应良好的完美主义才会使得个体有较高的自我效能感。Frost（1990）也将完美主义分为适应性（积极）完美主义与非适应性（消极）完美主义，其中适应性完美主义者在给自己提出高标准的同时，做事具有条理性和规划性，而不是盲目设置超过自身实际能力的标准或目标，这在一定程度上维护了自我效能感，二者之间的关系是积极的，即对于适应性完美主义者来说，他们的完美主义倾向有利于自身自我效能感的提高，个体的自信心也就比较高；而非适应性完美主义者过度追求完美，在行动时过多考虑决定的正确性，花费大量的时间犹犹豫豫，小心谨慎，恐惧失败，并且会用极端的方式来评判成败，评判结果往往是消极的，这会影响到自我评价，产生低自我效能感。[④] Frost 对于完美主义的划分也进一步明确了完美主义与自我效能感的关系，为后续的研究理清了思路。因此，研究者们认为，完美主义并非都是消极的，应分为适应性（积极）完美主义与非适应性（消极）完美主义，而适应性完美主义者自我效能感较高，非适应

---

① 任亮宝、赵想霞：《大学生完美主义、自我效能感与应对方式的相关研究》，《河西学院学报》2016 年第 1 期。

② Burns, D. D. , “The Perfectionist’s Script for Self – defeat”, *Psychology Today*, 1980.

③ Barrow, J. C. & Moore, C. A. , “Group Interventions with Perfectionistic Thinking”, *Journal of Counseling & Development*, Vol. 61, No. 10, 1983.

④ 赵灿：《初中生完美主义、学业自我效能感与学业拖延的关系研究》，硕士学位论文，湖南科技大学，2012 年。

性完美主义与自我效能感之间呈负相关。基于此，研究者们关于适应性、非适应性完美主义与自我效能感的关系的研究有了新的进展。Schwarzer 等（1997）针对高校学生完美主义和自我效能感二者之间的关系的研究表明，适应性完美主义者的自我效能感得分显著高于非适应性完美主义者的自我效能感得分。孙鉴等（2009）关于完美主义与自我效能感的关系研究的结果显示，适应性完美主义与自我效能感显著正相关，非适应性完美主义与自我效能感显著负相关。① 可见，适应性完美主义者自我效能感更高。陈爱贞（2011）以 650 名初中生为研究对象，探讨其学业自我效能感与完美主义的关系，结果显示，学业自我效能感的总分及其各个维度均与适应性完美主义显著正相关，而与非适应性完美主义显著负相关②。Kenneth A. LoCicero 和 Jeffrey S. Ashby（2000）研究发现，适应性完美主义者、适应不良的完美主义者和非完美主义者的自我效能感水平之间有显著差异，适应性完美主义者的自我效能感得分显著高于适应不良完美主义者和非完美主义者。③ 这项研究进一步说明了完美主义对自我效能感的影响，适应良好的完美主义对自我效能感会产生积极的影响，反之，适应不良的完美主义对自我效能感会产生消极的影响。

三　一般自我效能感量表简介（GSES）④

（一）项目及评定标准

GSES 共有 10 个条目，涉及个体遇到挫折或困难时的自信心。GSES 采用李克特四点计分法，各个项目均为 1—4 级评分（完全不正确计 1 分、有点正确计 2 分、多数正确计 3 分、完全正确计 4 分），

---

① 孙鉴、甘怡群、刘君等：《高校研究生完美主义与应对方式：自我效能的中介作用》，《中国临床心理学杂志》2009 年第 6 期。

② 陈爱贞：《初中生学业自我效能感、完美主义与学习倦怠的关系研究》，硕士学位论文，东北师范大学，2011 年。

③ Kenneth，A. LoCicero，Jeffrey，S. Ashby，"Multidimensional Perfectionism in Middle School Age Gifted Students：A Comparison to Peers from the General Cohort"，*Roeper Review*，Vol. 22，No. 3，2000.

④ 王才康：《一般自我效能感量表的信度和效度分析》，《应用心理学》2001 年第 1 期。

被试根据自己的实际情况作答。

（二）评定注意事项

（1）让被试看懂指导语及有关问题。

（2）量表由被试自行填写，可以用于个体测试，也可以用于团体测试。

（3）使用群体为大学生、中学生群体。

（4）每个被试必须答完所有的 10 个项目，否则判定“答卷无效”。

（三）统计结果及结果分析

GSES 是一个单维量表，只统计总量表分。计分方式为：将量表中 10 个项目的得分加起来除以 10 即为总量表分。

本章小结

本章考察了适应性完美主义与学业成绩和自我效能的关系，在完美主义与学业成绩之间关系的实证研究中发现，完美主义高标准维度与学业成绩显著正相关，掌握学习目标取向对学业成绩有正向影响；完美主义差异维度与学业成绩无显著联系。通过文献研究发现，适应性完美主义与个体的自我效能感呈正相关，适应良好完美主义者有较高的自我效能感，而适应不良完美主义者会因为个体过度追求完美，反而影响了其自我效能感，适应不良完美主义与自我效能感存在着显著的负相关。由此可见，适应良好完美主义能促进个体发挥积极的心理作用，激发个体良好的自我效能感，帮助个体取得一定的成绩成就，是需要保护和激发的良好人格特质。

附录：GSES 量表

指导语：以下 10 个句子关于你平时对自己的一般看法，请你根据自己的实际情况（实际感受），在右边答案中打“√”。答案没有对错之分，对每一个句子无须多考虑。

题项	完全不正确	有点正确	多数正确	完全正确
1. 如果我尽力去做的话，我总是能够解决问题的				
2. 即使别人反对我，我仍有办法取得我所要的				
3. 对我来说，坚持理想和达成目标是轻而易举的				
4. 我自信能有效地应付任何突如其来的事情				
5. 以我的才智，我定能应付意料之外的情况				
6. 如果我付出必要的努力，我一定能解决大多数的难题				
7. 我能冷静地面对困难，因为我信赖自己处理问题的能力				
8. 面对一个难题时，我通常能找到几个解决方法				
9. 有麻烦的时候，我通常能想到一些应付的方法				
10. 无论什么事在我身上发生，我都能应付自如				

感谢您的参与！

第四章　适应不良完美主义

第三章主要介绍了完美主义的适应性，本章将介绍完美主义的消极层面——适应不良完美主义。在以往完美主义的研究领域中，多数研究注重完美主义的消极层面，认为完美主义与抑郁、焦虑、强迫等问题或障碍显著相关（Bieling，2004；Bergman et al.，2007；陈陈和林崇德等，2013）。张斌等（2013）对完美主义者与非完美主义者进行了聚类分析，结果发现，积极完美主义者占34.48%，消极完美主义者占28.35%，非完美主义者占37.16%。[①] 当今社会存在许多消极完美主义者，消极完美主义关联个体很多心理问题或障碍，积极引导完美主义消极方面对个体的身心健康具有重要意义。本章将探讨适应不良完美主义导致的抑郁、焦虑、强迫症状和拖延的情绪与行为障碍，并结合案例提出相应的矫正方案。

第一节　完美主义与抑郁

当前社会经济高速发展，竞争激烈，几乎每个人都在超负荷地运转，很容易在各种压力下产生不同程度的抑郁情绪，这是一种很常见的情绪情感。张丽欣（2008）认为，抑郁是一种持续的、低落消沉的情绪体验，是我们每个人都可能体验到的一种情绪。[②] 自张国荣因为

---

① 张斌、谢静涛、蔡太生：《不同完美主义类型大学生的心理特征》，《中国心理卫生杂志》2013年第11期。

② 张丽欣：《大学生父母教养方式、完美主义和抑郁状态的关系研究》，硕士学位论文，河北师范大学，2008年。

患抑郁症自杀，央视著名主持人崔永元曾因患抑郁症离开工作岗位五年之后，2016 年 9 月，中国内地影视男演员、歌手乔任梁被传也因为患抑郁症自杀，由此抑郁症又引起人们的热议。2016 年 11 月 9 日，来自中国人才网关于抑郁的调查报告显示，目前，全球约有 4.5 亿人患有不同程度的精神行为障碍，我国超过 1 亿人患有精神疾病，抑郁症患者约 7000 万人。抑郁症终身发病率高达 16.2%，2/3 的患者为女性，北上广深等发达城市的白领是抑郁症高发人群。[①] 抑郁症是我国精神疾病中的高发病症之一，影响着人们的身心健康，令人堪忧。孙克波（2017）通过自行设计的一般资料调查表以及抑郁自评量表（SDS）调查了安徽工业经济职业技术学院 618 名新生的情况，结果显示新生中有 193 例轻度抑郁，占总调查人数的 31.2%，有 133 例中度抑郁，占比 21.5%，有 12 例重度抑郁，占比 1.9%。[②] 来自百度百科的数据显示，世界范围内受某种形式的抑郁影响的人数占全部妇女的 25%，全部男性的 10%，全部青少年的 5%。抑郁症是美国最常见的心理问题，每年大约有 1.076 亿人因此而苦恼。[③] 可见，抑郁情绪是人们生活中常见的情绪状态之一，严重的抑郁情绪影响着人们的身心健康。

在完美主义与许多心理问题的关系中，完美主义和抑郁之间的关系是比较确切的，许多研究发现完美主义的消极层面（错误关注、社会决定完美主义，或期望与结果间的差异）和抑郁密切相关，而完美主义的积极层面和抑郁不相关（Wei et al.，2006；Dunkley et al.，2000；Powers et al.，2004）。赵波（2011）提出完美主义个体特有的设定目标时的高标准、追求完美目标过程中的过度要求，以及目标评估中的苛责等自动化了的负性思维方式，都和抑郁认知理论中消极的

---

① 莉华：《关于抑郁症的调查报告（2016）》，http：//gongwen.cnrencai.com/diaochabaogao/125201.html。

② 孙克波：《大学生抑郁情绪现况调查》，《辽宁科技学院学报》2017 年第 1 期。

③ 百度百科：《抑郁》，http：//baike.baidu.com/link？url = pDVN_ g1HFcZGBwaaP – CcUKsSlUe4shOBqXWX79J2MUVUgiiVXdyJLKm9LCLDstOXh_ u4BXJhnE4wq2sPnGTCNTxicg7Y9gClfFcgNqxS6ye。

思维方式类似。[①] 也就是说，完美主义的追求高标准、对自身过高的要求容易使人产生负性情绪，进而导致抑郁情绪，完美主义人格与抑郁之间有着密切的关系，Bieling（2002）发现完美主义总分与抑郁显著正相关，且完美主义能较好地预测抑郁的发生。[②]

综上所述，在当前经济高速发展的社会中，每个人都会因为生活、工作、学习压力而产生抑郁情绪。抑郁症是我国精神疾病中的高发病症之一，影响着人们的身心健康。在抑郁情绪产生过程中，完美主义人格的消极层面是引起抑郁情绪的重要因素，二者关系密切。

一　抑郁的概述

（一）抑郁的概念界定

抑郁（Depression）起源于拉丁文 Deprimere，最早用于描述情绪状态。[③] 张月娟等（2005）认为，抑郁是个体体验到自身能力无法摆脱、应付外界压力而产生的一种消极情绪情感体验。[④] 李莉等（2010）认为，抑郁这种消极的情感体验常伴有厌恶、痛苦、羞愧、自卑、疑虑、忧郁等负性心理体验。[⑤] 张秀阁（2008）指出，抑郁是一种消极的情绪状态，抑郁症状主要表现为心情低落、思维迟缓、意志活动减退等，而且她认为抑郁这种情绪状态在学生群体中较为常见。[⑥] 美国当代心理学家 Angold（1992）对抑郁做了如下描述：①抑郁为正常的心境向情绪低落方面的波动，即每天出现情绪恶劣的一面。②抑郁表现为不愉快、悲伤或者精神痛苦，是对一些不良情景或

---

① 赵波：《大学生完美主义、社会支持与抑郁的关系》，硕士学位论文，济南大学，2011 年。

② Bieling，P. J.，Iseaeli，A.，Martin，M.，"Is Perfectionism Good，Bad or Both Examining Models of the Perfectionism Construct"，*Personality and Individual Differences*，Vol. 36，No. 6，2002.

③ 赵波：《大学生完美主义、社会支持与抑郁的关系》，硕士学位论文，济南大学，2011 年。

④ 张月娟、史云静、王增起：《社会支持和应对方式在研究生压力与抑郁间的调节作用》，《中国心理卫生杂志》2005 年第 10 期。

⑤ 李莉：《大学生心理教育过程中的阻抗及对策研究》，硕士学位论文，西南大学，2010 年。

⑥ 张秀阁等：《以自尊为中介因素的完美主义与抑郁的关系研究》，《心理与行为研究》2008 年第 3 期。

事件的一种反应。③抑郁作为一种特征，是指个体持久的相对稳定的一种反应。④抑郁作为一种症状，是指心境处于病理性的低下或恶劣。① Harrington（1990）认为，抑郁是一种常见的负性情绪，会对个体的学习、工作、生活产生消极的影响，严重的抑郁不仅会损害个体的动机和情绪，甚至还会导致自杀行为。② 在心理学领域，抑郁通常是指抑郁倾向或者抑郁情绪、抑郁情感，通常文献中所涉及的抑郁概念较为混乱（亢莉，2004）。③ 聂冠伊等（2015）指出目前关于抑郁的分类主要有三种：一是抑郁情绪；二是抑郁行为的症状；三是基于临床诊断的抑郁性神经症。抑郁情绪是指一个人悲哀、不幸福和烦躁的心境，是指个体对环境和内在刺激的一种情绪反应。④

抑郁状态持续时间可长可短，严重程度可轻可重，重的可出现临床上的各种类型的抑郁症。抑郁症又称抑郁障碍，以显著而持久的心境低落为主要临床特征，是心境障碍的主要类型。⑤ 按抑郁的程度进行划分，抑郁可分为精神性抑郁症、神经性抑郁症、抑郁状态三种类型。⑥ 精神性抑郁症一般均有内源性致病因素，主要指机体生化因素引起的生理异常及其导致的遗传后果。神经性抑郁症主要是指外源性的，由环境、认知因素引起。神经性抑郁症常常伴有焦虑，这是由于环境对个体的压力引起的应激所导致的。抑郁状态则为人们通常所体验到的抑郁情绪，主要表现为忧郁心境和兴趣丧失两大核心症状，但

---

① Angold, A. & Rutter, M., "Effects of Age and Pubertal Status on Depression in a Large Clinical Sample", *Development & Psychopathology*, Vol. 4, No. 1, 1992.

② Harrington, R., Fudge, H., Rutter, M., Pickles, A. & Hill, J., "Adult Outcomes of Childhood and Adolescent Depression: I Psychiatric Status", *Archives of General Psychiatry*, Vol. 47, No. 5, 1990.

③ 亢莉:《大学生抑郁与应激源、认知评价、人格特征及社会支持的相关研究》，硕士学位论文，陕西师范大学，2004 年。

④ 聂冠伊、王慧欣:《论大学生完美主义对抑郁的影响——身体意象的中介作用》，《学理论》2015 年第 20 期。

⑤ 百度百科:《抑郁症》，http://baike.baidu.com/link?url=dDAKD9ejlhB3uL_pE-KjCnITzP9CAUJxXP96d9KLU8kb3dhlovLlv_zdioFXGWTbuGAJwMhPI8ps3Xb71UBKQXFepM-bd-FxqkRvoyNra2SqdqdA76r3OnZ95fSDcyhL4Y。

⑥ 冯正直:《中学生抑郁症状的社会信息加工方式研究》，硕士学位论文，西南师范大学，2002 年。

精神性抑郁症、神经性抑郁症以及抑郁状态之间仅仅是程度上的差别，难以截然分开，尤其是后两者。[①] 抑郁症是心境障碍的主要类型，是一种严重的抑郁临床症状，需要配合药物、心理咨询等进行治疗，是很严重的抑郁状况，这不是本书探讨的范围，本书中抑郁指由社会、心理因素引起，以忧郁为主要特征、显著而持久的悲伤、烦躁情绪、负性行为和身心不适症状，主要是指抑郁情绪。

综上所述，本书所涉及的抑郁（Depression）主要是指抑郁情绪，反映的是普通个体的主观感受，并非特指临床上的抑郁症。抑郁是一种以情绪低落为主要特点的复杂情绪，其强度可以从轻微的失落感到极度的悲哀和绝望。抑郁情绪主要有以下四组特征：悲观、悲哀、失望、无助乃至冷漠或绝望的心境；消极的自我概念和自我评价，自信心下降，有无价值、无用和自卑感，严重者有自罪甚至自杀；睡眠多有障碍，食欲、性欲减退，兴趣索然；活动水平下降，当事人从社交、工作和家务中退缩出去，回避他人（梁宝勇等，2006）。抑郁状态持续时间可长可短，严重程度可轻可重，重的可出现临床上的各种类型的抑郁症。

（二）抑郁的理论

在心理学研究领域，关于抑郁的研究主要探讨在社会环境背景下，个体人格因素、人际关系因素对抑郁发生发展所起的作用（杨宏飞，2004）。不同心理学派对抑郁的研究有着自己的角度，并尝试着解释抑郁以及寻找抑郁形成的原因等，关于抑郁的研究理论有很多，其中最具影响力的主要有以下三种：

（1）精神分析学派。Freud（1986）对抑郁做出了界定，他认为抑郁是个体对于爱和情感的丧失，这些丧失往往是非客观的，个体对于爱和情感丧失的体验会给个体内部心理带来不良的影响，个体会对自己进行过分的、不理性的自我惩罚，进而陷入抑郁。精神分析学派着重于抑郁症的形成原因，认为抑郁症患者存在理想的超我与现实的自

---

① 张丽欣：《大学生父母教养方式、完美主义和抑郁状态的关系研究》，硕士学位论文，河北师范大学，2008 年。

我之间的矛盾，感受着过多的无价值感和无力感。此外，个体童年的经历也可能是影响抑郁症形成的重要原因（赵泽，2015；李萍，2016）。

（2）行为主义学派。在关于抑郁的研究中，行为主义学派更多关注的是强化在抑郁形成中所起到的作用，行为主义认为个体之所以产生抑郁是因为个体行为与强化之间产生了不平衡，进而导致抑郁，即个体如果不能从和他人的互动中得到正强化时，个体同他人的人际交往活动会减少，从而产生抑郁情绪（赵泽，2015；李萍，2016）。

（3）认知学派。该学派认为抑郁的个体认知上的偏差会导致其使用歪曲的、消极负面的认知方式，在主观认知与客观事件共同作用下会导致个体的抑郁情绪，而仅仅有客观事件或者负面的消极认知不能导致抑郁的产生（赵泽，2015；李萍，2016）。认知学派还认为具有抑郁情绪的个体在信息加工的过程中更容易关注到负面信息（Posner，Snyder，Davdson，1980；Watkins，Mathews，Williamson，1992；Beck，1975），抑郁者往往伴有负性的自动思维，而抑郁者深层的功能失调性假设是这种负性的自动思维产生的原因。①

二　完美主义与抑郁的关系研究

Blatt 等（1998）、Enns 等（2002）、Golan 等（2004）研究认为，完美主义是抑郁的易患因素、维持因素和使症状迁延的因素。

事实上，在完美主义研究领域，很多学者关注完美主义与抑郁的关系，并进行了理论和实证研究。完美主义个体在设定目标时会给自己设定高标准，在追求完美的过程中又对自己有过高的要求、在目标评估中对自己会苛责，这些都是完美主义者自动化了的负性思维方式，这种思维方式和抑郁认知理论中的消极思维方式很相似，因此，研究者认同完美主义与抑郁之间存在着密切的联系这一观点。

也有研究者认为，完美主义就是一种消极非适应的人格特质，在其作用下能产生抑郁情绪，如 Hewitt 等（1991）采用纵向研究的方式对某校学生和临床样本进行了 4 个月的研究，结果表明完美主义能预

① Beck, A. T., *Depression: Caves and Treatment*, Philadelphia: University of Pennsylvania Press, 1975.

测抑郁症状水平的增加，因此，他们认为完美主义是解释沮丧抑郁的独特因子。[①] Bieling（2002）研究发现完美主义总分与抑郁显著正相关，且完美主义能够较好地预测抑郁的发生。[②] 临床研究发现，抑郁、强迫意念、进食障碍、焦虑等心理疾病的干预过程中出现的阻抗和反复大部分是由完美主义引起的（Angus，2007）。

随着完美主义研究的不断深入，研究者们对完美主义进行了二分法的划分，即完美主义可分为适应性完美主义与非适应性完美主义，在对完美主义进行划分之后，完美主义与抑郁的关系研究有了进一步的发展。研究者在考察完美主义与抑郁的关系时发现，完美主义的积极成分与抑郁不相关或负相关，完美主义的消极成分与抑郁显著正相关（Stoeber，2007；Ashby，2002；Rosenberg，1978）。研究者们认为积极的完美主义与抑郁之间可能没有直接关系，但消极的完美主义者对自己的要求苛刻，即使是很小的过错也不被自己接纳，经常会对自己进行严厉的批评，久而久之，消极完美主义者就会开始怀疑自己的能力和价值，容易产生抑郁情绪。[③] Frost 和 Marten 等（1991）运用抑郁体验量表研究发现，过分担心错误和自我批评与抑郁相关。[④] Dunkley 等（2000）的研究结果表明，适应不良的在意评价和抑郁密切相关。[⑤] Power 等（2004）的研究也得到了同样的结果。[⑥] 也就是说，大

---

① Hewitt, P. L., Flett, G. L., "Dimensions of Perfectionism in Unipolar Depression", *Journal of Abnormal Psychology*, Vol. 100, 1991.

② Bieling, P. J., Iseaeli, A., Martin, M., "Is Perfectionism Good, Bad or Both Examining Models of the Perfectionism Construct", *Personality and Individual Differences*, Vol. 36, No. 6, 2002.

③ 朱晓坤：《依恋、完美主义和抑郁的关系研究》，硕士学位论文，天津大学，2012年。

④ Frost, R. O., Lahart, C., Rosenblate, R., "The Development of Perfectioniam: A Study of Daughters and Their Parents", *Cognitive Theropy and Research*, Vol. 15, 1991.

⑤ David, M. Dunkley, Kirk, R. Blankstein, "Self – critical Perfectionism, Coping, Hassles, and Current Distress: A structural Equation Modeling Approach", *Cognitive Therapy and Research*, Vol. 24, No. 6, 2000.

⑥ Powers, T. A., Zuroff, D. C. & Topciu, R. A., "Covert and Overt Expressions of Self – criticism and Perfectionism and Their Relation to Depression", *European Journal of Personality*, Vol. 18, No. 1, 2004.

多数研究者认为消极完美主义是个体抑郁的关键因素。

近年来，许多研究者探讨完美主义与抑郁之间的关系，也取得了丰富的成果。Cheng 和 Rand（2000）研究发现，大学生社会取向完美才是抑郁的易感因子。[①] 王敬群等（2005）认为自我指向完美主义比社会期许完美主义更难以干预，与抑郁相关关系也更为显著，[②] Pleva 等（2006）得出了同样的研究结论，结果似乎支持了自我指向完美主义才是完美主义核心的观点。[③] Argus 和 Thompson（2008）以 141 名曾经历抑郁症发作的病患群体为被试，对其抑郁的严重程度与完美主义之间的关系进行探究，发现适应不良的完美主义与抑郁的严重程度呈现出显著的正相关关系。[④] 一个具备完美主义人格特质的个体，一方面为自己设定高目标，并设法努力达成目标；另一方面当设定的高目标无法实现时，其会产生消极自我评价。[⑤] 李丹等（2014）的研究结果显示，完美主义量表总分与抑郁症状得分呈正相关。[⑥] 此外，在近年的研究中研究者也开始关注完美主义与抑郁之间的中介变量的实证研究，并取得了一些成果，在非适应性完美主义和抑郁之间有部分中介作用的因子有自尊（张秀阁，2008）、沉思（陈功兴，2011）、日常生活琐事、回避应对、感觉到的社会支持（杨丽，2008）、有条件自我接纳（周亚娟，2011）、成绩回避目标取向（周亚娟，2010）。

综上所述，完美主义作为个体的一种稳定的人格特质，被认为是影响抑郁的主要因素之一，不同的研究者从不同的角度对完美主义与

---

① Cheng, E. C., Rand, K. L., "Perfectionism As a Predictor of Subsequent Adjustment: Evidence for Aspecific Diathesis - stress Mechanism Among College Students", *Journal of Counseling Psychology*, Vol. 47, No. 47, 2000.

② 王敬群、梁宝勇、邵秀巧：《完美主义研究综述》，《心理学探新》2005 年第 1 期。

③ Pleva, J., Wade, T. D., "Guided Self - help versus Pure Self - help for Perfectionism: A Randomized Controlled Trial", *Behavior Research and Therapy*, Vol. 45, No. 5, 2006.

④ G. Argus, M. Thompson, "Perceived Social Problem Solving, Perfectionism, and Mindful Awareness in Clinical Depression: An Exploratory Study", *Cognitive Therapy & Research*, Vol. 32, No. 6, 2008.

⑤ Slaney, R. B., Rice, K. G. & Mobley, M., "The Revised Almost Perfect Scale", *Measurement & Evaluation in Counseling & Development*, Vol. 34, No. 3, 2001.

⑥ 李丹、周艳、尹华站：《大学生的抑郁症状与完美主义、自我和谐》，《中国心理卫生杂志》2014 年第 7 期。

抑郁的关系进行了理论和实证研究，得出了丰富的成果。部分研究者认为完美主义的不适应性层面，即消极完美主义与抑郁有着直接的关系，近年开始关注适应性完美主义和抑郁之间的中介变量，并对此进行了实证研究。无论研究方向如何发展，从以往的研究来看，完美主义尤其是消极完美主义与抑郁的关系十分密切，这是本文探讨的重点。

三　完美主义与抑郁关系的实证研究

完美主义个体追求高标准的人格特征，促使其为个人追求的成就目标付出努力，有利于最终取得满意的成绩。但是，完美主义本身是多维度的人格特质，除了关注完美主义的积极层面为个体生活与学习带来的促进性作用外，也不能忽略其消极层面对个体的情绪、行为、社会适应造成的破坏性结果。

当个体过度追求高标准而不顾严重的消极后果时，就会出现临床完美主义，会导致情绪（如抑郁）、社会（如社会隔离）、认知（如注意损伤）或行为（如反复检查、反复考虑）等方面的心理问题。在临床与咨询心理学领域，完美主义与抑郁的关系备受关注，Blatt 等（1998）、Enns 等（2002）研究发现，完美主义是抑郁的易患因素、维持因素和使症状迁延的因素。Cox 和 Enns（2003）用 FMPS、HMPS 测量抑郁症患者治愈前后的完美主义倾向，发现其总分下降不显著，但完美主义的适应不良成分，如错误关注、自我取向完美主义的分数下降显著。以上研究表明，完美主义的消极层面与抑郁密切相关。但是完美主义作为一种稳定的人格特质，形成后不易改变，临床工作中很难直接改变完美主义对抑郁情绪的破坏性影响。

近年来，为了帮助完美主义者减少抑郁情绪，研究者们开始关注完美主义与抑郁之间的中介因素和调节因素，已有研究发现自尊、应激、应对和社会支持等变量在完美主义和消极情绪（抑郁）间起中介的作用（Dunkley，2006；Flett et al.，2003；杨丽，2008）。在完美主义与抑郁的关系方面，Scott 等（1996）提出认知过程的重要性，认为完美主义本身是一种功能失调的态度，这种功能失调的态度对抑郁有直接影响。以往的研究发现，无条件自我接纳作为对自我价值的认知、成就目标取向作为对自己追求的成就任务的认知这两个变量与抑郁有密切的联系，如 Ellis（1985）认为任何水平的自尊都可能反映了不良的自我评价过程，这些不合理的自我评价往往会使人们陷入抑郁或者焦虑之中，而无条件自我接纳则可以促使个体社会适应和心理健康。Chamberlain 和 Haaga（2001a，2001b）发现低水平的无条件自我接纳与抑郁、焦虑、低自尊、低幸福感、低生活满意感相关。在成就目标取向和抑郁的关系中，Dykman（1998）提出目标取向的抑郁易感模型，清楚地阐明个体盲目追求成绩过程中对自身情绪情感产生的破坏性结果，他认为个体的成绩目标取向使其在追求成就的过程中，由于经历长期重复的失败而导致无助感进而产生抑郁易感性。

本书所指的抑郁是一种主观的情绪体验，并非临床上的抑郁症，它是在校学生心理亚健康状态的症状指标。基于以往的研究发现，本书引入无条件自我接纳和成就目标取向变量，考察完美主义是否通过无条件自我接纳、成就目标取向影响抑郁，从而获得更多的关于完美主义与抑郁关系机制方面的信息。主要研究目的是深入探讨完美主义、成就目标取向、无条件自我接纳和抑郁间的关系，为学校心理健康教育工作有效干预适应不良完美主义提供参考依据。研究的具体假设如下。

假设1：完美主义高标准维度可负向预测抑郁情绪；完美主义差异维度可正向预测抑郁情绪。

假设2：无条件自我接纳在完美主义差异与抑郁间起中介作用。

假设3：成就目标取向在完美主义差异与抑郁间起中介作用，见图4－1。

（一）研究方法

1. 被试

以三所高校的大学生为被试，采用整群分层抽样的方法，年级跨度从一年级到四年级，文理兼顾，共发放问卷720份，回收问卷700份。剔除无效问卷后，有效问卷678份，有效率为97%。缺失数据采用均值替代法处理。被试有效样本的基本分布情况见表4－1。

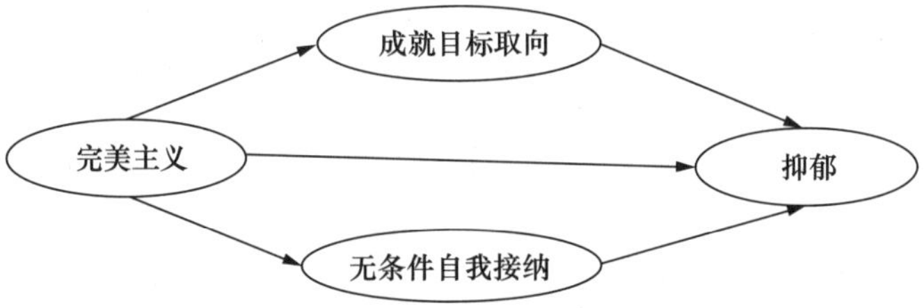

图4-1 无条件自我接纳、成就目标取向在完美主义差异维度与抑郁关系间的假想模型

表4-1 有效样本的基本情况（N=678）

类别	被试分类	频数（n）	百分比（%）
性别	男	236	34.8
	女	440	64.9
是否独生子女	缺失	2	0.3
	是	189	27.9
	否	489	72.1
父母婚姻状况	正常	620	91.4
	离异	57	8.4
	缺失	1	0.1

2. 研究工具

（1）近乎完美量表中文修订版。

选用杨丽（2007）修订的近乎完美量表修订版（APS-R）测量完美主义。采用7点计分法，从“非常不同意”（计1分）到“非常同意”（计7分），此量表包括高标准、秩序和差异三个分量表。本研究选用差异分量表作为完美主义消极层面的指标（12个条目，如我最好的表现似乎从来没有达到令我满意的程度），用高标准量表作为完美主义积极层面的指标（8个条目，如我为自己设置了非常高的标准）。差异分量表和高标准分量表在本研究中的系数分别是0.839和0.763。

为了测量子女知觉到的父母完美主义，把问卷项目的第一人称

“我”改为“父亲”与“母亲”，由此组成 APS - R - CR（母亲）和 APS - R - CR（父亲），得到父母亲的完美主义得分。母亲差异分量表和高标准分量表的系数分别是 0. 872 和 0. 725；父亲差异分量表和高标准分量表中的系数分别是 0. 873 和 0. 783。

（2）成就目标取向问卷。

采用张咏梅等（1999）修订的成就目标取向问卷。该问卷由掌握学习、成绩接近和成绩回避目标取向三个分量表构成，包含 14 个项目。采用 5 点计分法，从完全不符合（计 1 分）到完全符合（计 5 分）。问卷修订时 3 个分量表的系数分别为：掌握学习分量表为 0. 759、成绩接近分量表为 0. 693、成绩回避分量表为 0. 637。本书中各分量表的系数分别为：掌握学习为 0. 756、成绩接近为 0. 687、成绩回避为 0. 663。

（3）无条件自我接纳问卷。

采用国智丹（2006）修订的 Haaga（2001）的无条件自我接纳问卷（Unconditional Self Acceptance Questionnaire，USAQ）。该问卷符合理性情绪行为治疗流派的理念及无条件自我接纳的内涵，具有较好的结构效度与构想效度。修订问卷由 17 个项目组成，分为无条件自我接纳、有条件自我接纳、消极自我评价、积极自我评价 4 个维度，7 点量表计分，1 代表几乎总是不真实，7 代表几乎总是真实。根据需要，本研究将无条件自我接纳、积极自我评价归属于一个维度，称为“无条件自我接纳”（6 个项目）；将有条件自我接纳、消极自我评价归属于一个维度，称为“有条件自我接纳”（6 个项目）。各分维度的系数分别为无条件自我接纳 0. 746，有条件自我接纳 0. 740。

（4）Beck 抑郁问卷。

Beck 抑郁问卷（Beck Depression Inventory，BDI）由 Beck 编制，每个症状为一个类别，共 21 个类别；每个类别的描述分为四级，按其所显示的症状严重程度排列，从“无”到“极重”，级别赋值为 0—3 分，总分为 0—60。如对“悲观”症状的四级描述分别为：0 代表对于将来我不感到悲观；1 代表我对将来感到悲观；2 代表我感到没有什么可指望的；3 代表我感到将来无望，事事都不能变好（汪向东等，1999）。在本书中，Beck 抑郁问卷的系数为 0.842。

3. 研究程序

将所有问卷装订成册，由经过培训的心理学硕士生对被试进行集体施测，当场收回问卷。测试时间在 15 分钟左右，采用 SPSS13.0 和 LISREL8.70 统计软件对结果进行统计分析。

（二）研究结果

1. 相关分析

以皮尔逊相关法对所有被试的完美主义高标准维度、完美主义差异维度及成就目标取向的掌握学习、成绩接近、成绩回避，有条件自我接纳、无条件自我接纳和抑郁进行相关分析，结果见表 4－2。

表 4－2 完美主义、成就目标取向、无条件自我接纳和抑郁的相关分析

	高标准	差异	掌握学习	成绩接近	成绩回避	有条件自我接纳	无条件自我接纳	抑郁
高标准	1							
差异	0.364**	1						
掌握学习	0.463**	0.045	1					
成绩接近	0.216**	0.346**	0.112**	1				
成绩回避	0.079	0.312**	－0.027	0.469**	1			
有条件自我接纳	0.109**	0.424**	－0.077*	0.363**	0.388**	1		
无条件自我接纳	0.291**	－0.028	0.365**	－0.026	－0.059	－0.212**	1	
抑郁	－0.056	0.385**	－0.237**	0.107**	0.192**	0.293**	－0.278**	1

注：** 代表 $p<0.01$，* 代表 $p<0.05$。

由表 4－2 可知，完美主义高标准与掌握学习、成绩回避、有条件自我接纳、无条件自我接纳呈显著正相关，与抑郁没有显著相关性；完美主义差异与成绩接近、成绩回避、有条件自我接纳、抑郁呈显著正相关；掌握学习与无条件自我接纳呈显著正相关，与抑郁呈显著负相关；成绩接近与有条件自我接纳、抑郁呈显著正相关；成绩回避与有条件自我接纳、抑郁呈显著正相关；有条件自我接纳与抑郁呈显著正相关；无条件自我接纳与抑郁呈显著负相关。

由以上相关分析结果可知，完美主义高标准维度与抑郁间没有相关性，而完美主义差异维度与抑郁显著正相关，成绩接近、成绩回避、有条件自我接纳、差异与抑郁显著相关。因此，根据变量间相关程度大小，研究中引入成绩接近、成绩回避、有条件自我接纳作为中介变量，检验成就目标取向、无条件自我接纳对完美主义差异维度和抑郁间关系的中介效应。

2. 中介效应分析

（1）模型的设定。

（详细阐述见第二章第 61 页“五　中介效应分析”）

由于成就目标取向的不可加合性，且考虑到模型的简效性，如果将不同的成就目标取向、有条件自我接纳同时引入模型，模型过于庞大，相互关系过于复杂，反而不能有效地验证理论假设。因此本书采用分别引入的方法，对有条件自我接纳在完美主义差异维度与抑郁间的中介效应，成绩接近目标取向在完美主义差异与抑郁间的中介效应，成绩回避在完美主义差异与抑郁间的中介效应分别进行探索，然后逐一进行探讨。

本书的模型设定采用部分分散模型，利用项目组合方法将各测量问卷中分量表的项目进行组合，以项目小组作为各潜变量的外显指标。具体的方法和项目组合结果如下：

差异分量表的三个项目小组为：①6、17、20、3；②13、19、22、9；③16、18、11、15。

Beck 抑郁问卷的三个项目小组为：①6、17、13、12、11、2、9；②10、3、15、8、5、1、19；③14、7、20、4、16、18。

有条件自我接纳分量表的两个项目小组为：①11、12、8；②16、6、5。

成绩接近分量表的两个项目小组为：①7、14；②1、11。

成绩回避分量表的两个项目小组为：①4、13；②8、6。

（2）有条件自我接纳对完美主义差异维度与抑郁的中介效应检验。

以有条件自我接纳作为完美主义差异维度与抑郁间的中介变量的 2 个竞争性模型的拟合指数见表 4－3。

表 4－3　　中介效应结构模型拟合指数（N＝678）

	χ^2	*df*	χ^2/df	RMSEA	SRMR	NNFI	CFI	IFI	PNFI	ECVI
完全中介模型（模型 1）	73.19	18	4.36	0.068	0.055	0.97	0.98	0.98	0.63	0.16
部分中介模型（模型 2）	43.92	17	2.42	0.049	0.031	0.99	0.99	0.99	0.60	0.12

表 4－3 结果显示，两个模型均可识别，拟合均可接受。两个模型的 PNFI 值相差 0.03，视为无实质差异。但是模型 2 的 ECVI 值（0.12）最小，证明该模型复核效度最佳，且其绝对拟合指数与增值拟合指数值也最为理想，因此接受模型 2。有条件自我接纳为中介的结构模型路径如图 4－2 所示。

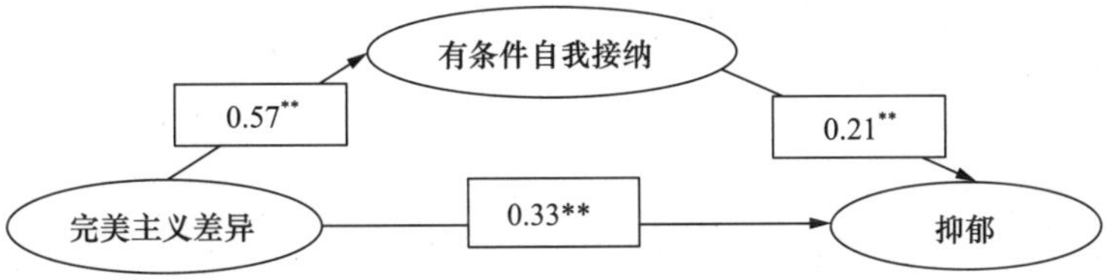

图 4－2　有条件自我接纳为中介的结构模型路径

注：＊＊代表 $p<0.01$。

由图 4－2 可知，显著的路径有：完美主义差异→抑郁；完美主义差异→有条件自我接纳→抑郁。差异对抑郁的直接效应显著（效果中等），而有条件自我接纳对差异和抑郁的间接效应显著（效果中等偏小）。完美主义差异维度对抑郁的预测作用效果见表4－4。

表4－4　完美主义差异维度对抑郁的预测作用效果

效果	差异→抑郁
直接效果	0.33
间接效果（中介：有条件自我接纳）	0.12
总效果	0.45

其中，有条件自我接纳对完美主义差异维度与抑郁的中介效应同差异对抑郁的直接效应之比为：$0.57 \times 0.21/0.33 = 36.3\%$，说明中介效应与直接效应差不多大。

（3）成绩接近目标取向对完美主义差异维度与抑郁的中介效应检验。

以成绩接近目标取向作为完美主义差异与抑郁间的中介变量的两个竞争性模型拟合指数见表4－5。

表4－5　中介效应结构模型拟合指数（N＝678）

	χ^2	df	χ^2/df	RMSEA	SRMR	NNFI	CFI	IFI	PNFI	ECVI
完全中介模型（模型1）	153.73	18	8.54	0.11	0.11	0.92	0.95	0.95	0.61	0.29
部分中介模型（模型2）	72.27	17	4.25	0.071	0.041	0.97	0.99	0.98	0.59	0.17

表4－5结果显示，两个模型均可识别，拟合均可接受。两个模型的PNFI值相差0.02，视为无实质差异。但是模型2的ECVI值（0.17）最小，证明该模型复核效度最佳，且其绝对拟合指数与增值拟合指数值也最为理想，因此接受模型2。成绩接近目标取向为中介的结构模型路径如图4－3所示。

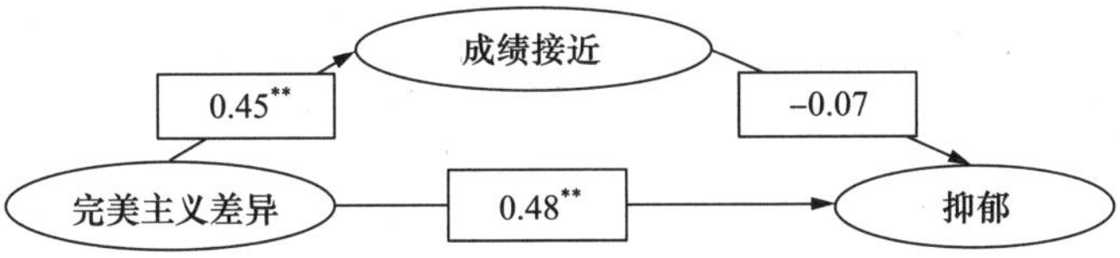

图 4-3 成绩接近目标取向为中介的结构模型路径图

注：**代表 $p<0.01$。

由图 4-3 可知，显著路径有：完美主义差异→抑郁。差异对抑郁的直接效应显著（效果中等偏大），但通过成绩接近目标取向到抑郁的中介效应不显著，不存在部分中介作用。完美主义差异维度对抑郁的预测作用效果见表 4-6。

表 4-6 完美主义差异维度对抑郁的预测作用效果

效果	差异→抑郁
直接效果	0.48
间接效果（中介：有条件自我接纳）	0
总效果	0.48

（4）成绩回避目标取向对完美主义差异维度与抑郁的中介效应检验。

以成绩回避目标取向作为完美主义差异与抑郁间的中介变量的两个竞争性模型拟合指数见表 4-7。

表 4-7 中介效应结构模型拟合指数（N=678）

	χ^2	df	χ^2/df	RMSEA	SRMR	NNFI	CFI	IFI	PNFI	ECVI
完全中介模型（模型 1）	126.13	18	7.00	0.097	0.063	0.93	0.96	0.96	0.61	0.25
部分中介模型（模型 2）	82.18	17	4.83	0.076	0.039	0.96	0.97	0.97	0.59	0.18

表4－7结果显示，两个模型均可识别，拟合均可接受。两个模型的PNFI值相差0.02，视为无实质差异。但是模型2的ECVI值（0.18）最小，证明该模型复核效度最佳，且其绝对拟合指数与增值拟合指数值也最为理想，因此接受模型2。成绩回避目标取向为中介的结构模型路径如图4－4所示。

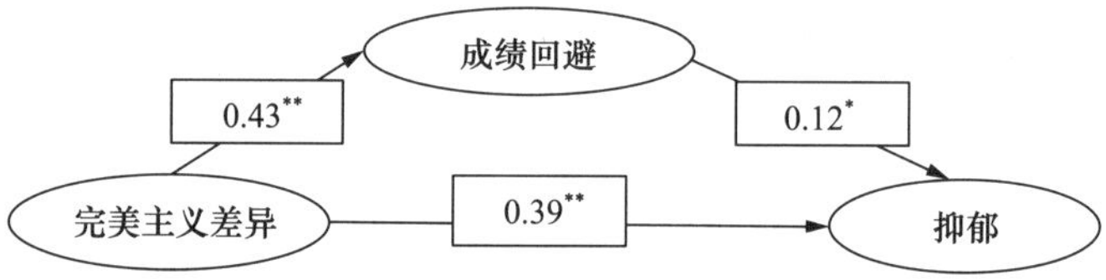

图4－4　成绩回避目标取向为中介的结构模型路径图

注：**代表 $p<0.01$。

由图4－4可知，显著的路径有：完美主义差异→抑郁；完美主义差异→成绩回避→抑郁。差异对抑郁的直接效应显著（效果中等偏大），成绩回避对差异和抑郁的间接效应显著（效果偏小）。完美主义差异维度对抑郁的预测作用效果见表4－8。

表4－8　完美主义差异维度对抑郁的预测作用效果

效果	差异→抑郁
直接效果	0.39
间接效果（中介：成绩回避）	0.05
总效果	0.44

其中，成绩回避对完美主义差异与抑郁的中介效应同差异对抑郁的直接效应之比为：$0.48\times0.12/0.39=13.2\%$，说明中介效应小于直接效应。

（三）研究讨论

1. 完美主义、无条件自我接纳、成就目标取向与抑郁的关系分析

通过实证研究发现，完美主义差异维度与抑郁显著正相关，而高

标准维度与抑郁无相关性，这一结果与 Slaney（2001）、Stoeber（2009），日本樱井·大谷等（1995）的观点一致。樱井·大谷研究发现，社会决定完美主义倾向强的人（即从他人那里感受到被要求完美倾向的程度强）更容易产生抑郁情绪；Stoeber 研究发现，对不完美的消极反应与抑郁症状显著正相关。由此可见，完美主义的不同维度对抑郁、焦虑等产生不同性质与程度的影响，完美主义的消极层面如差异、社会决定完美主义、在意完美等与抑郁显著正相关；而积极层面如高标准、自我取向完美主义、追求完美与抑郁无相关性。同时，本实证研究的结论与 Hamachek 的人格理论一致，即单纯地追求高标准和秩序本身与个体的心理健康状况积极正相关，如之前研究已发现，完美主义高标准与学业成绩呈显著正相关。而神经症性完美主义者设置固化的、不可能达到的高标准，他们对已取得的成就不能感到快乐，他们更容易陷入不健康的心理状态，如抑郁、焦虑中。本书研究结果支持了研究假设，即差异作为完美主义的消极维度与消极意义的适应性心理变量（如抑郁）正相关，而高标准作为完美主义的积极维度与积极意义的适应性心理变量（如学业成绩）正相关。

本书根据 Elliot 等（1997）的三因素目标取向模型，将成就目标取向分为掌握学习、成绩接近与成绩回避三种类型。掌握学习重视学习和过程，成绩接近与成绩回避都关注自身表现的结果，但成绩接近目标关注展示自身能力并从他人那里得到肯定评价；而成绩回避目标则着力于不暴露自己的不足，并避免得到否定性评价。与高中生群体的研究结果一样，大学生完美主义高标准与掌握学习、成绩接近显著正相关，完美主义差异与成绩接近、成绩回避显著正相关，该结果支持了 Neumeister（2004）、Stoeber（2009a，2009b）的研究结论。同时进一步说明完美主义是一种包括积极和消极两个层面的多维人格特质，追求高标准的个体重视学习过程与能力提高，在展示自己的能力过程中不害怕暴露自己的不足。而时常发现自己的标准与实际成就间存在差距的完美主义个体，时刻期望通过成绩实现自己的完美追求，因完美的不能实现而不断地进行自我批评。不愿面对那些可能会让自己失败的情境，所以更多地采用成绩回避策略以保护自己的“完美形象”。

研究发现，被试的完美主义差异维度与有条件自我接纳显著正相关，这与罗杰斯的“价值条件作用”理论一致，即有完美主义差异感的个体将自我价值与表现和成就相关联，在遇到失败或他人的消极评价时往往产生强烈的无助与绝望，如果表现好会接纳自我，表现不好就拒绝自我。Hewitt（2002）研究发现，自我价值感是社会决定完美主义的核心成分，社会取向型完美主义者特别容易对别人的消极反馈产生无助感。这一结果说明，个体时常发现自己的实际成就和表现与设置的标准间存在差异，越无法自我满意，越容易进行自我批评，并产生条件性的自我接纳。

2. 有条件自我接纳对完美主义差异维度与抑郁关系的中介作用

进一步将有条件自我接纳作为中间变量，检验有条件自我接纳对完美主义差异与抑郁关系的中介效应时，发现它在两者间起到部分中介作用。研究结果与Greenspon（2000）、Campbell和Dipaula（2002）的理论观点一致，他们认为条件性接纳几乎完全要为完美主义的破坏性结果（如抑郁）的产生负责。如果自我价值是基于成就需要，对个体有意义的标准没有达到时，会破坏个体的自我价值感。有研究发现自我取向和社会决定两个完美主义维度都与自我接纳呈负相关，无条件自我接纳中介了完美主义与抑郁间的关系（Flett，Russo & Hewitt，1994）。社会决定完美主义与关联的自我价值积极相关，有较高条件自我接纳的个体，缺少他人的赞许时很难接受自己。在临床工作中，Ellis（1985）发现社会决定完美主义的个体都关注评价结果，由此导致不健康有条件自我接纳而非健康的无条件自我接纳。

完美主义差异与抑郁间存在有条件自我接纳中介变量的结果支持了本书的假设，差异与有条件自我接纳显著正相关，说明有完美主义差异感的个体对自我价值的认识不健康，总是看到自己的实际成就和表现与预定标准间存在差距，总希望获得他人的承认与赞赏，无法接受别人对自己的客观评价。人本主义心理学认为，个体对自我的无条件接纳是心理和谐的必要条件之一，无条件接纳影响个体具体的心理与行为，高自我接纳的个体比低自我接纳的个体体验较少的情绪困扰。这一结果提示在临床工作中，应该帮助个体不要将自我价值建立在他人的赞许与喜爱的基础上，应增加对自我健康的无条件接纳，消除对自我不健康的条件性接纳，对于促进完美主义者的抑郁恢复具有积极的作用。

3. 成绩回避目标取向对完美主义差异维度与抑郁关系的中介作用

近年来，有研究开始探讨不同的完美主义层面与成就目标取向、心理健康适应不良的症状指标（如抑郁、焦虑）间的联系（Chan，2009；Accordino，2000；Stoeber，2007，2009），但至今没有对各变量间的具体关系进行深入研究。本书在 Dykman（1998）的目标取向的抑郁易感模型的基础上，在完美主义消极层面与抑郁的关系中引入新的中介变量——成就目标取向。结果发现，虽然成绩接近目标取向与差异显著正相关，但并没有在完美主义差异与抑郁的关系中起中介作用。而成绩回避目标取向在完美主义差异与抑郁间发挥部分中介作用。这与 Georgios（2005）的研究结论基本一致，他发现小学五年级学生的成绩接近目标取向与学业成绩、学习努力与坚持性正相关，与焦虑和抑郁负相关；而成绩回避目标与负性情感、低的成绩和抑郁呈正相关。

进一步分析成绩目标取向中成绩接近和成绩回避取向的不同，成绩接近取向的个体通过展示能力从他人处获得肯定，出发点是积极的，因而没有在差异与抑郁的关系中起中介作用。而有完美主义差异感的个体体验到实际成就与预期标准间存在的差距，他们害怕因为差距的存在或出现而得到他人否定性的评价，所以不断地进行严厉的自我批评，重复的失败或主观体验的差异感让他们尽可能逃避会让自己显示不足与低能力的情境，而不断采取的成绩回避取向使可能获得成功与他人赞赏的机会丧失，结果是无助感与失败感产生了抑郁的易感性，导致个体增强抑郁的消极情绪体验。

研究结果显示，在完美主义差异与抑郁的关系中，临床工作中不能简单地将抑郁的产生归因于个体的完美主义差异倾向，更应该注意在差异与抑郁关系间的无条件自我接纳、不同的成就目标取向的心理中介机制。虽然完美主义的倾向不易更改，但是对自我健康正确地接纳、对成就动机取向的选择是可以在家庭、学校的教育帮助中得到调整的，提高个体的无条件自我接纳、修正个体无效的成绩回避目标取向，可以有效降低与个体完美主义差异相关密切的抑郁水平。

（四）研究结论

（1）完美主义高标准维度与抑郁情绪无显著联系；完美主义差异维度可正向预测抑郁情绪。

（2）有条件自我接纳可部分中介完美主义差异维度与抑郁的关系。

（3）成绩回避的成就目标取向可部分中介完美主义差异维度与抑郁的关系。

四 相关案例

现代社会环境变化快、生活节奏快，很多人自诉心理压力过大，紧张焦虑。在激烈的竞争中，几乎每个人都在超负荷地运转且很容易产生不同程度的抑郁情绪，这是一种很常见的情绪情感。抑郁症是我国精神疾病中的高发病症之一，影响着人们的身心健康。《我国抑郁症人群及市场现状分析》指出，2016 年“两会”期间，全国人大代表、华泽集团董事长吴向东曾表示“中国抑郁症患者高达 7000 万，保守估计，大概有 2 亿人在一生中需要接受专业的心理咨询或心理治疗”。作为一种高致病性疾病，抑郁障碍已经成为我国一个重大的公共卫生问题。[①] 本书所涉及的抑郁（Depression）主要是指抑郁情绪，反映的是普通个体的主观感受，并非指临床上的抑郁症。现实生活中，很多人会因为工作、学习等压力而产生情绪低落、意志活动减少的情况，这些都是抑郁情绪的表现，目前出现抑郁情绪的群体越来越广泛。陈世英、高耀（2011）通过儿童抑郁量表和家庭环境量表针对 11—14 岁的七年级学生进行了调查，试图了解他们的心理健康状况，并分析和探讨家庭环境因素与处于转折期儿童抑郁的关系，结果显示抑郁是七年级儿童心理健康的问题之一，而且家庭环境因素是七年级

---

① 博客网社区：《我国抑郁症人群及市场现状分析》，http：//www. jianke. com/xwpd/3134156. html。

儿童抑郁的重要影响因素，并提出在矫正孩子的心理健康问题时，需要注重家庭环境及父母对孩子的影响。[①] 上述调查结果显示，在如今的社会生活中，抑郁情绪对于人们的身心健康问题中是不容忽视的，严重者还有自杀的情况（孙克波，2017）。

在抑郁情绪的形成过程中，研究者致力于寻找其中的原因，除了社会环境因素以外，更多的学者关注个体的人格特质，而完美主义作为一种稳定的人格特质，也被多数学者认为是抑郁形成的因素之一。研究者们将完美主义分为适应性完美主义与非适应性完美主义，他们在进一步探讨完美主义与抑郁的关系时发现，非适应性完美主义与抑郁之间呈显著的正相关。有的研究者认为某种程度上适应不良完美主义可以预测抑郁情绪，如张秀阁、杨丽等（2008）的研究表明，适应良好完美主义能负向预测抑郁情绪，适应不良完美主义能正向预测抑郁情绪。[②] 完美主义者过度追求完美、设定高标准、在结果评估时对自己苛责等特点会让其在长时间的发展过程中不断地进行自我批评，他们不能接纳犯错误的自己，在高压的情况下，他们可能会逐渐地怀疑自己的能力和价值，在这样的冲突之中产生负面的抑郁情绪。因此，适应不良完美主义与抑郁之间关系密切。本章以案例的方式探讨两者的关系，并对案例进行浅析，基于以往的理论与研究，对适应不良完美主义产生的抑郁情绪的调试提供意见和建议。

案例

1. 一般资料

孙浩：男，20 岁，大二学生，性格内向，较敏感，独立性强，学习认真，凡事追求完美。父母务农，家庭经济条件一般。无重大躯体疾病史，家族无精神疾病史。家中排行老大，有一个妹妹，自幼成绩优异，受到父母的赞赏和认可，高中毕业后顺利考上一所重点大学，

---

① 陈世英、高耀：《七年级学生抑郁情绪的调查与分析》，《当代教育理论与实践》2011 年第 5 期。

② 张秀阁、杨丽、梁宝勇、王锃等：《以自尊为中介因素的完美主义与抑郁的关系研究》，《心理与行为研究》2008 年第 3 期。

但未能选择理想的专业。近一个月来整天浑浑噩噩，想做点事情转移注意力，可什么也做不了，感觉烦躁、郁闷和压抑。

该生主动求助了学校的心理老师，以下是该生的心理测验情况：

（1）用艾森克人格问卷测查求助者人格。E 分 32、N 分 69，属内向、情绪不稳定的抑郁质倾向。

（2）用症状自评量表（SCL－90）进行测试。结果显示，总分为 78 分；阳性因子数为 45；强迫因子分为 1.1；偏执因子分为 1.4；焦虑因子分为 1.5；抑郁因子分为 1.6；敌对因子分为 1.5；人际关系因子分为 1.3。

（3）用抑郁自评量表测得粗分 52 分，标准分 65 分，提示为中度抑郁。

2. 个人陈述

我说不清自己最近怎么了，总感觉很压抑，自己慢慢变得内向、不合群，不喜欢与人说话，总是感到自己情绪很低落，自卑、退缩，不想和别人交往，也不想去上课，这样的状态持续两周了。一开始进入大学的时候就对自己所选择的专业不满意，觉得所学专业不理想；我在高中时就是班上的尖子生，但高考失利了，没能报考自己感觉理想的专业，但也不想回去复读了，就选择了现在这所学校。刚开始的时候还好，我会鼓励自己去学习，对自己说："大不了就修一个第二专业。"这样也能缓解一些，但更多的时候我并不能接纳这样的自己，我认为没考上理想的大学就是因为自己的失误，感觉心里一直有一个解不开的结。渐渐地，我开始从很多方面嫌弃自己，比如个子矮小，不会踢球，不会打篮球，有时候在学习中出现一点错误，我会自责很久。两个星期前，英语老师交给我一项任务，但中途出了一点小插曲，事后我就一直自我批评，开始自责，觉得自己能力不够等，此后我也会因为很多小事而感到自责。有时候我还会不满别人的一些做法，比如同学的书堆放得乱七八糟；男同学下课打闹；老师懒散、不负责任的行为等细小事情；我有什么不满就憋在心里，想表达出来又瞻前顾后，最终还是不敢当着同学的面说出来。很多次在自我批评的同时，我也会厌烦自己，我觉得自己自尊心还是很强，很在乎别人对自己的看法，有时为了证明自己我会严格要求自己，在很多事情上纠结于细节，希望自己能把事情做到很好。因此，制定高标准似乎成了我经常做的事，但事后一旦达不到我预想的结果，我就开始自我批评。尤其是在老师交代给我的事无法完成时，我就开始怀疑自己，可能再也无法逆转高考那次的失利了，可能以后还会经常发生很多失败的事件，我感到十分郁闷，我接受不了这样脆弱的自己。最近我的话越来越少，也不愿意和同学相处，特别是班上优秀的同学，这似乎会让我不断与他们比较起来，感觉自己不再优秀，也什么都做不好，晚上会失眠，第二天精神状态也不太好。每当情绪低落的时候，总感到浑身不舒服，头昏昏沉沉的，虽然我极力去控制，但还是觉得浑身没劲儿，对什么都提不起兴趣。有时候特别能吃，有时候又吃得很少，晚上睡不着，即使睡着了也睡得不踏实。常常责备自己，一点小事情就会令我情绪低落，感觉活得很累很无助。

3. 个人成长史

孙浩的家境不错，母亲经营着一家服装批发店，父亲在外办了一个规模不大的配件厂，典型的“小康”之家。小学的时候，孙浩是开朗、快乐的个性，天天高高兴兴，同学们都叫他“开心果”。上学以后一直都是“三好学生”，在班里一直担任学生干部，加上活泼开朗的性格，大家都很喜欢他。但平时父母有自己的事业，工作比较繁忙，对孩子的关心不多，关注度也不够。从小孙浩就希望能得到父母的关爱，但每次父母都太忙了，无暇顾及自己的感受。有一次孙浩考了班上第一名，意外得到了父母的嘉奖，并满足了他的要求。从那时起，孙浩就知道自己变得优秀起来就能获得父母的关爱，所以，孙浩从小就力争取得好成绩，对自己的要求较高。多年来，孙浩在班上的成绩都很不错，一直都表现出一个“乖孩子”的形象，性格也比较活泼。高考失利后，虽然孙浩考上了重点大学，但未能读到自己理想的专业，大一进校时有些失落，后来慢慢适应了大学生活后，情绪有了好转，并给自己制定了目标，在大三的时候攻读第二专业，将之前的失利补回来。

父母均无重大躯体疾病史，家族无精神疾病史。父母都有自己的事业，平时比较忙。父亲性格比较刚烈、强势，虽然平时因为工作忙无暇顾及子女，但他对子女的教育还是比较严格的，重点是他比较注重细节，由于工作性质的原因，他也不容许自己会有失误，对子女也一样，更多地灌输细节决定成败的观点，让子女严格要求自己的行为。所以在学习上，父亲比较在乎孩子的学习成绩，希望他们能用知识武装自己，让自己变得更强。母亲性格温和，比较宠爱孩子，对孩子的要求不高，健康快乐就行，母亲有自己的工作，平时也比较忙，对孩子的关注不多。在家里孙浩总是和父母唱反调，容不得父母责备自己，常常默不作声地表示愤慨和抗议，虽然有时也理解爸妈的苦心，但却控制不了自己，经常伤害他们。妹妹比自己小 5 岁，性格也比较开朗，受哥哥的影响，在班上成绩也算不错，同哥哥的关系也比较融洽。

母亲主述：我和孙浩的父亲在外都有自己的工作，没有更多的时间管理和陪伴孩子，而孙浩在家里排行老大，从小都是他照顾妹妹，因此自幼坚强独立，凡事追求完美，不容许自己在任何事上出现一点点的差错，很多时候会因为一些小错误而责备自己，在校成绩优异。以前经常打电话回来跟我说学校的学习和生活情况等，但最近一个月来打电话的次数较少，偶尔我给他打电话，都会感觉他脾气较差，说不了几句话，感觉他好像很烦闷。

4. 辅导员、同学反映情况

孙浩周围的同学反映：孙浩刚开始入校的时候就表现出对专业的不满意，但在适应了新生生活后，孙浩恢复了一些，也逐渐和同学熟络起来，相处融洽，但偶尔也会感叹对专业的不满意，责怪自己当初的不努力。近来，孙浩总是喜欢独处，话也比较少，脾气不太好，除了个别关系比较好的同学能接近以外，很多同学都不怎么敢同他说话。

孙浩的室友 A 反映：近期，孙浩就开始沉默起来，话不多，每次回寝室的时间也很晚，很少和室友在一起交流或者一起活动，感觉有时候他的脾气很大，一开始大家都会关心他，但都遭到了他的拒绝。后来室友也没敢继续询问他的事，反正他经常晚归，似乎也没什么影响，但近期觉得他的情绪波动很大，很多时候看起来情绪很低落。

孙浩辅导员反映：孙浩是一个很优秀的学生，成绩比较优异，在班上喜欢表现，很多老师对他记忆深刻，认为他做事比较认真负责，注意细节，追求完美。开始入校时，孙浩向辅导员表达过对专业的看法，咨询过第二专业的相关事宜。由此可见，孙浩是一个不断追求上进的学生，学习努力，很有想法。但最近一个月来，孙浩在班上表现得比较沉默，不像之前那么喜欢参与课外活动，很多时候会在课堂上发呆，表现出一副迷茫的样子。辅导员私下找孙浩聊过，他表示自己最近比较烦闷，之前英语老师让自己办事，自己没办好，因此很自责，感觉一点小事都做不好，不能接纳犯错误的自己。又联想到自己已经大二了，离自己制定的目标（攻读第二专业）也不远了，感到很迷茫。进一步联想到自己好像什么都做不好，可能在第二专业的事情上也会出现差错，这样就无法弥补当年高考的失利了。同时近期会失眠，精神状态欠佳。

5. 诊断分析

本文对孙浩的表现症状分析如下：

（1）心理诊断。

孙浩的问题主要是一般心理问题中的抑郁情绪。

（2）诊断依据。

孙浩出现的抑郁情绪主要是由最近发生的小事件引起，即没能完成英语老师交代的任务。更深层次原因是他从小追求完美，不容许犯错误的个性，由失败的任务联想到第二专业的相关事宜，出现了情绪低落、烦闷、失眠等症状。心理测验分数显示孙浩的抑郁分数较高，伴有一点焦虑情绪，持续时间不长（1个月）。由此判断，孙浩的问题主要是由现实事件引起的一般心理问题中的抑郁情绪。

根据病与非病“三原则”和《中国精神障碍分类与诊断标准》（第3版）CCMD-3评估：①主观反映的问题符合客观现实；②社会事件对其的影响，内心体验知、情、意一致；③事件影响后的行为表现符合个体年龄特征。症状自知力完整，有求治愿望。排除精神病性障碍。

与其他疾病鉴别：对照症状学标准，该求助者表现出情绪低落、焦虑、烦躁、睡眠障碍等症状。

与焦虑症相鉴别：焦虑症的症状为原发症状，且以精神易兴奋、易疲劳为特征，本案例的焦虑为继发症状，只是担心后续的第二专业的事，并不严重，据此可以排除焦虑症。

与神经症相鉴别：求助者虽然存在抑郁、焦虑、失眠等症状，但时间持续短，内容尚未泛化，未严重影响其社会功能和逻辑思维。内心冲突事出有因，与神经症性的心理冲突的变形不同，因此可以排除神经症。

综上所述，孙浩追求完美的个性，因为近期发生的现实事件否定自己，并因此焦虑未来，因而产生烦闷、情绪低落、失眠等症状，但持续时间不长，并未泛化，内心的冲突事出有因。因此诊断为一般问题中的抑郁情绪。

（3）原因分析。

本书认为孙浩出现抑郁情绪的原因如下：

1）负性事件。孙浩遇到的负性事件主要有：高考失利未能报考理想的专业；在大学里为英语老师办事出现失误。

2）家庭原因。孙浩的父母因为工作原因，从儿时起对其关心不够。同时他在家里排行老大，还有一个妹妹，从小就学会照顾人，个性比较独立。孙浩父亲是一个对自己要求严格的人，会给孙浩灌输细节决定成败的观点。他的母亲性格比较温和，但很少付出时间陪伴他成长，孙浩自小希望得到父母的关注，因此一直都通过让自己变得更加优秀，以获取父母的关注，这也是孙浩追求完美的原因之一。

3）心理原因。从案例中发现，孙浩是一个典型的完美主义者，对自身要求严格，注重细节，凡事要求面面俱到、尽力做到完美。他会给自己制定高标准与高目标，一旦有什么事件影响设定目标的达成，就会成为他焦虑的源头。孙浩的高考失利使得他未能选择到理想的专业，这个事件让他郁闷了很长时间，但由于不想复读，所以勉强进入大学，在进入大学的初期，因为新环境的刺激也让失落感得到部分缓解。但孙浩内心把高考失利的补偿放在了规定的第二专业上，但入学后因未能完成英语老师交代的任务的负性事件让其彻底否定了自己，认为自己什么都不可能做好，不断地自责，因此开始焦虑后续的第二专业攻读的事宜，最终导致了心情低落、焦虑、失眠等症状，但时间持续不长，也未泛化，社会功能影响不严重。同时他还主动求助学校的心理咨询老师，因此没有发展成为抑郁症。总之，孙浩的抑郁情绪产生的本质因素在于他追求完美的性格，凡事注重细节，希望自己能面面俱到，一旦失误就无法接受自己；给自己制定较高的标准，一旦某个细节出现问题就会使得他情绪低落。孙浩的抑郁情绪需要调整心态，正视个性中存在的小缺陷，调节完美主义的适应不良层面向积极的方向发展。

五　完美主义抑郁情绪的治疗

几乎每个人都有过抑郁情绪，只是时间持续长短、问题严重程度不同而已。当人们遇到挫折或者感受到压力的时候，或多或少会产生消极的抑郁情绪。抑郁有程度之分，程度轻的称为抑郁情绪，而时间持久的、程度较重的可转变为临床的抑郁症。本书主要关注的是一般的抑郁情绪。事实上，很多抑郁情绪的个体在感受到情绪低落的同时也会伴随着焦虑，因此，很多关于抑郁情绪的治疗更多采用的还是认知疗法，本书对孙浩的抑郁情绪的调节也首推认知疗法。

认知疗法认为，人们的心理问题是由求助者不合理或扭曲的认知造成的，咨询的重点就是要以理性代替非理性、以合理的思维方式代替不合理的思维方式、以合理认知代替不合理认知，从而最大限度减少不合理认知给心理带来的不良影响，减少或消除已有的心理问题。认知疗法是通过认知和行为技术来改变求治者的不良认知，从而矫正并治疗适应不良行为的心理治疗方法。

认知疗法的基本原理：认知理论认为人的情绪来自人对所遭遇的事情的信念、评价、解释或哲学观点，而非来自事情本身。情绪和行为受制于认知，认知是人心理活动的决定因素，认知疗法就是通过改变人的认知过程和由这一过程中所产生的观念来纠正本人的适应不良的情绪或行为。治疗的目标不仅是针对行为、情绪等外在表现，而且要分析患者的思维活动和应对现实的策略，找出其错误的认知并加以纠正。对于适应不良的完美主义导致的抑郁情绪，大多数个体是因为自身过分追求完美，不接纳犯错的自己。“人非圣贤，孰能无过”，他们之所以会因为一些小小的失误而郁闷就是因为他们对自己有着错误的认知，即自己就是最优秀的，要追求最完美的目标，要在别人心中保持完美的形象等。这些错误的认知让他们在面临大大小小的失败时产生心理冲突，从而导致情绪低落、烦闷、失眠等症状，因此，在很多因为负性事件而导致的抑郁情绪案例中，多数咨询师对来访者所采用的治疗方案大多数都是认知行为疗法。

重构认知：认知疗法主要着眼点放在患者“非功能性的认知问题”上，试图通过改变患者对己、对人或对事的看法与态度来改变所呈现的心理问题。认知是指个体对某件事或某对象的认知和看法，对自己的看法、对人的想法、对环境的认识和对事的见解等。认知疗法的主要代表人物贝克（A. T. Beck）说：“适应不良的行为与情绪，都源于适应不良的认知。”认知疗法的策略在于重新构建认知结构，认知疗法常采用认知重建、心理应付、问题解决等技术进行心理辅导和治疗，其中认知重建最为关键。艾利斯（Ellis）认为，经历某一事件的个体对此事件的解释与评价、认知与信念，是其产生情绪和行为的根源，不合理的认知和信念引起不良的情绪和行为反应，只有通过疏导来改变和重建不合理的认知与信念，才能达到治疗的目的。贝克也指出，心理困难和障碍的根源来自于异常或歪曲的思维方式，通过发现、挖掘这些思维方式，加以分析、批判，再代之以合理的、现实的思维方式，就可以解除患者的痛苦，能更好地适应环境。①

综上所述，认知行为疗法是治疗抑郁的常用方案，其得到了心理咨询业界的普遍认可，对于适应不良完美主义而导致的抑郁情绪，多数情况下的治疗重点是让来访者认识到自己错误的认知、信念等。

关于抑郁的治疗方式，在临床症状上还有意象对话疗法，但这个

---

① 百度百科：《认知疗法》，http：//baike. baidu. com/link？ url = wKLt97UhoVe9v7 FYzXTSU-vjdvYojoh Own8r9uphTOW0 – qINXZ_ wXQcKznVjFD_ Qcr7poGd0CVod2JCvMJj5RYNcA8aTgivyuj43Zj G8JDCK0thVIbj1lpLgi –1s9tQ –U。

疗法更多针对的是抑郁性神经症，不是一般的抑郁情绪，本书在此做简单的概述，让读者有所了解。意象对话是由我国心理学家朱建军创立的一种心理咨询与治疗的技术。意象对话是在精神分析和心理动力学理论的基础上发展而来，这一技术创造性地汲取了梦的心理分析技术、催眠技术、人本心理学、东方文化中的心理学思想等。它通过诱导来访者做想象，了解来访者的潜意识心理冲突，对其潜意识的意象进行修改，从而达到治疗效果的一种治疗方法。① 意象对话疗法包括五个治疗过程：①引入过程，通过调整姿势、操作说明、放松三个步骤让来访者处于一个比较放松的状态。②想象过程，心理治疗师可以先设定一个意象，并诱导来访者去想象它。这个意象称为起始意象，当来访者进入了一个意象能比较自发地出现的状态，意象对话就实质性地开始了。③分析体会，因为意象的象征意义有一定的规律，心理治疗师可以通过分析来获得对意象象征意义的一些了解。④意象互动，心理治疗师根据来访者的意象，了解和体会来访者的心情，知道了来访者的防御机制等，就可以根据需要，通过意象形式运用会谈技术、支持或质疑技术与来访者互动。双方都通过描述意象来表达自己，以此方式进行对话，则此对话直接作用于人格的深层以及原始精神机构，这就是意象对话的核心。在每次意象对话结束时，一般先让来访者想象他从那个意象领域中回来，回到心理咨询中心或心理治疗室，然后再让他慢慢睁开眼睛。⑤总结作业，完成意象对话后，心理师需要布置一些意象作业，让来访者回去练习。要建立一个新的行为模式，不是做一次新的行为就可以，而是需要多次重复新的行为；同样，一个新的意象要替代旧的意象，也需要多次想象这个新的意象，需要多次在想象中改造一个旧的意象。所以，布置意象作业，让来访者练习，这是很重要的，一般意象对话治疗时间是每次 70 分钟到 90 分钟。

---

① 百度百科：《意象对话》，http：//baike. baidu. com/item/% E6% 84% 8F% E8% B1% A1% E5% AF% B9% E8% AF% 9D？ fr = aladdin。

六 抑郁自评量表（SDS）①

（一）项目及评定标准

抑郁自评量表（Self－rating Depression Scale，SDS）是含有20个项目，分为4级评分的自评量表，原型是W. K. Zung编制的抑郁量表（1965）。其特点是使用简便，并能相当直观地反映抑郁患者的主观感受及其在治疗中的变化。

（二）评定注意事项

（1）SDS主要适用于具有抑郁症状的成年人，它对心理咨询门诊及精神科门诊或住院精神病患者均可使用；对严重阻滞症状的抑郁患者评定有困难。

（2）关于抑郁症状的分级，除参考量表分值外，还要根据临床症状。特别是要害症状的程度来划分，量表分值仅能作为一项参考指标而非绝对标准。

（三）统计结果及结果分析

指标为总分。将20个项目的各个得分相加，即得粗分。标准分等于粗分乘以1.25后的整数部分。总粗分的正常上限为41分，标准总分为53分。

抑郁严重度＝各条目累计分/80

分析结果：0.5以下者为无抑郁；0.5—0.59为轻微至轻度抑郁；0.6—0.69为中至重度；0.7以上为重度抑郁（仅供参考）。

（四）抑郁自评量表（SDS）

请根据您近一周的感觉在下表中进行评分，数字的顺序依次为从无、有时、经常、持续。

题项	从无	有时	经常	持续
1. 我感到情绪沮丧，郁闷				
*2. 我感到早晨心情最好				
3. 我要哭或想哭				

① 王征宇、迟玉芬：《抑郁自评量表（SDS）》，《上海精神医学》1984年第2期。

续表

题项	从无	有时	经常	持续
4. 我夜间睡眠不好				
*5. 我吃饭像平时一样多				
*6. 我的性功能正常				
7. 我感到体重减轻				
8. 我为便秘烦恼				
9. 我的心跳比平时快				
10. 我无故感到疲劳				
*11. 我的头脑像往常一样清楚				
*12. 我做事情像平时一样不感到困难				
13. 我坐卧不安，难以保持平静				
*14. 我对未来感到有希望				
15. 我比平时更容易激怒				
*16. 我觉得决定什么事很容易				
*17. 我感到自己是有用的和不可缺少的人				
*18. 我的生活很有意义				
19. 假若我死了别人会过得更好				
*20. 我仍旧喜爱自己平时喜爱的东西				

注：*代表反向评分题。

小结：本节介绍了适应不良完美主义与抑郁之间的关系，完美主义作为个体的一种稳定的人格特质，被认为是影响抑郁的主要因素之一，不同的研究者从不同的角度对完美主义与抑郁的关系进行了理论和实证研究，也取得了丰富的研究成果。研究者们在探讨完美主义与抑郁的关系时发现，非适应性完美主义与抑郁呈显著的正相关关系，某种程度上适应不良完美主义可以预测抑郁情绪，如张秀阁、杨丽等（2008）。本章对完美主义与抑郁进行了实证研究，以孙浩因为负性事件而导致的抑郁情绪为例，进一步浅析了完美主义与抑郁之间的关系，并在最后介绍了两种常用的治疗抑郁的方法：认知行为疗法与意象对话法，前者主要用于一般的、程度较轻的抑郁情绪，而后者多数应用于临床上的抑郁性神经症。

第二节 完美主义与焦虑

焦虑症，又称为焦虑性神经症，是神经症这一大类疾病中最常见的一种，以焦虑情绪体验为主要特征，可分为慢性焦虑（广泛性焦虑）和急性焦虑发作（惊恐障碍）两种形式。焦虑症主要表现为：无明确客观对象的紧张担心，坐立不安，还有植物神经症状（心悸、手抖、出汗、尿频等）。注意区分正常的焦虑情绪，如焦虑严重程度与客观事实或处境明显不符，或持续时间过长，则可能为病理性的焦虑。①

焦虑是个体因感受到压力、冲突、矛盾而感到紧张，而且使得其心情不能放松的一种非健康的心理状态，还经常表现出压抑、烦躁、易怒等。② 王威、张陈熙等（2013）通过焦虑自评量表和抑郁自评量表对某大学的113名学生进行了调查，结果发现这部分大学生的焦虑发生率为5.83%，抑郁发生率为12.62%。③ 阎俊、徐磊等（2017）的调查报告显示，大学生焦虑症状发生率为7.59%。④ 张晓云（2017）用SCL-90量表调查了高职院校学生的心理健康状况，发现高职学生的焦虑得分显著高于青年常模。⑤ 事实上，除了学生群体以外，其他群体也存在不同程度的焦虑状况，如家长、企业员工等。人民网（2016）关于中国亲子教育的调查报告显示，87%左右的家长承

---

① 百度百科：《抑郁症》，http：//baike.baidu.com/item/%E7%84%A6%E8%99%91%E7%97%87/1252536？fr=aladdin。

② 翟立武、代永霞、崔瑛：《大学生焦虑的类型及其相关因素》，《中国组织工程研究与临床康复》2007年第11期。

③ 王威、张陈熙、许东等：《大学生焦虑与抑郁的心理健康评价与学习成绩相关性分析》，《河南医学研究》2013年第2期。

④ 阎俊、徐磊、司夏樱、王昕等：《大学生睡眠质量“抑郁”焦虑现状调查研究》，《甘肃医药》2017年第7期。

⑤ 张晓云：《高职院校学生心理健康状况分析》，《中国卫生产业》2017年第4期。

认自己有过焦虑情绪，其中近20%是中度焦虑。[①] 当人们面对潜在的或真实的危险或威胁时，都会产生焦虑的情感反应，如老师交给的任务无法完成时、面临关键考试、工作面试时，甚至与陌生人交谈时等都会引发焦虑。焦虑是很常见的一种情感反应，但每个人焦虑的原因不尽相同，有的因为害怕被责备，有的因为害怕面对未知的事物，有的因为很在乎事情的结果，有的则是过于追求完美而导致焦虑。

完美主义者凡事追求完美，对自己设置高标准、高目标，一旦设置的目标不能如期达成时会产生自责、悔恨等情绪，这些情绪进一步削弱个体内心的力量，让个体感到潜意识中的自己得不到肯定和欣赏，对应在现实生活中会表现出缺乏自信、勇气等，这些都会引发个体焦虑。这就是说，具有完美主义特质的人很容易诱发焦虑情绪甚至导致焦虑症，二者之间有着密切的关系，完美主义与焦虑关系的研究具有重要的理论与现实意义，某种程度上不仅可以帮助焦虑患者从人格特质上寻找焦虑产生和发展的原因，研究的结论和建议也可以为完美主义者焦虑症状的缓解提供参考和借鉴价值。接下来将具体论述二者之间的关系。

一　焦虑概述

丹麦哲学家 Kierkegaard（1994）的《恐惧的概念》是最早提出焦虑理论的书籍，[②] Kierkegaard 认为焦虑是人面临自由选择时所必然存在的心理体验，而且它的产生与人的自我意识的形成与发展有关。[③] 精神分析学派的创始人 Freud 对其进行了系统研究，他认为焦虑的产生是由于个体的本我、自我、超我之间出现了不协调或者矛盾，是一种对压力情境产生不愉快、紧张、不知所措的情绪状态。[④] 人本主义的代表人物马斯洛认为，焦虑的产生是由于人的需要得不到满足而造

---

① 人民网：《中国亲子教育现状调查报告：87%左右家长有焦虑情绪》，http：//world. people. com. cn/n1/2016/0616/c1002 - 28451054. html。

② Kierkegaard：《恐惧的概念》，人民文学出版社 1994 年版。

③ 唐海波、邝春霞：《焦虑理论研究综述》，《中国临床心理学杂志》2009 年第 2 期。

④ 刘靖姝：《不同焦虑类型高校毕业生职业未决的比较及其与职业决策自我效能感的关系》，硕士学位论文，西南大学，2013 年。

成了心理上的威胁（Kierkegaard，1994）。也有研究者从行为习得的角度界定焦虑，如社会学习理论的代表人物班杜拉认为焦虑是通过学习获得的，由人的机能的偏差导致，与其自我效能感有关。[①] Spielberger（1972）认为焦虑是一种生理反应，是对忧虑不安和紧张所伴随的高度生理激发的主观感受。[②] 国内许多学者对焦虑做了界定，车文博（1991）认为焦虑是一种不愉快的情绪，这种不良情绪是个体在预料到将会有某种不良后果产生或者不清楚的威胁出现时所导致的，焦虑的特点主要有紧张不安、害怕、担忧、恐惧等。[③] 郑日昌等（2010）将焦虑界定为一种极易扩散的恐惧体验，是人们对预料到的未来的威胁或可能面对的矛盾和挫折所表现出来的紧张不安、忧虑、恐惧的综合性情绪状态。[④]

综上所述，焦虑是一种紧张不安、忧虑、恐惧等不愉快的情绪体验，焦虑的产生与现实生活中的个体预知到的威胁、矛盾、挫折等有密切的关系。焦虑尽管是人们的一种不愉快的情绪体验，事实上，适度的焦虑并不等同于有临床意义的病例情绪，它在应激面前具有积极的意义，焦虑可以充分地调动身体各脏器的机能，适度提高大脑的反应速度和警觉性。只有具备某些病理性特征同时对正常的社会功能造成影响时，才成为病理性焦虑。根据百度百科对于焦虑的界定，焦虑可以区分现实性焦虑与病理性焦虑。[⑤]

（一）现实性焦虑与病理性焦虑

现实性焦虑是当个体面对现实的或潜在的挑战或威胁时产生的一种情绪反应，即一个人在面临不能控制的时间或情境时会产生的一般反应，然而这种情绪反应与其所面临的现实威胁的事实是相适应的。它的特点是焦虑的强度与现实的威胁的程度相一致，并伴随现实威胁

---

① 康文艳：《大学毕业生择业焦虑的研究》，硕士学位论文，湖南师范大学，2006 年。

② Spielberger，C. D.（Ed.），*Anxiety：Current Trends in Theory and Research*，New York：Academic Press，1972.

③ 车文博：《心理咨询百科全书》，吉林人民出版社 1991 年版。

④ 郑日昌、陈永胜：《学校心理咨询》，人民教育出版社 2010 年版。

⑤ 百度百科：《焦虑》，http：//baike. baidu. com/item/% E7% 84% A6% E8% 99% 91/121526？fr = aladdin。

的消失而消失，因而具有适应性意义。它有利于个体动员身体的潜能和资源来应对现实的威胁，逐渐达到应对挑战所需要的控制感及有效的解决问题的能力，直到这种现实的威胁得到控制或消除。因此，现实性焦虑是人类适应和解决问题的基本情绪反应，是人类在进化过程中形成的一种适应和应对环境的一种情绪和行为反应方式。

病理性焦虑是指持续地无具体原因地感到紧张不安，或无现实依据地预感到灾难、威胁或大祸临头感，伴有明显的自主神经功能紊乱及运动性不安，常常伴随主观痛苦感或社会功能受损。

病理性焦虑是个体达到一定程度的焦虑症，较为严重；而一般情况下，个体在面临压力时都有心理缓冲和自我调节的能力，因此大多数人的焦虑状况属于现实性的焦虑。

（二）焦虑的理论研究

焦虑作为人类的一种基本情绪，常常影响着人们的日常生活。Kierkegaard 最早在《恐惧的概念》一书中提出焦虑理论，对焦虑的概念进行了界定，认为焦虑是人们在面临选择时必然会产生的情绪体验，而且焦虑与个体的自我意识发展有着密切的关系。在孩童时期，也就是自我意识形成前，他们不会像成人一样面临着多重复杂的选择，因此会产生害怕而没有焦虑；一旦自我意识形成之后，人们会面临着各种未知的不确定性，进而产生紧张不安的焦虑情绪（Kierkegaard, 1994）。在 Kierkegaard 的研究之后，心理学领域的各个学派纷纷对焦虑进行了界定和理论研究。

精神分析学派对于焦虑的研究是比较系统的。Freud 认为人们的焦虑是由其不可不发泄的性冲动所产生的，他认为人体内的力比多能量必须得到释放时便转化为焦虑。[①] 力比多概念是由 Freud（1905）在《性学三论》中提出的，是指一种与性本能有联系的潜在能量。[②] Freud 关于焦虑的研究在后期得到进一步发展，他发现人们的本能冲

① 唐海波、邝春霞：《焦虑理论研究综述》，《中国临床心理学杂志》2009 年第 2 期。

② 百度百科：《力比多》，http：//baike. baidu. com/item/% E5% 8A% 9B% E6% AF% 94% E5% A4% 9A/75072？ fr = aladdin。

动并不能直接转化为焦虑，基于此，Freud 进一步提出了“第二焦虑理论”，又称“焦虑信号理论”。之所以称其为焦虑信号理论，是因为 Freud 认为人们的焦虑是由于个体冲突引起，他认为人的人格结构包括本我、自我与超我，本我是人的本能，超我是人们理想中的状态，二者之间会产生冲突，自我就会将这样的冲突看成是一种危险或者不愉快的信号，从而产生保护自己的防御机制。

此外，精神分析学派的其他代表人物对焦虑理论的发展也做出了贡献。卡伦·霍妮认为人际关系在焦虑中的作用十分重要，她认为当人们在人际关系（尤其是亲子关系）中处于失调状态时就会产生焦虑。[①] 沙利文关于焦虑理论的研究也比较偏向于社会因素，他认为人际关系是个体产生焦虑的重要原因，人际关系的破裂是焦虑产生的根源。[②] Edith Jacobson 则发展了 Freud 的焦虑理论，认为焦虑是自我发现其内部指示危险来临的信号，其实质是自我不能选用个体喜爱的行为方式来释放本能，而且焦虑包括刺激、自我、能力以及认知评价四个要素，其中刺激包括本能刺激及社会文化刺激（蔡飞，1995）。

除早期的焦虑理论与精神分析对焦虑的研究外，人本主义心理学与社会学习理论也对焦虑有着深入的研究。人本主义心理学认为焦虑是个体的一种情绪反应，而这种情绪反应是由个体内部的冲突引发的，人本主义心理学家马斯洛提出，焦虑来源于人的基本需要不能满足时所面对的心理威胁。[③] 社会学习理论注重个体的习得过程，认为焦虑是通过学习所获得的反应。台湾心理学家张春兴在这一假说的基础上提出个人动机性行为受到挫折是焦虑产生的重要原因。[④] 班杜拉则认为只有在人感知到自我无效能时，潜在的不良刺激才能使人感到焦虑。由此可见，心理学各个学派对焦虑都有自己独特的见解。

二　完美主义与焦虑的关系研究

从前文可知，适应良好的完美主义可以让完美主义者更好地成长

① 王国猛：《霍妮的焦虑理论述评》，《零陵师范高等专科学校学报》2002 年第 23 期。
② 蔡飞：《精神分析焦虑论批判》，《南京大学学报》（社会科学版）1995 年第 3 期。
③ 唐海波、邝春霞：《焦虑理论研究综述》，《中国临床心理学杂志》2009 年第 2 期。
④ 张春兴：《现代心理学：现代人研究自身问题的科学》，上海人民出版社 1993 年版。

与发展，但适应不良的完美主义者除了会产生抑郁、强迫症外，焦虑也是常见的不适应症之一。完美主义者凡事要求完美，制定的目标一旦不能达到就会产生不安、紧张等情绪体验。

研究发现社会要求型完美主义与考试焦虑、社会焦虑呈显著正相关关系。Juster 等（1995）对于完美主义与社交焦虑之间的关系研究发现，完美主义倾向中的担心出错和行为迟疑度维度对社交焦虑、特质焦虑和精神病理学症状等有预测作用。[①] Saboonchi（1997）研究发现，社交焦虑与社会导向的完美主义、怀疑行动及过度关注错误等高度相关。[②] Flett 等（2003）认为，高水平社会导向的完美主义倾向者，特别是女性，往往更多报告负面的社交经验。[③] Hewitt 和 Flett（2003）对大学生的社会焦虑与完美主义的关系进行了研究，研究表明社交焦虑与社会决定完美主义高度相关，与自我导向完美主义、他人指向完美主义无关。[④] 由此可见，国外在 20 世纪 90 年代关于完美主义与焦虑的关系研究，已经证明两者显著相关。

近十年来，国内对于完美主义与焦虑关系的研究也较为丰富。谢玉兰（2004）研究表明大学生完美主义倾向与心理异常症状呈显著相关，完美主义心理越强越易出现焦虑、强迫、抑郁等心理问题。[⑤] 高晓芳等（2008）的研究结果显示在心理健康维度中，自我肯定、抑郁、焦虑是完美主义倾向的影响变量，其中焦虑是对完美主义影响最

---

① Juster, H. R., Heimberg, R. G., Frost, R. O., "Perfectionism and Social Phobia", *Personality and Individual Differences*, Vol. 21, No. 3, 1995.

② Fredrik Saboonchi, Lars - Gunnar Lundh, "Perfectionism, Self - consciousness and Anxiety", *Personality and Individual Differences*, Vol. 22, No. 6, 1997.

③ Sherry, S. B., Hewitt, P. L., Flett, G. L. & Harvey, M., "Perfectionism Dimensions, Perfectionistic Attitudes, Dependent Attitudes, and Depression in Psychiatric Patients and University Students", *Journal of Counseling Psychology*, Vol. 50, No. 3, 2003.

④ Hewitt, P. L., Flett, G. L., Sherry, S. B., Habke, M., Parkin, M., Lam, R. W., et al., "Theinterpersonal Expression of Perfectionism: Perfectionistic Self - presentation and Psychological Distress", *Journal of Personality and Social Psychology*, Vol. 84, No. 6, 2003.

⑤ 谢玉兰：《大学生自我完美主义倾向及其与心理异常的相关研究》，《河南师范大学学报》（哲学社会科学版）2004 年第 4 期。

强的因子。[①] 陶琼霞（2009）的研究结果显示完美主义倾向与社交焦虑显著相关，掩盖、害怕不完美分量表得分均与交往焦虑得分显著相关。[②] 朱江（2011）做了关于完美主义与社交焦虑的关系研究，结果显示大学生的完美主义特质对其社交焦虑具有预测作用，高完美主义者在与他人的人际交往中会感受到更多的焦虑，也更可能在人际交往中出现社交回避的行为。[③] 李芸（2011）调查了600名大学生的完美主义与社交焦虑的情况，结果发现个体的完美主义与社交焦虑总分显著相关，得分高的完美主义者在社会交往中对自己的要求较高、不满足于现状，不断追求完美，焦虑水平高。[④] 李飞（2013）探讨了研究生的完美主义与焦虑之间的关系，结果显示在多维度完美主义中，非适应性的完美主义及其各组成维度，与状态焦虑、特质焦虑间均存在显著正相关，适应性的完美主义则与状态焦虑、特质焦虑呈显著的负相关。[⑤] 王燕春、杨宏飞（2013）调查了550名在校大学生，探讨完美主义与考试焦虑之间的关系，结果显示积极完美主义与忧虑性焦虑、情绪性焦虑及考试焦虑无显著相关，消极完美主义与三者呈显著正相关，[⑥] 说明消极的完美主义和焦虑间有显著相关性。张利钧（2013）研究发现青少年的完美主义与考试焦虑显著相关，完美主义对其考试焦虑有显著的正向预测作用。[⑦] 张秀阁（2013）研究发现，

---

① 高晓芳、王晓博：《师范类大学生完美主义、自我效能感对心理健康的交互影响研究》，《中国健康心理学杂志》2008年第1期。

② 陶琼霞：《大学生完美主义心理与社交焦虑的相关研究》，《中国健康心理学杂志》2009年第4期。

③ 朱江：《大学生成人依恋、完美主义与社交焦虑的关系研究》，硕士学位论文，哈尔滨工程大学，2011年。

④ 李芸：《大学生身体意象、完美主义和社交焦虑的关系研究》，硕士学位论文，云南师范大学，2011年。

⑤ 李飞：《硕士研究生压力知觉、完美主义、状态——特质焦虑与睡眠质量的关系》，硕士学位论文，哈尔滨工程大学，2013年。

⑥ 王燕春、杨宏飞：《完美主义与学业自我妨碍、考试焦虑的关系》，《中国临床心理学杂志》2013年第4期。

⑦ 张利钧：《青少年完美主义与考试焦虑的相关研究》，《前沿》2013年第6期。

完美主义高标准维度作为预测变量能有效预测考试焦虑[①]。张妍、李飞、王志寰、钟思嘉和史倩（2014）研究发现，硕士生的非适应性完美主义与其状态焦虑、特质焦虑显著正相关，适应性完美主义与状态焦虑、特质焦虑显著负相关。[②] 朱婷婷（2014）研究发现，多维度完美主义中的消极完美主义及“担心错误”“行动疑虑”等维度得分与反刍思维各子维度得分、总分，抑郁得分有着不同程度的显著正相关性，积极完美主义及“条理性”维度则与反刍思维部分子维度、总分，抑郁总分之间有着不同程度的显著负相关性。[③] 这些充分说明了适应不良完美主义某种程度上是导致人们焦虑情绪的源头。

综上所述，完美主义与焦虑之间存在显著相关性，部分研究发现完美主义人格对个体的焦虑有预测作用。

三　相关案例

如前所述，国内外诸多研究表明完美主义特质对人的情绪、健康、生活方式产生重要的影响，适应良好的完美主义会促进人的进步与发展，适应不良的完美主义可能影响人的身心健康。

在当今竞争非常激烈的多元化的社会发展过程中，很多人都有追求完美的倾向，他们以高要求或高标准方式让自己达到指定的目标和方向；而部分人没有调整好情绪，过度追求完美后可能会导致焦虑、抑郁等。常见的有在学习中过于追求完美导致考试焦虑；工作中希望高升，对自己严格要求而导致拖延焦虑等。当今社会对男女性别的认识同以往有了很大的差异，很多女性个性独立、追求完美，力求达到更高更远的目标，经常出现所谓的“女强人”或“女汉子”，因此会在工作中表现出焦虑、抑郁等适应不良的情况。这些例子只是部分个体因为过于追求完美而导致的一系列的情绪不适应；也有很多完美主

① 张秀阁：《完美主义与考试焦虑的关系研究——以负面评价恐惧和学习能力自我效能感为中介》，《天津市教科院学报》2013 年第 1 期。

② 张妍、李飞、王志寰、钟思嘉、史倩：《硕士生压力知觉，状态—特质焦虑，完美主义与睡眠质量的关系》，《心理科学》2014 年第 6 期。

③ 朱婷婷：《大学生反刍思维与完美主义、抑郁的关系及干预研究》，硕士学位论文，闽南师范大学，2014 年。

义者超越了自我，有着很好的发展。海伦·帕尔默在《九型人格》中将人的性格分为九种类型：1号为完美主义者，对自己和对他人都有极高的要求，有着天生的优越感，但也会因为害怕犯错误而犹豫不决、推迟行动等；2号是给予者，要求获得他人的好感和认同；3号是实干者，这种性格的人希望能通过自己的行动和成就来获得他人的爱；4号是悲情浪漫者，总是被不切实际的幻想所吸引，性格比较内向、敏感，具有艺术气质；5号是观察者，是思考型的性格，总是在情感上与他人保持一定的距离；6号是怀疑论者，用怀疑的目光看待一切，会因为怀疑而感到害怕、疲惫，但愿意自我牺牲，比较忠诚；7号是享乐主义者，他们是乐天派，但做事常常半途而废；8号是保护者，具有很强的保护能力；9号是调停者，自身充满着矛盾，但愿意放弃自己的观点而接受别人的想法。① 其中1号人格就是完美主义人格，作者认为1号人格对自己和他人都有极高的要求，相信总有一种正确的方法，而且他们往往会有一种天生的优越感，认为自己比他人强，此类性格的人在进入管理高层后，可以成为非常睿智的精神偶像。这里说的完美主义不适应症——焦虑只是针对部分无法把控尺度的完美主义者，形成适应不良的完美主义而导致焦虑的个体，与儿时的家庭背景，以及成长的经历有着密切联系。

有一个表现考试焦虑的学生，个性乖巧，对学习有自己的目标，希望自己能考上理想的大学，因此，她在学习中处处要求自己做到最好，每次考试为了避免在同一地方犯错失分，她都会在前一天做好充分的复习工作。但结果是到了考场，她就会出现系列焦虑反应，每次握笔写字都会焦虑到手心冒汗，内心也极为担忧害怕，生怕这样的状态又会使考试分数受到影响，正因为如此，她每次的考试分数都不理想，为此她感到十分困扰，但还是抑制不住开始焦虑。这是一个追求完美导致过度考试焦虑的例子。我国教育以应试教育为导向，“望子成龙、望女成凤”的观念植入多数家长的心里，很大程度上影响了孩子，致使孩子对自己有过高或不切实际的要求，最终产生严重的考试

① ［美］海伦·帕尔默：《九型人格》，华夏出版社2016年版，第62—89页。

焦虑。完美主义与焦虑之间的关系到底如何？下面的案例有助于进一步了解二者之间的关系。

案例

1. 一般资料

李某，女，22岁，某大学四年级学生。身高约1.56米，户籍广东省，父母健在，均为农民，家里还有一个哥哥和一个妹妹，哥哥至今未婚，在家一事无成，妹妹还在读初中。李某从小生活在一个传统的家庭，父亲小学文凭，母亲高中文凭，父母感情不和，但对几兄妹管教比较严格，从小要求他们做懂事守规矩的孩子，对孩子的学习抓得很紧。哥哥一直都比较叛逆，而李某听话懂事，在校学习成绩不错，因此父母几乎把所有的精力都放在李某身上，要求她事事要做到最好，保持好成绩。这些严格的管教让李某养成了做事按部就班、规规矩矩、严格要求自己、追求完美等个性和行为习惯。李某自幼性格内向，朋友不太多，在学校学习成绩一直很优秀，深得同学的肯定以及老师的器重，街坊邻居都把她当作自己孩子学习的榜样。李某父母也因此感到骄傲，经常鼓励她，说她就是家里的希望，表示就算砸锅卖铁也要供她上学，会培养她成为有成就的人。对她的管教很严格，偶尔考试不好，均会受到父母的质问，要求其找出具体原因，争取不犯同样的错误，她一直按照父母要求的方式做，一次次要求自己做到更好，绝不出错。李某不负众望，一直成绩优秀，高考时发挥较好，虽然高考时也有轻度考试焦虑，但是因为学习扎实，最终考上了省外的一所重点大学。

近一个月主要出现的情绪症状以焦虑烦躁、情绪低落、精神不振为主，躯体症状主要有轻微的失眠。曾去医院做过检查，无器质性问题，社会功能未明显受损。能正常生活和学习，但效率不高，经常处于焦虑、情绪低落的状态。经询问，父母无人格障碍和其他神经症性障碍，无精神疾病病史及重大躯体疾病史。

后来因为受到焦虑、烦躁、失眠等症状的困扰，患者主动到学校的心理咨询室与老师交谈，学校心理老师给其做了一些相关的心理测验，结果显示如下：

SCL－90测试结果：躯体化2.3，焦虑3.0，抑郁2.2，测验结果显示躯体化、焦虑、抑郁因子得分明显高于常模，其余结果在正常范围。

焦虑自评量表（SAS）标准分57，提示有轻度焦虑。

抑郁自评量表（SDS）标准分45，未达到抑郁水平。

以上的心理测验结果显示李某有轻度焦虑，但未达到抑郁水平。心理老师结合心理学测验结果进一步与李某交谈，试图找出其焦虑、失眠等症状的原因。发现情况如下：

2. 个人陈述

经过心理老师询问，李某个人主诉如下：最近总是焦虑，是因为之前报考的中级会计没考过。这个考试我已经准备了很久，曾考过一次，但那一次是自己复习，有些知识点总是连不起来，所以第一次没过，受到了打击。第二次我就报了班，思考自己是学会计专业，加上平时学习成绩挺好，经过会计班老师的知识梳理，第二次肯定能过，但没想到结果还是没通过，这让我感到很受挫、很难受。另外，我知道作为专业会计，在毕业前必须获得中级会计师的资格证书，才有利于找工作，所以我又报了一次名，现在还有20多天就要考试了，所以感到焦虑。心理老师又询问了李某近两周的学习、生活和感受情况。李某接着陈述：这两周我总是会想到前两次考试失败的经历，只要一想到再有20多天就要考试了，就会更焦虑，上课无法集中精力，食欲也没以前好，晚上入睡较难。每次睡不着的时候就会想到以前，我没上大学的时候成绩都很优秀，每次给自己定的目标基本上都能如期完成，每完成一次我又会提高对自己的要求，我回忆过去所有难的目标我都一一达成。刚上大学时，我的成绩也一直很不错，但不知道为什么就是考不过中级会计，我室友平时学习成绩都没有我优秀，她们都通过了，这种结果让我感到很烦躁。而且上一次考试时因为过于紧张，导致会做的题目都没有做完，也没有发挥出我应有的水平，结果没通过。最近又接近考试时间了，我在准备本次中级会计师考试，但一看见那些题目，我的注意力就无法集中，越想看越看不下去。白天晚上停下来或者看书时都会感到十分焦虑，晚上睡眠不太好，入睡较难，白天上课精神也不好，心里烦躁，食欲差。

3. 个人成长史

据李某的陈述，父母都是农民，父亲小学毕业，母亲高中毕业，母亲的学历在当时的社会背景下算是比较高的，本来母亲会继续读高职的，但是由于家庭因素未能达成，后来经熟人介绍嫁给了她的父亲。前几年两人感情还比较好，但后来因为经济问题，父亲的性情大变，有时甚至会当着孩子的面对母亲施予暴力，后来母亲自己开始做起了生意，同父亲分房睡，经济也独立起来，但因为感受到自己的婚姻不幸，又感叹自己无法实现高职的目标，因此将自己的愿望放在了李某身上，从小对她要求非常严格。后来，李某的成绩优秀，得到老师、街坊邻居的夸赞，父母感到自豪，自此父亲也对自己要求严格起来。据李某说自己的母亲也有追求完美的特质，她在做生意时也事事要求自己做到最好，甚至在很小的细节中也要体现出完美，她在教育李某的过程中从不允许李某出错，尤其是在学习方面，记得有一次李某数学考了 95 分，有 5 分是因为算错而失分，为此，母亲罚李某抄写了 100 遍，要李某记住防止下一次再出错。父亲也有类似的情况，在学习上母亲与父亲是达成一致的，都希望李某将来能有一个好的前途，改变李某的命运，不再过农民的生活。所以，在父母高压的管教下，李某从一开始有些抗拒演变到后来的逐渐接受，习惯了父母对自己的严加管教，同时因为成绩优异感受到同学的仰慕与老师的赞扬，这些使得她获得了认同感和成就感。随后在学习中，几乎不用父母的监督，李某也对自己要求严格，不允许自己在任何环节出错，从小学到大学成绩都很优异，每次遭遇小的失败时，她都会以最快的速度调整自己，并迅速地进入高压的学习状态，每一次成功时也是同样的反应，会给自己制定更高的目标，如此循环。

此外，李某还谈到自己的成长过程中，很少花时间交朋友，没有想谈恋爱的动机，一直在为下一个目标前进。而每达成一个目标，又会有更高的目标，好像在这个成长的过程中停不下来一样。她说道，有时也会感到疲累，就如此次报考中级会计的整个过程。回想自己的成长过程，觉得自己很辛苦，但这样的固化思维和行为模式仿佛已经镌刻在骨子里了，她好像根本停不下来。

4. 室友反映情况

李某室友反映情况： 李某的性格比较内敛，平时在寝室和我们的相处不多，生活简朴，学习努力上进，大部分时间她都会到学校图书馆学习，成绩很优异，是班上的前三名。生活中，李某生活简朴，很爱干净，她的书桌、床铺都是我们寝室最整洁的，是我们学习的榜样，尽管我们和她相处的时间不多，但偶尔也会和她一起外出或吃饭等，能感受到她为人比较善良，乐于助人，只是比较内向。最近两周她回到寝室话都不多，明显地感受到她有些焦虑，做事有点毛躁，学习强度似乎比之前更强了一些，好像在准备会计资格证的考试，经常看到她在寝室刷题，出错的时候她会责怪自己。偶尔晚睡的时候看到她也还没睡着，她告诉我们自己最近比较焦虑、失眠，有点害怕又再一次失败。

5. 诊断分析

本文针对案例中李某的症状做了如下诊断：

（1）心理诊断。

李某的问题主要是一般心理问题中的焦虑情绪。

（2）诊断依据。

李某的自知力完整，知、情、意协调一致，由此排除重性精神病的可能。李某咨询的心理问题是由现实因素所产生的压力引起，是有因而发，并由此产生了不良情绪，此不良情绪主要体现为指向未来的痛苦体验，即焦虑情绪。焦虑情绪指在近期发生（半个月），内容并未泛化，其反应不是很强烈。李某强调的一些苦恼，如睡眠不好的情况并不十分严重，未达到睡眠障碍或失眠的程度。不良情绪反应属于理智控制的范围，能保持行为不失常态，能基本维持正常社会功能，但效率有所下降。智能、自知力完整，有急切的求治愿望。心理测试的结果支持本诊断。

综上所述，对照症状学的标准，李某表现出的症状从程度上看并不强烈，社会功能未受明显损害，心理冲突发生在近半个月，诊断为焦虑情绪，属于一般心理问题。

此外，本书作了一些鉴别诊断，李某在出现不适的情绪反应和轻度的睡眠不好后，知道去心理咨询室寻求帮助，且知、情、意保持统一协调，不属于精神病；李某情绪低落，但不是主要的症状，也没有兴趣缺乏、自罪自责、自杀意念等症状，因此可排除抑郁症；李某的症状持续时间不长，社会功能并未明显受损，情绪也没有充分泛化，由此排除严重的心理问题；但李某出现了焦虑情绪，且在心理测验中的焦虑得分较高，有轻度的焦虑，那么是否属于焦虑症呢？从李某的情况来看，她的焦虑与自己的现实情况、追求完美的性格等有关，焦虑有明确的原因，且没有明显的躯体化症状，因此还不属于焦虑症。

（3）原因分析。

通过李某自述与其他资料，本文从以下几个方面来分析李某出现焦虑情绪的原因：

负性事件：李某经历两次中级会计考试，一直没有通过，而室友都通过了，一向成绩优异的李某在面临第三次考试时出现了焦虑症状。

早期经历：通过李某的自述，了解到李某出生和成长在一个较为传统的家庭，儿时家庭经济不太好，父母关系比较紧张。为了能改变家庭经济状况，父母将未来的希望寄托于成绩优异的李某，从小对其教育严格。李某从小就重视自己的学习成绩，一直对自己设置有高要求、高标准，导致李某对待考试的态度有所偏差。李某还提到父母都有追求完美的倾向，尤其是母亲在自己的理想未能实现和婚姻出现危机时，将希望转移和强加于李某身上，母亲对自己做事和生活要求严格，追求完美的母亲对李某同样也以高要求、高标准对待。

个人的心理原因：受成长环境的影响，李某从小就养成了追求完美、自我高要求的个性。凡事要求完美的性格是导致李某出现焦虑的关键因素，李某提及在过去的学习中，她一直以高标准要求自己，甚至不爱社交，每达到一个目标，她又制定下一个目标，这种追求完美的方式确实让她得到了很大的提升，也顺利考进了重点大学。但在进入大学后，依然追求完美的她，因为考试失败而出现了不适应的症状。其实中级会计师的考试是有难度的，除了基础知识外，心态也非常重要。李某学习一直都很优秀，也得到各种认可，使得她对自己的要求很高，认为自己认真复习加上平时成绩很好，考上中级会计师是没有问题的，未料到两次考试都失败了，一心追求完美的她担心下一次考试又失败，因此产生焦虑情绪。从以上事实可见，追求完美的个性是导致李某考试焦虑的重要因素。当然，这与李某错误认知也有一定关系，认为自己成绩好，只要主观努力就会达成目标，还认为周围同学都考过了，自己也会考过等，这些都是导致她焦虑的原因。心理老师采用的系统脱敏和认知疗法对李某的焦虑情绪有很大的改善。

这是一个典型的考试焦虑症状的案例，这些症状与李某的性格有很大的关系，李某凡事追求完美主义的性格特点发展成了适应不良的完美主义，即消极的完美主义。同时她过度追求完美的性格导致她的错误认知，使得她一直处于高压状态，看重每件事的后果，期待优秀的自己一定能像以前一样，只要不懈努力就会达成目标，这些高标准、高要求使得她喘不过气，最终在一些自己无法面对的结果面前承受不住，产生焦虑情绪。李某需要调节，学会理解和接纳自己，有远大的目标和高要求没有错，可以让她变得更加优秀，但必须把握好力度，允许自己有失败的时候。

四　完美主义者焦虑症状的治疗

几乎所有人都有过焦虑情绪，焦虑产生时会有一些躯体症状，如手心冒汗、发抖等，会出现入睡困难甚至失眠，也会有不安、烦躁等心理体验。完美主义人格与个体产生焦虑有很大的关系，但无论是什么原因导致的焦虑，所体现的焦虑症状是类似的，那么，关于焦虑的心理疗法有哪些呢？

目前，关于焦虑症的疗法除了医学上的药物疗法以外，还有几种心理疗法推荐如下：

（一）支持性心理治疗

支持性心理治疗的核心观点为：①用同情心去关心患者，给予其适当的安慰；②对疾病的性质加以科学的解释，对病因有正确的认识，协助其消除焦虑；③鼓励其积极参加文体活动，培养广泛的兴趣和爱好；④使其充分发挥自己的积极因素，敢于面对现实；⑤学会正确处理各种应急事件的方法，增强心理防御能力等。

（二）认知治疗

认知治疗的核心观点为：①应充分认识到焦虑症不是器质性疾病，对人的生命没有直接威胁，因此患者不应有任何精神压力和心理负担。②要树立战胜疾病的信心，患者应坚信自己所担心的事情出现的可能性极小，经过适当的治疗，此病是完全可以治愈的（理性战胜不良情绪）。③在医生的指导下学会调节情绪和自我控制的技巧或方法，如心理放松、转移注意力、排除杂念，以达到顺其自然，泰然处之的境界。

（三）行为治疗

行为治疗的核心观点为：①放松训练；②系统脱敏治疗；③冲击治疗；④生物反馈治疗。

（四）认知领悟疗法

用科学的道理进行阐述，焦虑症的症状是患者用幼稚性、非理性的儿童方式表现出来的，分析症状的幼稚性和症状不符合成年人逻辑规律的感情或行为。使患者认识到在健康成年人看来是完全没有意义的。患者得到领悟后症状得以减轻或消失，从而改变自己的信念，放弃病态的行为。

（五）森田疗法

森田疗法的核心观点为：①顺应自然，承认现实，接受自己的情感；②为所当为，注意做理性上自己所应该采取的行动。

以上是关于焦虑症的心理疗法，但完美主义焦虑症状不是焦虑症，它只是个体因为过于追求完美可能导致一些错误的认知，从而产生轻微的焦虑情绪。针对个体的类似的基本情绪体验，本书认为可以结合两种心理疗法对焦虑个体进行心理疏通：一是针对焦虑症状可以采用行为疗法中的放松疗法；二是针对过于追求完美可能导致的错误认知采用认知疗法。

（1）放松疗法。

放松疗法也称为松弛疗法、放松训练（Relaxation Therapy），它是按一定的练习程序，学习有意识地控制或调节自身的心理生理活动，以达到降低机体唤醒水平，调整那些因紧张刺激而紊乱了的功能。[①]放松疗法的具体流程见本章附录。

放松疗法的原理：人们的心情反应包含“情绪”和“躯体”两个部分。如果通过训练能改变个体“躯体”反应，那么他的“情绪”也会相应发生改变。躯体反应中受自主神经系统控制的“内脏内分泌”系统反应不容易随意地被人们操纵和控制，但是人们可以通过意念来操纵和控制受随意神经系统控制的“随意肌肉”反应。因此，人们可以通过意识让“随意肌肉”放松，进而让“情绪”也松弛下来，以达到放松的心情状态。基于这一原理，放松疗法就是通过意识控制肌肉放松，同时间接地放松紧张的情绪，从而达到心理放松的状态，有利于身心健康。其核心理论认为放松导致的心理改变的维持对应激所引起的心理改变是一种对抗力量。放松可阻断焦虑，副交感支配可阻断交感支配。

放松疗法其实就是通过一些具体的放松训练使得个体的身心放松下来，让个体体会那种舒适的感觉，在跟随老师进行一次示范性的放松训练以后，回家后根据具体步骤自己重复做放松训练，以使自己的身体放松下来，同时调节自己的心理，也使其达到放松状态，以此来舒缓心理症状。另外，放松疗法也可改善个体的失眠症状。心理生理的放松，均有利于身心健康并起到治病作用。具体的放松步骤参见本章的附录部分。

（2）认知疗法。

认知疗法（Cognitive Therapy）是20世纪60—70年代在美国发展起来的，是根据人的认知过程影响其情绪和行为的理论假设，通过认知和行为技术来改变求治者的不良认知，从而矫正适应不良行为的心理治疗方法。认知疗法的基本观点是：认知过程及其导致的错误观念是行为和情感的中介，适应不良行为和情感与适应不良的认知有关。

---

① 百度百科：《放松疗法》，http://baike.baidu.com/item/%E6%94%BE%E6%9D%BE%E7%96%97%E6%B3%95/7320873?fr=aladdin。

认知疗法常采用认知重建、心理应对、问题解决等技术进行心理辅导和治疗，其中认知重建最为关键。①

认知疗法的基本过程如下：

第一，建立求助动机。此过程中，要认识适应不良的认知—情感—行为类型。患者和治疗医师对其问题达成认知解释上意见的统一；对不良表现给予解释并且估计矫正所能达到的预期结果。比如，可让患者自我监测思维、情感和行为，治疗医师给予指导、说明和认知示范等。

第二，适应认知矫正。此过程中，要使患者发展新的认知和行为来替代适应不良的认知和行为。比如，治疗医师指导患者广泛应用新的认知和行为。

第三，处理日常问题。培养观念的竞争，用新的认知对抗原有的认知。在此过程中，要让患者练习将新的认知模式用到社会情境之中，取代原有的认知模式。比如，可使患者先用想象方式来练习处理问题或模拟一定的情境，或在一定条件下让患者以实际经历进行训练。

第四，改变自我认知。此过程中，作为新认知和训练的结果，要求患者重新评价自我效能以及自我在处理认识和情境中的作用。比如，在练习过程中，让患者自我监察行为和认知。

认知疗法不仅能有效治疗抑郁症，还适用于治疗焦虑障碍、社交恐怖、偏头痛、考试焦虑、情绪激怒，以及慢性疼痛患者。对于海洛因成瘾患者，认知疗法可以作为辅助治疗手段，加强治疗作用。有些研究认为，认知疗法与药物治疗合用，可治疗某些精神分裂症患者的妄想。

总之，认知疗法认为个体的心理问题和个体对事件本身的评价有密切的关系，要缓解个体存在的各种心理不适应的症状，就要改变其对该事件的认识，通过改变认知来重建正确的、合理的、健康的认

---

① 百度百科：《认知疗法》，http：//baike. baidu. com/item/% E8% AE% A4% E7% 9F% A5% E7% 96% 97% E6% B3% 95。

知，最后改善不良情绪反应。这一点符合完美主义者因为过于追求完美而导致一些错误的认知，如“我应该做得更好”“我必须做到那样”等认知，重新构建对该事件的正确看法和态度，以此来缓解因为错误认知带来的焦虑等不良情绪反应。

五 焦虑自评量表①

焦虑自评量表（Self - rating Anxiety Scale，SAS）是一种相当简便的分析主观焦虑感觉的临床工具。笔者对6例神经官能症患者进行SAS评定，结果表明其效度相当高，能较准确地反映有焦虑倾向的精神病患者的主观感受。焦虑是心理咨询门诊中较常见的一种情绪障碍，SAS已成为咨询门诊中了解焦虑症状的一种效度高、方法简便，易于分析的可取的评定手段之一。

（一）项目及评定标准

焦虑自评量表，无论量表的构造形式还是具体的评定办法，都与抑郁自评量表十分相似。它也是一个含有20个项目，分为4级评分的自评量表，用于评出焦虑患者的主观感受。SAS采用4级评分，主要评定项目所定义的症状出现的频度，其标准为：“1”表示没有或很少时间；“2”表示小部分时间；“3”表示相当多的时间；“4”表示绝大部分或全部时间（其中“1”“2”“3”“4”均指计分分数）。

（二）统计结果及结果分析

SAS的主要统计指标为总分。在由自评者评定结束后，将20个项目的各个得分相加即得，再乘以1.25以后取得整数部分，就得到标准分。也可以查“粗分标准分换算表”作相同的转换。标准分越高，症状越严重。一般来说，焦虑总分低于50分者为正常；50—60分者为轻度，61—70分者为中度，70分以上者为重度焦虑。阴性项目数表示被试在多少个项目上没有反应，阳性项目数表示被试在多少个项目上有反应。总粗分：20个项目各项得分相加，划界分为40分。SAS的20个项目中，第5、第9、第13、第17、第19条5个项目的计分必须反向计算。

---

① 王征宇、迟玉芬：《焦虑自评量表（SAS）》，《上海精神医学》1984年第2期。

（三）焦虑自评量表填表注意事项

下表列有二十条文字（括号中为症状名称），请仔细阅读每一条，弄明白其所表达的意思，每一条文字后有四级评分，依次表示没有或偶尔、有时、经常、总是如此。然后根据您最近一周的实际情况，在分数栏 1—4 分适当的分数下画“√”。

题项	没有偶尔	有时	经常	总是如此
1. 我觉得比平时容易紧张和着急（焦虑）	1	2	3	4
2. 我无缘无故地感到害怕（害怕）	1	2	3	4
3. 我容易心里烦乱或觉得惊恐（惊恐）	1	2	3	4
4. 我觉得我可能将要发疯（发疯感）	1	2	3	4
5. 我觉得一切都很好，不会发生什么不幸（不幸预感）	4	3	2	1
6. 我手脚发抖打颤（手足颤抖）	1	2	3	4
7. 我因为头痛、颈痛和背痛而苦恼（躯体疼痛）	1	2	3	4
8. 我感觉容易衰弱和疲乏（乏力）	1	2	3	4
9. 我觉得心平气和，并且容易安静坐着（静坐不能）	4	3	2	1
10. 我觉得心跳得快（心悸）	1	2	3	4
11. 我因为一阵阵头晕而苦恼（头昏）	1	2	3	4
12. 我有过晕倒发作，或觉得要晕倒似的（晕厥感）	1	2	3	4
13. 我呼气吸气都感到很不容易（呼吸困难）	4	3	2	1
14. 我手脚麻木和刺痛（手足刺痛）	1	2	3	4
15. 我因胃痛和消化不良而苦恼（胃痛或消化不良）	1	2	3	4
16. 我常常要小便（尿意频数）	1	2	3	4
17. 我的手常常不是干燥温暖的（多汗）	4	3	2	1
18. 我脸红发热（面部潮红）	1	2	3	4
19. 我容易入睡并且一夜睡得很好（睡眠障碍）	4	3	2	1
20. 我做噩梦（噩梦）	1	2	3	4

小结：本节主要讲述了适应不良完美主义与焦虑之间的关系，个体的完美主义与其所产生的焦虑情绪体验有着显著的相关性，有研究表明，完美主义特质可以预测个体的焦虑。本节以案例的方式梳理了

完美主义与焦虑的关系，归纳总结了目前关于焦虑症的心理疗法。大多数人更多体验的是基本的情绪体检，也就是轻微的焦虑症状，而并非达到焦虑症的程度。本文认为针对这种基本的、普遍的情绪体验，可以结合放松疗法以及认知疗法来改善和缓解自身的焦虑症状。

第三节　完美主义与强迫

在生活中你是否也会事事要求完美，是不是也会强迫自己反复检查自己的随身物件，反复强迫自己确认门锁呢？訾非（2007）采用SCL-90量表调查发现，强迫症状与消极完美主义的各维度均显著相关，[①] 即完美主义与强迫症的相关是得到研究支持的。百度百科对完美主义综合征的界定如下：完美主义综合征也叫完美主义强迫症，如今生活节奏加快，很多人处于高压的生活和工作环境中，一些具有完美主义倾向的人会表现出强迫倾向，具有完美强迫症倾向的人总是希望自己和与自己有关的任何事物都尽善尽美。[②] 齐晓栋、吴明霞等（2005）对强迫症状的界定为：以强迫为主的显著而持久的思想、冲动、意向和行为症状。[③] 强迫症状只是一种比较常见的强迫倾向，但当强迫症状严重到能引起个体强烈的焦虑、不安或者严重影响其社会功能时，就形成了强迫症。刘国华（2017）调查了15000名大学生，发现大学生强迫症状的检出率为12.4%，他指出大学生是强迫症状的高发群体，应该引起关注。[④]

常常会听身边朋友说自己是一个完美主义者，凡事都想做到最

---

① 訾非：《消极完美主义问卷的编制》，《中国健康心理学》2007年第4期。

② 百度百科：《完美主义综合征》，http://baike.baidu.com/item/%E5%AE%8C%E7%BE%8E%E4%B8%BB%E4%B9%89%E7%BB%BC%E5%90%88%E7%97%87/9040660?fr=aladdin。

③ 齐晓栋、吴明霞等：《大学生强迫症状问卷的编制及信效度分析》，《中国临床心理学杂志》2005年第1期。

④ 刘国华：《15000名大学生强迫症状调查》，《中国健康心理学杂志》2017年第3期。

好，都想按照预想的步骤前行，会给自己制定高标准、高目标，绝不允许自己有一点点疏漏和瑕疵，一旦发展方向与自己预想的不一样或者没有那么完美时就会产生焦虑、烦躁、难受等感觉，这些就是完美主义人格特质的表现。同时，我们发现生活中具有强迫症状的个体，会无法自控地强迫自己进行反复检查、洗手、回忆等，生怕有所遗漏，由此可见，完美主义者与具有强迫症状的个体之间有一些相似之处。訾非在《完美主义研究》一书中，详细阐述了完美主义与强迫症、强迫型人格和一般强迫行为的关系，他认为强迫型人格倾向于在压力情境下表现出完美主义，而在无压力的情况下追求完美的倾向得到一定的缓解，完美主义与强迫型人格存在概念上的重叠。在许多类似研究中，很多学者认为完美主义是形成强迫症的重要人格特质，二者间有着十分密切的关系，如 Wu K. D. （2009）研究表明，消极完美主义人格特质是强迫症状发生的危险因素。[①] 强迫症状（OCS）是以反复出现强迫思维或强迫行为为主要症状的一种神经症，其特点为有意识的自我强迫与反强迫同时存在，二者强烈的冲突会对患者的学习、工作、生活质量等造成不同程度的影响。[②] 强迫症状一旦严重到影响个体的生活，就可能发展为强迫症。世界卫生组织（WHO）在全球疾病调查中发现，强迫症已经成为15—44 岁中青年人群中造成疾病负担最重的20 种疾病之一。[③] 由上述可知，对强迫症的关注是必要的，重点应该放在个体只有轻微的强迫症状时。关于强迫症的原因研究中，完美主义倾向被认为是导致强迫的人格因素，如杨巧红（2016）研究了重点高中的学生强迫症状与完美主义的关系，发现重点高中学生的强迫症状检出率为16. 2%，她认为消极完美主义、对消极事件普遍性和外在化的归因方式、学习成绩差以及它们之间的相互

① Wu K. D. , Cortesi, G. T. , "Relations between Perfectionism and Obsessive - Compulsive Symptoms: Examination of Specificity among the Dimensions", *Journal of Anxiety Disorders*, Vol. 23, No. 3, 2009.

② 闫俊、李凌江、季建林等：《强迫障碍诊疗概要》，《中国心理卫生杂志》2014 年第4 期。

③ 百度百科：《强迫症》，http: //baike. baidu. com/item/% E5% BC% BA% E8% BF% AB% E7% 97% 87/90900? fr = aladdin。

作用可增加有强迫症状的危险性。[①] Wu K. D. (2009) 研究表明，消极完美主义人格特质是强迫症状发生的危险因素。

在强迫症的相关研究中，完美主义人格特质被认为是影响其形成的个体内部因素，强迫症患者觉得事事都不满意、不完美，他们总是陷入深深的矛盾之中。完美主义者追求完美，总是拥有较高的优越感，总是希望自己是最好的；也正因为如此，他们害怕犯错误，生怕这些错误或者瑕疵影响了他们的“完美”，自然会强迫自己去做到最好（海伦·帕尔默等，2006）。

综上所述，完美主义与强迫之间的关系显著，本节将从完美主义的角度去解读个体的强迫症状，以期进一步了解二者之间的关系。

一　强迫症概述

（一）强迫症概念

强迫症（Obsessive - compulsive Disorder，OCD）是一类以反复出现的强迫思绪和强迫行为为主的神经症。1838 年，艾斯基罗尔描述了一例关于强迫症的案例，同时将其归为单狂，自此开启了学界内关于强迫症的研究（中国大百科全书，1991）。[②] 现今，强迫症是一种心理疾病，强迫症状也比较复杂，目前关于强迫症、强迫症状的界定并没有明确的说法，不同学者根据不同的研究需要对其做不同的界定。Ami 等（2001）将强迫症状量化，对其做了操作性定义，他们首先使用强迫量表（OCI）对病患进行判定与诊断，其次通过具体的计算标准计算出病患的得分，若病患的量表得分超过 120 分则属于强迫症状，低于 5 分则表明其没有强迫症状。[③] Ami 等以量化的方式界定强迫症状是十分具体的，只要对病患施测强迫量表，就可以判定他的症状。Foa 等（1995）将被试区分为强迫患者（实验组）与非焦虑者

① 杨巧红：《重点高中学生强迫症状流行状况及其与完美主义和归因方式的关系》，硕士学位论文，安徽医科大学，2016 年。

② 中国大百科全书总编辑委员会《心理学》编辑委员会心理学史编写组：《中国大百科全书》（心理学类），中国大百科全书出版社 1991 年版。

③ Ami, N., Freshman, M., Ramsey B., Neary, E., Brigidi, B., “Thoughtaction Fusion in Individuals with OCD Symptoms”, *Behaviour Research and Therapy*, Vol. 39, No. 7, 2001.

（控制组），比较实验组与控制组的差异，结果显示90%的强迫症患者能成功地从样本中鉴别出来。[①] 这里说的强迫症状与强迫症不是同一概念，一般而言，强迫症患者比非临床的强迫症状更痛苦，强迫症患者的强迫症状更频繁，而且症状更加强烈，较为严重的患者甚至会影响其生活和学习，简而言之，强迫症是强迫症状的严重状态，已经上升为一种临床病态。陈丽（2003）以青少年为被试，探讨了青少年强迫症状的特点及其认知归因，她认为强迫症状（Obsessive Compulsive Symptoms）是指以强迫为主的显著而持久的思想冲动、意向和行为症状。当强迫症状严重到引起强烈的焦虑、不安且（或）显著干扰其正常的学习和生活时，就形成了强迫症。[②] 赵伟等（2012）认为强迫症（OCD）是一种以反复出现且无法控制的强迫观念和强迫动作为临床特征的精神障碍。[③] 雷园媛（2014）认为强迫症是以强迫症状（主要包括强迫思维和强迫行为）为主要临床表现的神经症，以反复出现强迫思维或强迫行为为基本特征，影响人的日常社会功能并使人高度致残的一种焦虑障碍。[④] 强迫症（OCS）是以反复出现强迫思维和/或强迫行为为主要症状的一种神经症，其特点为有意识地自我强迫与反强迫同时存在，二者强烈的冲突会对患者的学习、工作、生活质量等造成不同程度的影响，[⑤] 也就是说，强迫症是指强迫的严重状态。[⑥]

关于强迫症状有几种表现形式，国内外学者的看法并不一致，国

---

① Foa, E. B., Kozak, M. J., Salkovskis, P. M., Coles, M. E. & Aillir, N., "The Validation of a New Obsessive Compulsive Disorder Scale: The Obsessive Compulsive Inventory (OCI)", *Psychological Assessment*, Vol. 10, No. 3, 1998.

② 陈丽：《青少年强迫症状的特点及其认知归因研究》，硕士学位论文，西南师范大学教科所，2003年。

③ 赵伟、刘桂萍、张华等：《大学生强迫症与应对方式、家庭环境及父母教养方式关系的研究》，《中国全科医学》2012年第11期。

④ 雷园媛：《责任感与强迫症个体反应抑制的关系研究》，硕士学位论文，西南大学，2014年。

⑤ 闫俊、李凌江、季建林等：《强迫障碍诊疗概要》，《中国心理卫生杂志》2014第4期。

⑥ 齐晓栋、吴明霞：《大学生强迫症状问卷的编制及信效度分析》，《中国临床心理学杂志》2005年第4期。

外学者认为强迫症状包括强迫观念与强迫行为，强迫观念是指患者能认识一些没有现实意义的、不必要的和多余的，且需要极力摆脱但又无能为力的各种观念，这些观念会以刻板的形式反复进入患者的意识领域，这些观念也使得他们十分痛苦和焦虑，强迫动作是为阻止或降低焦虑和痛苦而反复出现的“仪式性”动作。① 国内学者对强迫症状的划分更细，认为强迫症状除了强迫观念和强迫行为以外，还包括强迫意向，但部分学者认为强迫意向是个体头脑中的一种想法，属于强迫观念的范畴，因此大多数学者比较认同国外的二分法。此外，国内还有学者将强迫症状理解为一种状态，即一种个人并不希望、不愿接受，但又不能自主抗拒的异常心理现象（Swinson，Antony et al.，1995）。

综上所述，强迫症状是个体非临床病态的但又具有强迫倾向的一系列强迫行为表现；而强迫症是强迫症状的严重状态，是一组以强迫症状（包括强迫观念和强迫行为）作为临床特征的精神障碍。

（二）强迫观念与强迫行为的关系

强迫观念与强迫行为作为强迫症的两个重要组成部分，二者之间有着紧密的联系。是不是每一个强迫症患者都会出现强迫观念和强迫行为呢？研究发现强迫症患者可能只有其中一种症状，也可能二者都具备，如 Akhtar、Wig、Verma 等（1975）关于强迫症的研究发现，在强迫症患者中，有 25% 的患者有强迫观念的症状而无强迫行为症状。② Wilner、Reich、Robins 等（1976）研究报告了强迫症患者的症状，在强迫症患者中 69% 的患者具有两种强迫症状，即强迫观念和强迫行为，25% 的患者只有强迫观念症状，6% 的患者只有强迫行为症状。③ 两份研究的结果表明了强迫观念与强迫行为的密切关系，二者

① 樊莺歌：《强迫症患者儿童期成长经历及追求完美研究》，硕士学位论文，新乡医学院，2013 年。

② Akhtar，S.，Wig，N. H.，Verma，V. K.，Pershod，D. & Verma，S. K.，“A Phenomenological Analysis of the Symptoms of Obsessive – Compulsive Neuroses”，*British Journal of Psychiatry*，Vol. 127，No. 10，1975.

③ Welner，A.，Reich，T.，Robins，E.，et al.，“Obsessive – Compulsive Neuroses：Record，Follow – up and Family Studies”，*Comprehensive Psychiatry*，Vol. 17，No. 4，1976.

经常是相伴出现的。

在关于强迫症的研究中，有研究者认为强迫症状中的强迫观念与强迫行为还与焦虑存在着密切的关系，这与强迫症患者通常体验到焦虑是有关系的。强迫症患者的强迫观念几乎总是让其产生强烈的焦虑，而能缓解焦虑的办法就是继而产生强迫行为，以此来减少强迫观念给其带来的焦虑。正因为强迫行为能缓解强迫观念给患者带来的焦虑，所以患者的强迫行为才长久地存在（Swinson，Antony et al.，1998）。[①] 可见，强迫观念与强迫行为的关系很密切，可以说强迫症患者的强迫观念几乎都会使患者产生焦虑继而表现出强迫行为，这种现象得到了相关研究支持。那么强迫行为会不会引发强迫观念呢？在某些情况下是可以的，如重复检查煤气炉可能导致对个体的心理稳定性和可信度的强迫怀疑。但总的来说，强迫行为引发强迫观念的情况是极少的。

综上所述，强迫行为与强迫观念是强迫症的两个组成部分，二者在某些条件下是可以相互转化的。

二　完美主义与强迫症关系的研究

完美主义是强迫症个体最显著的人格特质之一，无论在日常生活中还是在工作上他们都要求自己做到最好、最完美，往往会给自己制定完美的、很高的目标与计划。他们就是希望自己能在这些方面能做到尽善尽美，如生活中他们对物品的摆放必须要按照自己的规定次序，绝不容许有半点瑕疵，自己的餐桌、课桌等都要求一尘不染，不能有任何灰尘等，但其实我们都知道在日常生活中会有很多不确定性，我们无法对每件事做到尽善尽美，尽管我们有很强的能力去做到最好，但也会受到时间、精力的限制等。因此，很多强迫症患者中活得很累，他们对每件事都尽心尽力，但往往也会事与愿违，他们所做的各种努力不一定能达到预期的效果，结果就是过于追求完美反而导

---

① Bieling, P. J., Antony, M. M., Swinson, R. P., "The State - Trait Anxiety Inventory, Trait Version: Structure and Content re - examined", *Behaviour Research & Therapy*, Vol. 36, No. 7, 1998.

致了“不完美的结果”。也就是说，这些过于追求完美的因素和心态使得很多人在面临各种任务时会感到内心紧张、焦虑等，并最终产生了强迫症状。因此，研究者将完美主义作为强迫症状形成的特质之一。Frost 等（1990）研究发现，Frost 多维完美主义中的错误在意度和行为迟疑度成分与强迫障碍关系密切。① 许多强迫障碍患者反映，他们必须“以准确的正确方法”做事，他们需要把某些事情做得没有缺陷、准确，以减少自己的困惑。Braver Mary（1996）研究认为，适应性完美主义与非适应性完美主义对强迫的影响不同，适应性完美主义可以预测低强迫，非适应性完美主义可以预测高强迫。② Hill 等（2004）的一项研究却表明，适应性完善主义、非适应性完美主义与强迫都是正向的关系，其中非适应性完美主义与强迫的联系更紧密。③ 上述的这两个研究得出了相左的结果，有待研究者们继续进行验证，以清晰地认识适应性完美主义与强迫的关系到底如何。訾非（2007）采用 SCL－90 强迫症状分量表对被试进行了施测，结果发现被试的强迫症状与其消极完美主义显著相关，且与消极完美主义的各维度均显著相关。有学者研究表明，消极完美主义人格特质是强迫症状发生的危险因素（Wu K. D. & Cortesi G. T.，2009）。Ye 等（2008）对 7—18 岁强迫症患者的研究发现，过度在意错误的完美主义倾向会增加个体发生强迫症状的危险。④ Moretz 等（2009）研究认为，担心犯错和对行动疑虑的消极完美主义会导致强迫性检查

---

① Frost，R. O.，Marten，P.，Lahart，C. & Rosenblate，R.，“The Dimensions of Perfectionism”，*Cognitive Therapy and Research*，Vol. 14，No. 5，1990.

② Braver Mary L.，“Distinguishing Normal and Pathological Perfectionism in College Students：Dimensions of the Almost Perfect Scale – Revised and Patterns of Relationship with Academic Performance and Psychological Functioning”，*The Pennsylvania State University*，1996.

③ Hill，W.，Huelsman，T. J.，Furr，R. M.，et al.，“A New Measure of Perfectionism：The Perfectionism Inventory”，*Journal of Personality Assessment*，Vol. 82，No. 1，2004.

④ Ye，H. J.，Rice，K. G.，Storch，E. A.，“Perfectionism and Peer Relations Among Children with Obsessive – Compulsive Disorder”，*Child Psychiatry Hum Dev*，Vol. 39，No. 4，2008.

发生。[1]

谢玉兰（2004，2005）利用自编的《大学生自我完美主义问卷》和症状自评量表对485名在校大学生进行的调查结果显示，大学生的自我完美主义倾向总体上与心理异常症状显著相关。杨宏飞、张小燕（2004）利用Frost多维完美主义量表和症状自评量表进行研究结果显示，高水平完美主义明显地影响大学生的心理健康。[2] 在大学二年级男生中，有自杀念头的人更倾向于追求完美。焦珊珊（2015）研究发现，大学生完美主义状况整体良好，但有中等偏弱程度的强迫症状存在。相比于完美主义低分者，高分者更容易出现强迫症状。[3]

综上所述，完美主义与强迫症状之间有一定的联系，多数研究认为完美主义特质的个体更容易有强迫倾向。

三　相关案例

追求完美的人格特质与个体强迫症状有密切的关系，并不是说完美主义者就一定会存在强迫症状，只是一些完美主义适应不良者才会存在一系列的不适应症状，而强迫就是其中的一种，这样的强迫症状影响了个体的生活，甚至有些强迫症状严重的个体直接患有强迫症，使他们感到十分痛苦。

具有强迫倾向的个体在我们生活中也很常见，如一些人在丢过一次手机后，在以后的生活里，他们每离开一个地方就会反复地检查位置，直到十分确认确实没有落下什么东西之后才肯离开。强迫症是强迫症状达到一定严重程度的结果，因此，在生活中给自己设定高标准高要求自然是好事，但一定要学会把握“度”，一旦强迫症状变得严重，就会给自己的生活带来诸多麻烦，自己也会深陷其中，痛苦不

---

① Moretz, M. W., McKay, D., “The Role of Perfectionism in Obsessive Compulsive Symptoms: ‘Not Just Right’ Experiences and Checking Compulsions”, *J Anxiety Disord*, Vol. 23, No. 5, 2009.

② 杨宏飞、张小燕：《大学生的完美主义与心理健康的关系》，《中国心理卫生杂志》2004年第9期。

③ 焦珊珊：《大学生完美主义与其强迫症状的关系研究》，《亚太教育》2015年第24期。

堪。以下通过一些关于强迫症状的案例，进一步探讨完美主义与强迫之间的关系。

案例一

1. 一般资料

阳，35岁，是一名中学教师，是一个追求完美的人，无论在生活中还是在工作中，他都要求自己什么都要做到最好，能得到家人、朋友、同事、学生的好评。平时在生活中，他总是给自己制定很多条款，就是希望能通过这些条款让自己把每件事做到最好。例如，在与朋友相处的过程中，阳总是充当老好人，从不会拒绝朋友的求助，哪怕自己不愿意去做，但自己还是有求必应，但有时候自己会因此而产生不好的情绪。而在工作中，他总是要求自己每天在睡前备好课，而且在备课前反复地思考如何授课才能获得每位学生的认同和赞许，每天他都会因此熬夜备课，时间长了，自己却感到很疲惫。但是最让他难以忍受的是如果不这样去做的话，他躺下睡觉就会不停地思考，不停地想象如果学生不赞许自己的场景，穷思竭虑。这样的过程往往让他觉得痛苦，经常因此失眠，但又无法停下来，如此循环往复，每天都因此感到很焦虑，反复地思考着某件事，控制不住自己的强迫思维与强迫行为。

2. 个人陈述

很多人的强迫行为多数体现在强迫洗手、强迫检查等，虽然我没有类似的行为，但我会强迫自己去做一些自己不想也不愿意做的事，比如强迫自己去想一些事件结果，强迫自己去帮助别人等。一直以来，我的学业都是很顺利的，从小学五年级开始，我的成绩都在班上名列前茅，也得到了很多亲人、朋友以及老师的赞赏，我因此而感到自豪，也因此而变得事事追求完美，因为这样我就能体验到所有人对我的夸赞和认同。如今，我成为一名中学教师，我依然追求完美，这样的特质督促我不断进步，也如愿地获得学生、同事的欣赏和认同。但同时，我也会有很多苦恼，因为在获得这些的过程中，我强迫自己做了很多事，工作上，完美的课件让我穷思竭虑，人际关系上，我又强迫自己做着很多超出了工作能力的事，所以，很多时候，我感到很累。

3. 个人成长史

阳的成长背景与他产生强迫思维和强迫行为有关。阳在小学的时候，学习方面曾经有过一次转折。五年级时取得了班上第一名的好成绩，使得自己一下子成为了老师眼中的佼佼者，同学们也纷纷投来赞赏和羡慕的目光，令阳感受到无比的荣誉感，感到很愉悦。自此，阳就很在意自己在别人眼中的形象，事事追求完美，为了取得好的成绩从而获得别人的认可，他更加努力学习，更加追求完善。也因为这一次转折，阳开始追求完美，为了给老师留下好的印象，无论老师要求什么，他都完全遵从。比如，老师要求不要谈恋爱，他就拒绝和女同学相处，什么都按照老师要求的做，生怕老师不喜欢自己。同样，对于自己的朋友，阳也是这样的，他从不会拒绝朋友的要求，哪怕自己的时间也很紧迫，但一旦有朋友让自己帮忙，他都会选择去帮助朋友，然后熬夜完成自己的任务，很多次自己会感到不开心，但同样的事再次发生时，他还是会选择帮助别人。这样一味为了获得别人的认同而追求完美让他的生活失去了意义，似乎做什么事都是为了别人，而不考虑自己，什么事都会不停地思考，这么做到底对不对？别人会不会不喜欢？哪怕是生活中买一件衣服，他也会挑来挑去，感觉哪件都有瑕疵，好不容易决定买了一款，回去后又总是感觉哪里出了问题，穿着新衣服在镜子面前一照就是两三个小时，很多衣服买来后都没有穿出过家门；总是思索在与他人沟通的时候，该以什么样的语气讲话，眼神是应该盯着对方的眼睛还是怎么样做更好，等等。如今他成为一名中学教师，上述情况越来越严重，这样反复的思考让他感到十分痛苦，但又无法阻止。

4. 同事的反映

阳的同事 A 反映：他是我们办公室的劳模，对工作兢兢业业，很注重细节，追求完美，几乎不给自己犯错误的机会，对我们也非常好，只要我们请求他帮助，他基本上是有求必应。他的工作能力很强，也得到了很多学生的拥戴，很多时候看到他，我们会自愧不如，但也激励着我们前进。

阳的同事B反映：“完美、细节控、乐于助人”是我们办公室给他的标签，太周到了，在工作中，他从不允许自己犯错，如果真犯错了，他会告诫自己。对于上课，他勤勤恳恳，不放过一个知识点，只有你做不到，没有他想不到，他的课件一直是我们学习的模板。我们都觉得他真的很完美了，但他总觉得不够。他对我们也很好，我们时常找他帮忙，很少见到他拒绝，我们都很敬佩他，但也觉得有时候他很累。

5. 案例分析

很显然，阳所表现出的行为属于强迫症状，至于有没有达到强迫症的严重程度，还要结合阳的症状对生活的影响程度、症状的严重程度等方面进行分析。不管怎样，他平时都具有明显的强迫思维（强迫观念）和强迫行为，如他总是在备课时反复地思考怎么才能做到最好，穷思竭虑；在选衣服和与别人沟通时表现出强迫行为，这些强迫思维与强迫行为让阳感到十分痛苦。结合阳的部分背景资料，我们了解到他是一个完美主义者，在学习上、生活中都追求完美，以获得别人的赞许和认同。因此，他要求自己事事都要做到很完美，如与朋友相处，他从不会拒绝别人的求助，哪怕牺牲掉自己的利益，也要获得朋友的赞许，工作上也总是如此。因此，阳的强迫思维与强迫行为与他自身具备的完美主义特质有密切的关系，正是因为他什么都追求完美，所以才会不停思考，不停强迫自己那样去做，似乎一旦不那样做，他就会感到很焦虑，而这样的焦虑又驱使他开始那样去要求自己，如此循环往复。

案例二

1. 一般资料

张倩（化名），女，有很强的学习能力与业务能力，32岁就成为一家教育机构的老板。由于决策得当和管理有效，教育机构在四年中取得很大的发展，并开了分校，一切运营得很好。她受到同行的赞赏，认为作为女性，不仅年轻有为，还很有闯劲儿，在公司里受到员工的称赞。按理来说她应该感到很快乐，但她并不开心，经常焦躁不安，在工作中对员工的指责也比以前多了很多，在家里对孩子和丈夫也经常发脾气，失眠成了一种常态，夜里睡不着的时候不停地思考着很多东西，抑制不住自己，也生怕机构的经营不当会出什么差错，经常反复地猜想各种可能。有一次机构里的一位资深老师“得罪”了一名家长，后来这名家长到机构里闹了一个星期，最终虽然被压了下来，并给予这名家长一些补偿，平息了这一负性事件，但机构的声誉还是受到了严重的影响，有几名学生因此退了学，从此以后，张倩每天都害怕会出错，在工作中对自己、对员工的要求都比以前高了许多；每天都会不停地思考，害怕出错，这样的状态让她逐渐产生焦虑感觉，很烦躁。

2. 个人陈述

谁说女子不如男，我觉得只要努力了，我们也会做得很好，甚至更好。从小在父亲的教育下，成为一个追求完美、能力较强的人，这一路走来，我的学习成绩和工作都见证了这一点。小时候，父亲对我要求很苛刻，我学习成绩很好，同学、老师都很喜欢我，我也逐渐喜欢这样优秀的自己，长大了，我同样严格要求自己，凡事尽自己最大的努力做到最好。有人说过：站得越高，跌得也越重。如今的事业、成就都是我自己一手创下的，我从不容许自己偷懒，不容许自己犯错，所以我一直向上攀爬，也正因为如此，我越来越怕，怕自己跌下去，为了避免这样的可能性，我要对自己更苛刻，更注意细节，更追求完美。然而，这样的我似乎也被束缚了，常常被这样的“过分追求完美”压得喘不过气来，最终还是发生了不好的事（家长闹事）。很多时候觉得自己就是有强迫症，这样活着挺累的，也许我真的应该放松一些。

3. 个人成长史

张倩从小就受到爸爸的影响，力求完美，父亲是一名退伍军人，对她要求非常严格。小时候学习语文，爸爸从不允许作业本有一个错别字，在其他方面也不容许有半点做得不好，一旦出现错误就会受到爸爸的严厉批评，甚至会被打。因此，张倩从小就严格要求自己，不容许自己在生活、学习或工作中有半点差错，每次都会给自己制定严厉的惩罚制度，如犯错了就不能吃午饭等。在教育机构发生事故后，张倩对自己的要求更高了，每天工作结束后还反复地检查每项工作，晚上睡觉前也不停地回忆当天的工作有哪些不妥的地方？正因为如此，张倩每天都会睡不着觉，在反复的强迫观念和强迫行为之后，才勉强睡下。这些让她焦躁不安，脾气也渐渐变得暴躁起来，对谁都表现出不友好，她自己也痛苦不堪。随着张倩本人的变化，机构的经营没有因为她的“反复检查与一丝不苟”而变得顺利，反而因为她的脾气使得几位资深的教师辞职，在家中也与丈夫和孩子的关系日益紧张，在这样的情况下，自己也觉得更加难受了。

4. 员工的反映情况

员工 A 的反映：老板很优秀，她优秀的背后是不断地要求自己和我们，她给我们一种“雷厉风行”的感觉，很干练，也很有魅力，同时，还有更强烈的压力。从进入机构开始，老板对我们要求就很严格，她要求我们在工作中严格要求自己，最好是不出任何差错，争取做到最好，因为我们要追求卓越。她总是给我们一种压力，带领着我们干事业，不仅对我们，她对自己要求更为严格，仅从她的衣着就能体现出，每天都是整洁有致，十分注重细节。每次开家长会，她都会督促我们检查好准备的资料，很多时候她不放心我们，在会前她也会检查好几遍。总之，她是一个很严厉的、细节控的老板。

员工 B 的反映：老板很追求完美，不放过每一个细节，对自己、对员工均是如此。印象最深刻的是有一次，我吃完午饭，因为太忙，顺手将垃圾盒放在大厅的桌上，老板发现后教育了我 1 个小时，她说：“环境卫生是我们办学的一部分，不要认为这样的细节就可以无视，相反，我们更应该注重每一个细节，只有这样，我们才能越来越好。”老板追求完美，使得我们的教学质量蒸蒸日上，在高强度的压力下，我更多地觉得她很累。

5. 案例分析

据了解，张倩的反复检查、睡前反复思考、失眠的症状已经持续半年的时间了，后来她在忍受不了的情况下接受了心理咨询，情况才慢慢有所好转。从案例的整个情况可以看出，张倩同样是因为追求完美而出现强迫思维和强迫行为，与前面案例不同的是张倩的强迫思维与强迫行为更为严重，而且二者导致的负面情绪已经影响到了她的生活和工作，因此，可以判定她是强迫症患者。从资料分析可见，张倩的完美主义倾向源于年幼时父亲对她的严厉管教，使得她从小严格要求自己，避免犯错带来的惩罚，这一行为延续到了成年，一旦她生活中出错就会相应地惩罚自己，后来在工作中遇到变故后，加大了她对自己的束缚，因而出现反复检查、反复回忆等强迫症状，这些都是她不适应的完美主义倾向导致的结果。事实上，在工作中对自己要求严格，尽量避免出错本应该是一种很好的工作习惯与态度，这样的严谨习惯会保证工作顺利，但人无完人，无论再怎么去避免还是会受到客观因素的影响，从而导致一些无法预料的负性结果，这个时候最好接受结果既成事实的现状，并吸取经验教训，而不是无法容忍自己的一点点错误。案例中张倩没有把握好“度”，没有及时去承受事物本身的客观性，却将自己思想与行为禁锢起来。接受心理咨询后，张倩慢慢地接受了不完美的自己，对家庭、工作中的事虽然还是尽心负责，但也开始接受事物本身存在的复杂性、客观性，学会了顺其自然，强迫症状有了很大的改善。

通过上述两个案例可知，适应不良的完美主义确实给强迫症状的个体带来了负面的影响，很多具有强迫倾向的人就是因为自己过于追求完美，不允许自己犯错而导致的。这里需要强调的一点是，完美主义既有积极的一面（适应良好完美主义），也有消极的一面（适应不良完美主义），完美主义积极的一面促进人们向更好的方向发展，而消极的一面往往使得完美主义者产生一些不适应的症状，如本节中提到的强迫思维或强迫行为。完美主义者应正确地看待每一件事情，可以给自己制定一些合理目标，使自己在学习、生活、工作中表现得更加出色，但目标要匹配自己的能力，考虑生活中的各种不确定性，正确地分析和评估自己的能力与遇到的事件，才能健康地成长。如果个体无法处理好自己追求完美的人格特质，并出现了一些不适应症状，对于这样的情况该怎么处理呢？案例二中咨询师对张倩的咨询方案就是一种常见的治疗强迫症的方法，即森田疗法。接下来，本文将简单介绍这一疗法，希望对生活中有强迫症状的完美主义个体有所帮助。

四 完美主义强迫症的治疗

（一）森田疗法①

“森田疗法”又称禅疗法、根治的自然疗法，由日本东京慈惠会医科大学森田正马教授（1874—1938）创立。森田疗法主要适用于强迫症、社交恐怖、广场恐怖、惊恐发作的治疗，对广泛性焦虑、疑病等神经症，还有抑郁症等也有疗效。随着时代的不断演进，森田疗法的适应症也在不断地扩展，如今它的适应症已经从神经症扩大到精神病、人格障碍、酒精药物依赖等，还扩大到正常人的生活适应和生活质量中。

森田疗法的基本治疗原理为“顺其自然、为所应为”。消除思想矛盾，并对疑病素质的情感施加陶冶锻炼，使其摆脱疾病观念，针对精神交互作用这一症状发展的机制，顺应注意、情感等心理状况采取一系列措施，并按照患者的症状和体会，经常使之体验顺其自然。

将问题放置起来不是所谓的“顺其自然”，将应当有的东西变成一定有的东西才是“顺其自然”。所谓“顺其自然”，并非随心所欲。情绪不是自己的力量所能左右的，想哭的时候想要变得愉快，也是勉强。相反，极度愉快时，想努力变得悲伤，也不可能。对不能被自己的力量所左右的情绪，并不逃避，顺其自然地接受，以行动去做应该做的事，这就是顺其自然。另外，即使想哭，但如果参加朋友的婚礼，则无论如何也要表现出笑脸，这也是顺其自然。

森田理论要求人们把烦恼等当作人的一种自然的感情来顺其自然地接受和接纳它，不要当作异物去拼命地排除它，否则，就会由于“求不可得”而引发思想矛盾和精神交互作用，导致内心世界的激烈冲突。如果能够顺其自然地接纳所有的症状、痛苦以及不安、烦恼等情绪，默默承受和忍受这些痛苦，就可从被束缚的机制中解脱出来，

① 百度百科：《森田疗法》，http：//baike. baidu. com/item/% E6% A3% AE% E7% 94% B0% E7% 96% 97% E6% B3% 95/1165。

达到“消除或者避免神经质性格的消极面的影响，而充分发挥其正面的生的欲望的积极作用”的目的。森田疗法强调不能简单地把消除症状作为治疗的目标，而应该把自己从反复想消除症状的泥潭中解放出来，然后重新调整生活。不要指望也不可能立即消除自己的症状，而是学会带着症状去生活。

强迫症一般包含着强迫思维与强迫行为，大多数有强迫症状的人是因为自己受到强迫观念的驱使，为了缓解焦虑而产生强迫行为。从根源上讲，多数具有强迫症状的人都是因为无法抑制自己的强迫观念，即做不到去“接受、顺其自然”。因此，森田疗法以“顺其自然、为所当为”为基本治疗原理，以此消除个体的思想矛盾，改善自己的强迫思维，进而缓解强迫行为。强迫症状与强迫症有很大的区别，强迫症是临床上的神经症，治疗起来很复杂，无法通过森田疗法达到治愈的效果，本书更多针对的是强迫症状。

（二）关于强迫症状的对策建议

强迫是完美主义不适应的一种状况，本书是针对这二者的关系展开探讨的，即某些个体的强迫症状可能是因为追求完美的倾向导致的，因此，对于完美主义强迫症状可以从完美主义人格特质找寻原因和答案：

（1）判定自己的强迫症状是否与自身追求完美有关，如果不是可以再寻找其他原因；如果是，可以找寻自己追求完美的根源是什么，即为什么追求完美？从什么时候开始的。

（2）确定自己追求完美的根源以后，先正视它，完美主义人格特质并非完全不好，只是有时我们过度注重自身的完美追求；正视后，尝试去接受自己的完美主义特质。

（3）正确引导自己，制定与自身情况相匹配的目标。追求完美并非坏事，但一定要把握好尺度。

五 症状自评量表——强迫分量表[①]

症状自评量表（SCL－90）是 Derogatis 于 1975 年编制的用于心

---

① 王征宇：《症状自评量表（SCL－90）》，《上海精神医学》1984 年第 2 期。

理健康状况鉴别和团体心理卫生普查的量表。该量表广泛应用于我国的心理咨询中，它是目前我国使用最广的一种检查心理健康的量表。它具有内容多、反映症状丰富、能准确刻画被试自觉症状等优点。该量表包含90个项目，分量表包括感觉、思维、情感、行为、人际关系、生活习惯等内容，可以评定个体在一个特定的时间内（通常是评定一周以来）的心理健康状况。其中，强迫症状分量表也是SCL－90的组成部分，以下将对该分量表做具体介绍：

（一）项目及评定标准

该分量表包括10个项目，采用5级评分制（1＝没有，2＝很轻，3＝中等，4＝重，5＝严重）。被试根据自己实际情况如实填写，评分时，选择“没有”记0分，选择“很轻”记1分，选择“中等”记2分，选择“重”记3分，选择“严重”记4分。

（二）统计结果及结果分析

量表得分在0—40分之间。得分在20分以上，表明强迫症状较明显。得分在10分以下，表明强迫症状不明显。总的来说，得分越高，表明个体越无法摆脱一些无意义的行为、思想和冲动，并可能表现出一些认知障碍的行为征兆。得分越低，表明个体在此种症状上表现越不明显，没有出现强迫行为。

（三）强迫症状分量表

下表列出了有些人可能会有的问题，请仔细阅读每一条，然后根据最近一周内下述情况影响您的实际感觉，在每条问题后标明该题的程度得分。“没有”选1，“很轻”选2，“中等”选3，“重”选4，“严重”选5。

编号	题项	1	2	3	4	5
1	头脑中有不必要的想法或字句盘旋					
2	忘记性大					
3	担心自己的衣饰不整齐及仪态的端正					
4	感到难以完成任务					
5	做事必须做得很慢以保证做得正确					

续表

编号	题项	1	2	3	4	5
6	做事必须反复检查					
7	难以作出决定					
8	脑子变空了					
9	不能集中注意力					
10	必须反复洗手，点数目或触摸某些东西					

小结：本节介绍了完美主义与强迫之间的关系，有许多研究表明完美主义倾向与强迫症状显著相关，即某些强迫症状可能是源于自己的非适应的完美主义特质。针对两者之间的关系，本节通过案例进行的佐证及浅析，给部分轻微强迫症状的完美主义个体提供了建议与调试方法。最后简单介绍经典的 SCL－90 中强迫症状分量表，大家可根据该量表了解自己心理健康中的强迫状况。

第四节　完美主义与拖延

拖延行为，对生活在 21 世纪的我们并不陌生。生活中我们总会发现一些有趣现象，如作业或工作已经布置了很久，但总会认为时间还早，晚两天再做也不迟，到最后事事拖到截止日期前才开始着急上火，对于这类行为，有人认为，对于拟完成任务，给一个月或十天的时间是一样的，反正都只会在最后十天去完成。当然这里的十天只是一个形容，它仅仅强调了我们现在很多人对于任务的拖延现象。此外，在日常生活中还有很多类似的例子，例如关掉早上“吵人”的闹钟，快要迟到才匆匆忙忙赶着去上学、上班；还有同学总会拖延复习考试的时间，总会觉得离考试还有很长一段时间，可以缓一缓再看书；等等。可见，拖延现象在当代社会已经变得很普遍，无论是学生、上班族还是其他群体，在面临自己的任务时总习惯拖延至最后期限（Deadline）去完成。然而，由于社会的高速发展，多数人力求成功，在紧张的竞争环境里，他们认为拖延是一种消极的行为模式，尽管到最后期限，人们都会将任务完成，但这无疑也浪费了大量不必要的时间和资源，严重地阻碍了学业和事业的进步，有些拖延行为严重的个体甚至会因此产生自责等，从而进一步造成身体和精神上的伤害。

拖延是一种普遍存在的现象。钱兵（2016）发现大学生存在普遍的学习拖延行为，约占36%。[①] 路荣、常丽娇等（2017）调查了大学生的拖延行为，结果显示重度拖延者有1人，66.24%为轻度拖延者，23.39%没有拖延行为。[②] 王珊（2017）研究发现，16.2%的大学生存在学业拖延行为。[③] 除大学生群体外，很多其他年级段的学生、上班族都存在严重的拖延现象。胡春宝（2008）研究发现，在研究生群体中，70%以上的个体存在着学习拖延的行为，有15%的研究生承受着拖延的困扰，50%的研究生希望能降低自己的学业拖延倾向。[④] 刁岩（2015）调查了内蒙古师范大学277名硕士研究生的学业拖延行为，发现研究生总体的学业拖延水平不高，大部分属于中等程度的拖延水平。[⑤] 管春峰、谢守祥、王雅芬（2014）调查了企业组织中员工的拖延行为，结果显示员工的拖延行为严重程度较高，其中低度拖延组员工占49.7%，中度拖延组员工占40.6%，高度拖延组员工占9.7%，而中度和高度拖延的员工人数占样本总数的50.3%。[⑥] 这一数据表明，在企业组织中，普遍存在员工的拖延行为。丁雪（2016）调查了370名企业员工，也得出了相似的结论，即我国企业员工存在

① 钱兵：《大学生学习拖延的现状调查与原因分析》，《中国校医》2016年第10期。

② 路荣、常丽娇、崔凯丽、焦莉莉：《大学生拖延行为的调查分析及对策研究——以河北经贸大学为例》，《中国市场》2017年第17期。

③ 王珊：《新建应用型本科院校大学生学业拖延现状研究——以商洛学院为例》，《教学实践研究》2017年第6期。

④ 胡春宝：《硕士研究生学业拖延分析》，硕士学位论文，华东师范大学，2008年。

⑤ 刁岩：《时间管理倾向和学业自我效能感对硕士研究生学业拖延的影响研究》，硕士学位论文，内蒙古师范大学，2015年。

⑥ 管春峰、谢守祥、王雅芬：《员工拖延行为及其影响因素的相关性分析》，《湖湘论坛》2014年第3期。

较为严重的工作拖延行为。[①] 可见，中国学生群体和企业员工都普遍存在着不同程度的拖延行为。拖延行为会影响个体的学习、工作和生活，导致他们的学习任务、工作任务无法按时完成，进而产生焦虑情绪，严重的可能产生抑郁情绪，从而影响其生活质量，因此，关注个体的拖延行为具有重要的意义。

李菁（2015）研究发现，影响拖延的因素包括人格、动机、任务类型、组织调控等。[②] 国内外学者将完美主义看成是一种人格特质，且大多数学者认为完美主义作为人格的一种特质会影响某些个体的拖延行为。追求完美的个体通常对自己的要求很高，希望每件事都能做到完美，常常会给自己设置很高却不切实际的标准，一旦无法达到目标时，便会以拖延作为理由来为自己进行开脱（Burke & Yuen，1983；Stöber & Joormann，2001 等）。大多数研究者认为个体的拖延行为与其完美主义特质有密切的关系，研究发现完美主义与个体的拖延行为具有显著的相关性，Steel（2007）对拖延的元分析发现，拖延与消极完美主义中的担心失败维度有稳定的正相关关系；[③] 石波、岳彩镇和汤雯（2009）研究发现，高完美主义倾向的个体表现出更多的拖延行为，完美主义对拖延产生重要的影响。[④] 此外，还有很多关于完美主义与拖延的研究，而且大多数研究也支持两者之间密切相关的研究结论。

综上所述，拖延是一种普遍的社会现象，大学生、上班族等都可能存在拖延行为，对学业任务和工作任务的拖延会影响人们正常的生活、学习和工作的进步，进而影响其身心健康。完美主义作为一种人格特质，被认为是影响拖延的人格因素之一，过于追求完美可能导致

---

① 丁雪：《企业员工工作拖延、时间管理倾向对工作绩效的影响》，硕士学位论文，曲阜师范大学，2016 年。

② 李菁：《大学生完美主义、自我控制与拖延的关系》，硕士学位论文，广西师范大学，2015 年。

③ Steel，P.，"The Nature of Procrastination：A Meta－analytic and Theoretical Review of Quintessential Self－regulatory Failure"，*Psychological Bulletin*，Vol. 133，No. 1，2007.

④ 石波、岳彩镇、汤雯：《拖延与完美主义关系研究》，《保健医学研究与实践》2009 年第 3 期。

个体给自己设定过高而不切实际的要求，当个体无法达到高标准时就会以拖延开脱。本书梳理了完美主义与拖延之间的关系，并以具体的案例进一步说明二者之间的关系。对案例进行浅析，并借鉴以往的研究针对拖延症为读者提供相应的对策建议，希望能为一部分完美主义不适应而导致拖延行为的个体提供参考。

一　拖延症概述

“拖延”[①] 的英文单词为 procrastination，这是一个合成词，前缀“pro”在英文中的意思是“向后”，而单词“crastinus”的中文解释为“明日、挪到明天”，因此，二者合在一起可以解释为“向后挪到明天”，即“延迟到明天”“以后再做”的意思。[②] 随着社会的进步与发展，“拖延”已经成为人们所熟知的词语，而且拖延行为甚至困扰着许多个体，成为其不断进步的障碍。结合中文释义和英文释义，“拖延”一词可以理解为个体会将事情推迟、延迟，而不是立即解决或者立即着手做。Piers Steel（2007）指出，“拖延”一词原本没有褒贬之分，后来随着工业革命的高速发展，人们在工作与学习中没有及时完成各种任务就会造成拖延，这一现象也逐渐成为影响人们社会生活的现实问题，同时也给“拖延”一词增添了很多负性道德色彩。[③④] 21 世纪以来，拖延行为逐渐成为人们日常生活中的一种普遍现象，在学生、上班族等群体中尤为常见，人们总是喜欢把学习、工作任务推到“明天”去做，但明日复明日，明日何其多？他们会在心里不断地对自己承诺“明天我一定会做的”，但结果还是会日复一日地往后推，长此以往，形成了所谓的“拖延症”，拖延行为往往会影响到人们的学习或者工作的完成效率等，甚至有的“拖延症”个体还会因此责备自己，严重的还会因为任务的“未完成状态”而感到焦虑、失眠等。

---

① 包翠秋：《大学生拖延行为、自我效能感的关系研究》，硕士学位论文，西南大学，2007 年。

② 高旨利：《大学生完美主义、学业自我效能感与学业拖延的关系研究》，硕士学位论文，山西师范大学，2015 年。

③ 李静瑶、赵丽娜：《学业拖延国内外现状研究》，《学理论》2010 年第 31 期。

④ 朱雪琴：《应对方式对特质焦虑与学业拖延关系影响的研究》，硕士学位论文，江西师范大学，2010 年。

如今，人们对“拖延”更多赋予消极色彩，拖延被普遍地认为是一种消极的、负面的行为。

现有很多研究对大学生的拖延行为进行了调查，发现拖延行为是大学生普遍存在的现象，多数大学生意识到并表示其有时确实会成为一种困扰。因此，无论在学习、工作，还是日常生活中，拖延总会使人们将手上的各种任务推到后期进行。拖延已成为不可忽视的社会问题，国内外学者基于不同的文化背景、不同的主题对其进行了不同的研究，对“拖延”的界定也不尽相同，主要内容如下。

1. 国外关于拖延的定义

20 世纪 70 年代以来，国外关于拖延的研究日益丰富起来，研究者基于不同的研究视角对拖延做出了不同的界定。

国外学者分别从认知和情感、行为以及结果等不同角度定义拖延。首先，从认知和情感的角度定义拖延，主要关注的是如何认知拖延，以及拖延者伴随的一些负面情绪影响。如 Solomon 和 Rothblum（1984）指出拖延是个体对任务的一种不必要的推迟，而且也会因此产生主观上的不适。[①] Lay（1986）和 Steel（2007）认为拖延是个体会自愿主动地推迟完成已经计划好的目标任务，尽管他们知道这样的延迟会带来负面的影响。[②] 其次，从行为的角度定义拖延。如 Henri C. Schouwenburg 和 Clarru H. Lay（1995）指出拖延是个体推迟某个计划的行动。[③] Ellis 和 Knaus（1977）将拖延定义为个体不能在任务预先规定的时间内开始或者完成的行为。[④] Tuckman（1991）提出个体迟迟不肯着手或者全然回避某项一定要在自我控制下才能完成的任

---

① Solomon, Rothblum, “Academic Procrastination: Frequency and Cognitive Behavioral Correlates”, *Journal of Counseling Psychology*, Vol. 31, No. 4, 1984.

② Lay, C. H., “At Last, My Research Article on Procrastination”, *Journal of Research in Personality*, Vol. 20, No. 4, 1986.

③ Henri, C. Schouwenburg, Clarru, H. Lay, “Trait Procrastination and the Big - five Factors of Personality”, *Personality and Individual Difference*, Vol. 18, No. 4, 1995.

④ Ellis, A., “Overcoming Procrastination: Or How to Think and Act Rationally in Spite of Life’ s Inevitable Hassles”, *Institute for Rational Living*, 1977.

务，这便是拖延行为。[①] 最后，从结果的角度定义拖延。如 Ferrari（2012）指出拖延是个体对一项及时任务的推迟和随后破坏性任务的出现。[②]

随着研究的深入，人们对拖延的理解和研究有了进一步发展，有的研究者开始从心理特质的角度理解拖延，即跳出"行为方式"这一框架，将拖延看成是人们的一种特质。Meytal 和 Levison（1998）指出拖延是个体的一种特质或行为倾向，即个体在面对任务、实施任务或做出决定时表现出延期和推迟。[③] 将拖延看成是特质的观点得到了很多研究者的认同和支持。从上述的研究中可以看出，大多数研究者将拖延视为一种消极的行为。

综上所述，关于拖延的研究整整持续了 40 多年，国外学者于 20 世纪 70 年代就开始关注个体的拖延行为，并从不同的角度对其进行了界定，从拖延的认知到行为再到后来的特质说法，人们对拖延的研究是在不断进步和深入的。如今，很多研究者对拖延进行了群体的拓展研究，包括大学生的拖延行为、员工的拖延行为，等等。

2. 国内关于拖延定义

近年来，国内不同学者基于不同的研究对拖延也作了不同的界定。关雪菁（2006）指出，拖延是个体预计推迟后会带来不良的后果，但为了回避执行这一任务，依然自愿选择拖延的一种行为。[④] 吴进华（2010）认为，拖延包括了明知应当做但却未能遵循最初意愿的认知成分，伴随着的焦虑、抑郁等情绪体验成分以及延迟目标任务的

---

① Tuckman, B. W., "The Development and Concurrent Validity of the Procrastination Scale", *Educational and Psychology Measurement*, Vol. 51, No. 2, 1991.

② Ferrari, J. R., "If I Wait, My Partner Will Do It: The Role of Conscientiousness as a Mediator in the Relation of Academic Procrastination and Perceived Social Loafing", *North American of Psychology*, Vol. 14, No. 1, 2012.

③ Milgram, N., Meytal, G. & Levison, Y., "Procrastination, Generalized or Specific, in College Students and Their Parents", *Personality & Individual Differences*, Vol. 25, No. 2, 1998.

④ 关雪菁：《折扣抑制与任务性质对学业拖延行为的影响研究》，硕士学位论文，东北师范大学，2006 年。

客观行为表现成分。① 李晶（2012）认为，拖延是个体在实施、完成或是做出决定时所表现出的一种稳定的延迟或推迟的行为倾向。②

综上所述，国内外学者对拖延进行了一系列的研究，对其做了相关界定。拖延作为一种普遍的社会现象得到了关注与重视，结合国内外学者对拖延的界定，本节将拖延归纳为：个体在学习、工作、生活中面临任务时，虽然能预测延迟执行会产生不良后果，但为了回避依然选择推迟执行的一种不理性的行为。

二 完美主义与拖延症关系的研究

关于个体拖延行为的影响因素，学者们主要从外在的客观因素与内在的主观因素加以解释，其中任务难度、环境因素等可以归纳为拖延行为的外在因素，是客观存在的；而个体的一些心理机制则是个体产生拖延行为的主观因素，如个体的人格、自尊等。综观以往关于拖延行为的研究，发现学者们认为完美主义人格特质是影响个体拖延行为的重要因素之一。

前几章都提到过完美主义人格，Slaney 等（2001）认为，完美主义是个体一向对事件都追求完美，为自己设定高标准、高目标，但在达不到自己设定的高标准时会产生差异感，并进行消极自我评价的稳定的人格特质。③ 当然，这主要是对消极完美主义的界定，完美主义者如果追求完美时能调整好自己的心态，即积极完美主义，那么他们也会成为各个领域的成功者，并获得成就感。本节主要讨论消极完美主义与拖延之间的关系。完美主义者喜欢给自己设定高标准，在任务中积极追求完美，会尽最大努力将任务完成得尽善尽美，很多完美主义者经常在没有完全确信能成功完成某项任务之前迟迟不肯开始行动，如此导致对任务的推迟，即拖延行为。这就是很多学者认为完美

① 吴进华：《师范大学生学习拖延特点及团体干预研究》，硕士学位论文，漳州师范学院，2010 年。

② 李晶：《大学生时间管理倾向、拖延与焦虑的相关研究》，硕士学位论文，河北师范大学，2012 年。

③ Slaney, R. B., Rice, K. G., Mobley, M., "The Revised Almost Perfect Scale", *Measurement & Evaluation in Counseling & Development*, Vol. 34, No. 3, 2001.

主义是导致拖延的人格特质之一的原因（有些研究结果证实完美主义是导致拖延行为的人格特质之一，即二者之间存在显著相关）。Solomon 等（1984）通过问卷调查对一些大学生及其老师在学业上出现的拖延行为进行了研究，并以此找出他们拖延行为的原因，结果发现了13 个拖延的原因，而完美主义就是其中的一个。① Ferrari（1991）认为，拖延是由拖延个体自身具有的某种完美主义观念所导致。② Walsh 等（2002）研究发现，完美主义与拖延存在显著正相关关系。③ Eerde（2003）采用元分析的研究方法，研究了完美主义与拖延之间的关系，结果也显示二者之间存在显著的相关性。④ Frances Janelle Pullen（2004）在其博士论文的研究中指出，拖延行为与完美主义之间的相关性是显著的。⑤ 完美主义者或具有完美主义倾向的个体设置有高标准和高成就目标，常要求自己表现得尽善尽美，这就导致他们在没有完全确信能成功地完成某项任务或达到高目标之前会迟迟不开始行动，从而产生拖延行为。Rice 等（2012）研究了非适应性完美主义、拖延与心理压力的关系，通过一个学期的三次测量，都发现非适应性完美主义与拖延存在显著正相关。⑥

同国外学者的研究一致，国内很多学者也认为个体的完美主义影响着拖延行为。石波等（2009）选取了 700 名高校学生进行调查，结果表明完美主义倾向与拖延行为之间有显著关系，表现为高完美主义

---

① Solomon, L. J., Rothblum, E. D., "Academic Procrastination: Frequency and Cognitive - behavioral Correlates", *Journal of Counseling Psychology*, Vol. 31, No. 4, 1984.

② Ferrari, J. R., "Self - handicapping by Procrastinators: Protecting Self - esteem, Social - esteem, or Both?", *Journal of Research in Personality*, Vol. 25, No. 3, 1991.

③ Walsh, J. J., Ugumba - Agwunobi G., "Individual Differences in Statistics Anxiety: The Roles of Perfectionism, Procrastination and Trait Anxiety", *Personality & Individual Differences*, Vol. 33, No. 2, 2002.

④ Eerde, W. V., "A Meta - analytically Derived Nomological Network of Procrastination", *Personality & Individual Differences*, Vol. 35, No. 6, 2003.

⑤ Frances Janelle Pullen, "Perfectionism, Procrastination, and other Self - reported Barriers to Completing the Doctoral Dissertation", The Sciences and Engineering, Vol. 64, 2004.

⑥ Rice, K. G., Richardson C. M. E., Clark D., "Perfectionism, Procrastination, and Psychological Distress", *Journal of Counseling Psychology*, Vol. 59, No. 2, 2012.

倾向的个体会表现出更多的拖延行为。[①] 王丽坤（2010）的研究表明了完美主义与拖延之间的关系，认为二者之间存在着较为稳定的正相关关系。[②] 周倩（2013）研究发现，大学生的拖延总水平及其各分量表水平与积极完美主义均存在显著负相关，延迟开始、错失良机与消极完美主义存在显著正相关关系。[③] 陈陈、林崇德等（2013）研究发现，消极完美主义越强，学业拖延越严重，积极完美主义则反之。[④] 李黎明、李洋（2014）指出，消极完美主义的部分维度能够正向预测拖延，积极完美主义能够负向预测拖延。[⑤] 张培培等（2014）研究发现，拖延与完美主义的行动疑虑、担心错误的正相关水平显著，与完美主义的条理性的负相关水平显著，行动疑虑、条理性对拖延行为具有预测作用。[⑥]

综上所述，多数研究结论证明了完美主义与拖延之间存在显著的相关关系。研究一致认为完美主义作为个体的人格特质之一，是影响个体拖延行为的重要因素，是拖延行为产生的内在因素。简言之，完美主义倾向的个体可能会表现出更多的拖延行为，但这里主要是指适应不良的完美主义者（或消极完美主义者）。

三　相关案例

拖延已经成为困扰大多数学生、企业工作人员的问题之一，尽管他们能意识到任务完成的必要性、紧迫性和期限性，但他们还是会选择将其推迟到后期进行，有的甚至无法完成任务，拖延行为已经成为

---

① 石波、岳彩镇、汤雯：《拖延与完美主义关系研究》，《保健医学与研究实践》2009年第3期。

② 王丽坤：《大学生失败恐惧与完美主义、拖延行为的关系》，硕士学位论文，河北师范大学，2010年。

③ 周倩：《大学生拖延与完美主义、时间管理倾向的关系研究》，《吉林工程技术师范学院学报》2013年第11期。

④ 陈陈、燕婷、林崇德：《大学生完美主义、自尊与学业拖延的关系》，《心理发展与教育》2013年第4期。

⑤ 李黎明、李洋：《大学生拖延行为与完美主义的相关研究》，《教育教学论坛》2014年第7期。

⑥ 张培培、王卫红《大学生拖延与完美主义的相关研究》，《心理学进展》2014年第4期。

一种普遍现象。以往的大多数研究中，国内外学者将完美主义看成是影响拖延行为的重要因素之一，他们认为完美主义者往往凡事追求完美，在任务中给自己设定高标准、高目标，以求最好最完美地完成任务，但也因为追求完美，生怕结果不完美而迟迟不敢着手开始任务，从而导致任务推迟进行，如此周而复始，最后形成拖延的习惯和行为。因此，研究者们一致认为追求完美是个体形成拖延行为的内在因素。

研究证明，部分学生和企业员工都存在一定程度的拖延行为，也影响着他们的学习、工作和生活（钱兵，2016；路荣、常丽娇等，2017；王珊，2017；胡春宝，2008；刁岩，2015；丁雪，2016，等等）。拖延行为成为困扰个体发展的问题，很多大学生和员工会因为拖延而导致任务无法完成从而产生焦虑、失眠等症状，尤其是工作人士，一旦任务无法完成，他们的工作状态、业绩等都会受到严重的影响。但每次任务下发后，某些追求完美的人仍然会因为这一特质而将工作推迟，继续采取这一不理性的行为方式。可见，完美主义适应不良而产生的拖延是一个值得关注的社会问题，也是严重“拖延者”急需解决的问题。

拖延本身是个体的一种行为，患有拖延症的个体往往不是某个时间段发生的一种症状，不像焦虑、抑郁等情绪障碍会集中在某个时刻爆发，让患者无法忍受，需要得到及时的疏通或治疗，拖延就是个体长期形成的一种行为习惯，是个体的一种常态，针对生活、学习、工作中的任务的一种非理性的推迟。拖延的形成有多方面的因素，有外部因素，如任务的难度、环境因素等，还有个体的内部因素，如个体人格、自尊等。关于完美主义与拖延之间的关系，本节将结合案例，并基于此为适应不良的完美主义拖延者提供一些建议。

案例

1. 一般资料

赵某，男，32 岁，是某杂志社的一名编辑，主要负责文字编辑、配图插画等工作。赵某平时的工作效率一般都不高，每次交稿都会被领导催促几次才能完成，甚至有几次他未能按时交稿造成公司的损失，并被公司领导训斥。最严重的一次也是同样的情况，他未能在规定时间内编辑出稿子，但那次给公司带来的影响较大，领导出面赔礼道歉并赔付赔偿金，赵某被公司罚款 2000 元，并被调到其他岗位任职。据了解，赵某每次不能按时交稿是因为他的拖延行为，而且他的拖延行为不仅表现在工作中，在日常生活中他也常表现出拖延行为，如平时去超市买东西，他总会事先考虑买什么，计划半天，推迟出门，有时甚至晚了就不出门了。

2. 个人陈述

其实我并非真的喜欢推迟交稿，而是每一次接到工作任务时我总是想着要把这一项工作做好，为了做好这项工作我需要做很多的事前准备，我会先给自己制定一个目标，如每天该做什么，达到什么样的效果，最终做成什么样子，我总是会事先把这些目标考虑好，为了做到万事俱备，我又接着做很多准备，例如在做文字编辑时，我就希望能呈现完美的文字，因此我就会先去查找很多类似的资料，或者搜索很多类似的文章来读，争取整理出一个完备的资料以作参考。查完资料我又开始考虑配图问题，我想着要让每幅图与文字的意思达到很匹配的状态，所以我又重复着查找的工作。但往往每次我在做这些准备工作的时候又会遇到各种各样的问题，例如找不到我想要的文字我就会选择先放一放，直到我找到我认为比较完美的文字或者图片为止，我经常因为各种原因推迟每一天的任务，但总的来说，每次推迟的主要原因大多是我感觉自己找到的内容不够完美，达不到我想要的效果，如此日复一日，最终导致了延迟交稿的后果。我不想再这样，也不喜欢这样的结果，我总是喜欢把事情做到最好，但最后都会推迟，都会搞砸。

3. 个人成长史

赵某出生在一个小县城，父母都是教师，从小对赵某的教育也比较严格，尤其是父亲，赵某父亲是小学数学老师，比较严肃，逻辑思维极强，他不仅对赵某要求比较严格，对自己要求也很严格，凡事追求完美，设定高标准。赵某小学时成绩一直都很优秀，受其父亲的影响，数学成绩在班上一直排名靠前，经常在90—100分之间浮动，在班上已经算是很优秀了，但他的父亲给他制定的目标就是100分，除非出现从未做过的题型，否则考100分就是理所应当的事。因为父亲的严格要求，赵某也严格要求自己，平时做题时都会力求做到最为正确，有时一道题目，自己还能想出几种解题方法，这种追求完美的性格让他的小学生活也过得比较愉悦，经常得到老师的赞许和同学的欣赏。但是到了高中，各个学科的难度都加大了许多，高一开始的时候赵某还能勉强对付，但随着难度的不断加大，赵某开始感到吃力，本来从小在父亲的影响下他很喜欢数学这一科目，但到了高中他的数学成绩一直是中等水平，高中数学难度让他一直都很困扰，但赵某追求完美的性格从未改变，这时又产生了另一个问题，当遇到难题的时候，赵某开始喜欢放一放，让自己先思考再做，有时候能做出来，有时候做不出来，这一习惯从数学的科目迁移到了其他科目，他自己说不清楚从什么时候开始他开始喜欢推迟做作业、开始对许多事情拖延起来。临近高考，各科老师都会布置很多作业，赵某总是拖到最后的时间才去完成，他总是觉得多思考几天就能做得很好，也能在考试的时候拿到高分，就这样，拖延一直伴随着他的高中生涯。到了大学，赵某似乎养成了拖延的习惯，每次老师布置课程论文之后，赵某就开始给自己制定目标，希望自己做到什么程度，考虑自己写的论文如何获得老师的赞许并拿到高分，但总是迟迟不开始写论文，而是先去图书馆查资料，一直要查到自己觉得是好的、完美的、符合自己要求的资料为止，但往往查了很久的资料也没有进展，论文一推再推，到最后的期限时，也只能草草写完论文交上去。不仅如此，每次交完论文后，赵某总会觉得自己没有按照标准做好，又开始责备自己，责令自己下一次一定要按照自己的计划进行，争取下一次做到最好，但其实每一次的结果都差不多，都会因为追求完美而推迟完成任务。之后，这似乎成了一种定式，持续到工作中，赵某也常常为了赶稿、编辑、配图等工作查阅丰富的资料，试图做到最好，延缓工作的启动，每一次查阅的资料太多，也无法一时选用，时间紧迫逼着他完成任务，最后只能草草了事，甚至无法完成。赵某总说："因为太想做到我想要的水平了，但总是会推迟，总是会事与愿违。”

4. 同事反映情况

同事对赵某的评价：赵某在单位里与同事相处得比较融洽，很多同事都很喜欢他，都觉得他是一个很不错的人，每次需要他帮助的时候，他都会尽力而为。其中有一个同事说道：其实赵某是一个很不错的人，做事都很认真，他并不是对领导布置的任务不认真完成，恰好相反，他就是太希望自己把事情做到最好了，才会做很多准备工作来达到自己理想的标准，但结果都会导致他推迟交稿。他平时就很喜欢帮助别人，有一次，我找他帮我找一份资料，他爽快地答应了我，但是两天后才给我，还说自己找了很久，并且找了很多相关的资料，并对其进行一一对比，最终比较出一份最好的给我，尽管他的效率极低，但说实话，他追求完美、乐于助人的特质令人钦佩。赵某的其他一些同事也都认为赵某平时做事太追求完美，因为他过于追求完美，每次都会给自己制定高标准、高目标，因此推迟完成任务也就成了习以为常的事。

5. 案例分析

从案例中了解到赵某有两个比较明显的特征，即追求完美和拖延行为，追求完美的性格特质使他在学习和工作中试图做到最好以致造成拖延，可见，赵某的拖延与其完美主义倾向有着密切的关系。通过收集到的相关资料可以分析赵某出现拖延行为的原因，具体体现在以下几个方面：

（1）外部因素。

每个人的成长环境会影响他自身认知、人格等的形成，赵某的成长环境使得他形成了完美主义倾向。赵某从小受到父亲的严厉教育，他的父亲是一个追求完美的人，同时他也以严厉的方式要求赵某凡事尽善尽美，长期的教育让赵某对自己要求高，会设立高标准、高目标。事实上，追求完美、设定高标准也并非消极的，相反，如果个体根据自身的能力水平设定高标准、高目标，会使个体不断进步，取得卓越的成果，同时也会因此产生成就感，赵某也不例外，他追求完美的人格特质使得他一向成绩优秀，获得老师和同学的赞许，他也因此获得成就感，而学校这个外部环境也反过来强化并促进了赵某追求完美的性格。因此，赵某的完美主义倾向是受到外部环境的影响并加深的。

赵某拖延行为的形成除了与其完美主义特质有直接关系以外，还受到一定的客观因素的影响。据资料介绍，赵某从小追求完美，受到老师的赞许，因此赵某学习做题的方式上也追求完美（会寻找多种解题方法），但到了高中阶段，各科目的学习难度进一步加大，使得赵某措手不及，但还是想把学习搞好，因此，会花很多时间思考，但不动笔，高中阶段的拖延行为更多因为任务难度的加大，拖延行为在高中生身上是常见的一种现象，但赵某的拖延行为延续到了大学阶段以及后来的工作中。

（2）内部因素。

赵某拖延的形成除了客观存在的一些因素外主要还是他自身存在的内部因素——适应不良完美主义。赵某在其父亲严厉的教育以及完美主义性格的影响下也逐渐形成追求完美、对自己设定高标准的完美主义倾向，追求完美本身不是坏事，也不具备消极色彩，适应良好的完美主义个体会体验到更多的成就感，但如果没有把握好“度”，不结合自身实际情况，就很容易走极端，因此，过于追求完美是导致拖延的重要因素。越来越多的学者认为完美主义是个体拖延形成的重要因素，个体因为过于追求完美，凡事都要做到最好，就会做很多准备工作，无论有用无用，但就是不会对任务“开始进行”造成拖延。有学者研究发现，拖延与完美主义行动疑虑、担心错误的正相关水平显著，与完美主义的条理性负相关水平显著，行动疑虑、条理性对拖延行为具有预测作用。赵某的拖延行为就属于这种情况，他总是担心错误，对任务的准备有各种疑虑，感觉这些都会影响他想达到的完美的结果，最终造成严重的拖延行为，影响到了正常的学习和工作。因此，除了一些客观的外部因素外，造成赵某拖延行为的关键因素是他过于追求完美，对任务有过多的疑虑、准备等，是典型的适应不良完美主义（消极完美主义）。

综上所述，赵某主要存在对任务严重拖延的问题，而他的拖延与一些客观因素有关，如成长环境、任务难度等，但关键因素还是他从小形成的消极完美主义，其源于父亲的严格管教以及父亲本身具有的完美主义倾向。

四　完美主义拖延症状的治疗

简·博克和莱诺拉·袁（2009）出版了书籍 *Procrastination：Why You Do It，What To Do About It*，中文翻译《拖延心理学》。他们研究认为，具有拖延行为的人存在完美主义倾向，但他们往往意识不到自己是完美主义者，完美主义者总是相信，对于他们来说事情即便再困难也应该手到擒来、易如反掌，他们也会通过拖延来回避努力，他们往往相信正确的事情，与其冒险得到错误的决定，不如什么都不做。① Carol Dweck 研究认为，人在面对失败的时候存在两种心态：一种是固定心态（Fixed Mindset），另一种是成长心态（Growth Mindset）。固定心态认为智力和才能是与生俱来的，是固定不变的。成功不过就是要证明你的能力，证明你是聪明的、有才干的。在生活中面对每一次挑战时，你必须一再地证实这一点。如果你具有固定心态，就容不得任何错误，因为错误是失败的证据，错误说明了你其实根本不聪明，也没有才干。假如你聪明又有才干，不管什么事情，你就没有必要为此而努力；需要努力是不够聪明和没有才干的证据。同时，每一次表现都被看成是对你能力的一次定论性衡量，失败令你感到危险；失败永远地决定了你这个人。拥有固定心态的人在事情变得艰难之后就会开始退缩并丧失兴趣。拖延能将他们从可能发生的失败中“保护”起来。成长心态的核心信念是：能力是可以发展的；通过努力工作，你可以随着时间推移而变得更聪明、更优秀。在成长心态看来，努力可以让你更聪明或者更擅长某件事情；努力可以激发你的能力并成就你。有成长心态的人不仅迎接挑战，他们还以此充实和提升自己。② 因此，事实上，完美主义者将“避免失败”作为拖延行为的理由是消

---

① 简·博克、莱诺拉·袁：《拖延心理学》，中国人民大学出版社 2009 年版。

② Meiya：《你不需要完美，你需要的是行动与完成》，http：//fashion. sina. com. cn/zl/love/2015－04－17/14063340_ 2. shtml。

极的。

综上所述，《拖延心理学》认为完美主义者在某种程度上是具备固定心态的，他们往往都认为自己是具备聪明才干的，总是相信事情即使困难自己也能办到，同时他们也容不得半点错误，也就是说，他们往往坚持正确的观点和途径，而一旦所面临的事情变得困难，他们就又开始退缩了，原因是害怕面临可能存在的失败，他们接受不了失败的自己，换句话说，他们希望自己是完美的。海伦·帕尔默研究认为，完美主义者坚持正确的事，性格中对正确的追求就暗示着他们要强迫自己避免错误。[①] 因此，完美主义者性格中的追求完美特质、坚持正确的事等固定心态使得他们产生拖延行为。对于因具有完美主义特质倾向产生的拖延者，该如何去改善呢？针对拖延，Jane B. Burka 和 Lenora M. Yuen 提出了以下几种方法：

（1）制定明确的目标和计划。拖延者本身就难以完成制定的计划和目标任务，这与拖延者制定的目标模糊、难以实现等有关。因此，对于拖延者来说，制定目标是存在困难的。拖延者应该制定合理的、务实的目标，让目标可操作化，而且需要进行一些“周试验”，以保证目标的妥善完成。

（2）学会判断时间。拖延者对于时间的概念有着自己的标准，对于时间的判断是不准确的。因此，对于拖延者，他们应该学会去判断时间。时常将完成时间的预测与实际所用时间进行对比，以提高时间的判断能力。此外，要学会分清主次，把重要的事情摆在首位，不重要的事情学会分派下去，也应该学会利用零散的时间，做更多的事。

（3）利用身体减轻拖延。运动除了能锻炼身体、获得健康外，还能将拖延者从麻痹的状态中解救出来。通过运动刺激大脑，使得大脑处于灵活运转的状态，让思维更加清晰，记忆更为敏锐。

《拖延心理学》一书具体地介绍了如何减轻拖延状态，本节只做了简略的整理和总结。此外，Meiya（2015）在《你不要完美，你需要的是行动与完成》一文中剖析了完美主义者的拖延行为，结合作者

---

① 海伦·帕尔默：《九型人格》，华夏出版社 2016 年版，第 62—89 页。

的建议，本小节认为完美主义拖延者需要做到以下两点：

首先，认清自己内在的核心信念，尽管很多人的拖延是完美主义导致的，但这些完美主义拖延者并不能准确地认清自己的核心信念，因此，完美主义拖延者首先需要做的就是认清自己完美主义的核心信念（是固定心态还是成长心态）。当你能清楚地辨认自己的完美主义是什么心态之后，你就更能理解自己出现拖延的核心原因，并就此对自己的行为进行缓解。如当事情变得艰难，有着固定心态的人开始退缩并丧失兴趣。他们不想做任何可能会证明自己不能胜任，或者证明自己毫无价值的事情。拖延将人们从可能发生的失败中“保护”起来，而这样的失败在一个有固定心态的人看来，就是证明他毫无价值的一场判决。这个时候你就可以用成长心态来拆解自己的自我价值等式，以此来梳理清楚你应该关注的重点，关键看到自己在这些过程中学到的东西，鼓励自己，相信自己的很多能力是可以发展的，重新认识自己，设定目标，脚踏实地地朝该目标努力前进。

其次，很多完美主义拖延者正是因为追求完美，总是倾向于给自己制定高标准、高目标，又喜欢在这个过程中做大量充分的可能无关紧要的准备工作导致任务的推迟。基于此，本章认为完美主义拖延者可以重新审视自己，改变自身过度追求完美的认知，设定高标准固然重要，但也应该结合实际，考虑时间、效率等因素，合理分配时间，适度调整自己过于追求完美的性格特质，在追求完美的同时也要看重任务完成的效率等。

本小节主要讲述了完美主义者中的消极完美主义（适应不良完美主义）与拖延之间的关系，以往研究发现某些个体的拖延与其完美主义有着密切的关系，甚至有学者认为完美主义对个体的拖延行为有预测作用（张培培，2014），因此，多数研究者认为完美主义是个体拖延形成的关键因素。本小节同样以案例的形式呈现出二者之间的关系，并查阅以往的研究，发现完美主义拖延者存在的两种心态——固定心态与成长心态，并在此基础上对完美主义拖延者提供对策建议（仅供参考）。

五 一般拖延量表①

（一）项目及评定标准

加拿大学者 Lay（1986）编制的一般拖延量表（General Procrastination Scale，GPS）内容涉及学业活动、日常生活行为，由 20 个项目组成，其中包含 10 个反向计分项目，全部相加得到总分，总分最低为 20 分，最高为 100 分，共一个维度，Lay 报告该量表的内部一致性系数 α 为 0.82。本章使用我国学者包翠秋（2007）翻译修订的中文版 GPS 量表，其内部一致性系数 α 为 0.803，并且具有良好的内容效度和结构效度。②

（二）统计结果及结果分析

采用李克特 5 点式评分法，从“完全不符合”到“完全符合”依次为 1—5 分，量表总分越高，表示个体的拖延行为越严重。全部相加得到总分，总分最低为 20 分，最高为 100 分。

（三）一般效能感量表（General Self - Efficacg Scale，GSES）

题项	完全不符合	基本不符合	不能确定	基本符合	完全符合
1. 我经常发现自己在做几天前就该做的工作	1	2	3	4	5
2. 不到作业要上交，我是不会去做作业的	1	2	3	4	5
3. 图书馆的书无论是否到期，我一读完就会立即归还	1	2	3	4	5
4. 早晨该起床时，我会立刻起床	1	2	3	4	5
5. 我写好信后可能要几天后才寄出	1	2	3	4	5
6. 我一般会及时给人回复电话或短信	1	2	3	4	5
7. 即使是一些非常简单，容易完成的工作，我也很少能在几天内做完	1	2	3	4	5
8. 我通常会尽可能快地作出决定	1	2	3	4	5

① 郑新红：《大学生拖延行为与完美主义、压力知觉的关系》，硕士学位论文，河北师范大学，2011 年。

② 包翠秋、张志杰：《拖延现象的相关研究》，《国际组织工程研究》2006 年第 34 期。

续表

题项	完全不符合	基本不符合	不能确定	基本符合	完全符合
9. 必须要做的工作开始前，我一般会拖延	1	2	3	4	5
10. 为了按时完成任务，我通常不得不匆匆忙忙	1	2	3	4	5
11. 准备出门时，我很少会在最后一刻被一些事情所耽误	1	2	3	4	5
12. 在任务完成的最后期限，我经常浪费时间去做其他事情	1	2	3	4	5
13. 赴约时，我喜欢提前到	1	2	3	4	5
14. 一项作业布置后，我通常立刻就开始去做	1	2	3	4	5
15. 我经常能比要求更快地完成工作任务	1	2	3	4	5
16. 我好像总是要到最后一刻才会去买生日或节日礼物	1	2	3	4	5
17. 即使是一件必需物品，我也常会到最后一刻才去购买	1	2	3	4	5
18. 我通常能够完成一天计划要做的所有事情	1	2	3	4	5
19. 我总爱说“明天就做”	1	2	3	4	5
20. 我通常会在晚上休息前完成所有应做的工作	1	2	3	4	5

本章小结

本章考察了适应不良的完美主义与个体抑郁、焦虑、强迫、拖延等情绪和行为障碍的关系，通过实证研究发现，在大学生心理亚健康的症状指标（抑郁）方面，有条件自我接纳、成绩回避的成就目标取向部分中介完美主义差异维度与抑郁的关系；与此同时，适应不良的完美主义的确与抑郁、焦虑、强迫和拖延关系密切。本章结合以往研究发现与案例分析，给因为完美主义人格特质导致的不同的心理问题的个体，给出一些简便易行的心理调试方法，希望能帮助个体克服障碍，使其有效学习与生活。

附录：放松疗法的步骤①

放松疗法的基本步骤如下：

（1）深深吸进一口气，保持一会儿。（大约 15 秒）好，请慢慢把气呼出来，慢慢把气呼出来。（停一停）我们再来做一次，请你深深吸进一口气，保持一会儿。（大约 15 秒）好，请慢慢把气呼出来，慢慢把气呼出来。（停一停）

（2）伸出你的前臂握紧拳头，用力握紧，注意你手上的感受。（大约 15 秒）好，然后请放松，彻底放松你的双手，体验放松后的感觉，你可能感到沉重、轻松，或者温暖，这些都是放松的标志，请你注意这些感觉。（停一停）我们再做一次。（同上）

（3）现在开始放松你的双臂，先用力弯曲绷紧双臂肌肉，保持一会儿，感受双臂肌肉的紧张。（大约 15 秒）好，放松，彻底放松你的双臂，体会放松后的感受。（停一停）我们再做一次。（同上）

（4）现在，开始练习如何放松双脚。好，抓紧你的双脚，用脚趾抓紧地面，用力抓紧，用力，保持一会儿。（大约 15 秒）好，放松，彻底放松你的双脚。（停一停）我们再做一次。（同上）

（5）现在，放松你小腿部位的肌肉。请你将脚尖用力上翘，脚跟向下向后紧压地面，绷紧小腿上的肌肉，保持一会儿。（大约 15 秒）好，放松，彻底放松你的双脚。（停一停）我们再做一次。（同上）

（6）放松你大腿的肌肉。请用脚跟向前向下压紧地面，绷紧大腿肌肉，保持一会儿。（大约 15 秒）好，放松，彻底放松。（停一停）我们再做一次，保持约 15 秒。（同上）

（7）现在我们放松头部肌肉。请皱紧额头的肌肉，皱紧，保持一

---

① 百度百科：《放松疗法》，http：//baike. baidu. com/item/%E6%94%BE%E6%9D%BE%E7%96%97%E6%B3%95/7320873？fr = aladdin。

会儿。（大约15秒）好，放松，彻底放松。（停一停）现在，转动你的眼球，从上至左、至下、至右，加快速度。好，现在朝反方向旋转你的眼球，加快速度，好，停下来，放松，彻底放松。（停一停）现在，咬紧你的牙齿，用力咬紧，保持一会儿。（大约15秒）好，放松，彻底放松。（停一停）现在，用舌头顶住上颚，用劲上顶，保持一会儿。（大约15秒）好，放松，彻底放松。（停一停）现在，收紧你的下巴，用力，保持大约15秒。（同上）

（8）现在，请放松躯干上的肌肉群。好，请你往后扩展你的双肩，用力向后扩展，用力扩展保持15秒（停一停）我们再做一次。（同上）

（9）现在，向上提起你的双肩，尽量使双肩接近你的耳垂。用力上提双肩，保持15秒。（同上）

（10）现在，向内收紧你的双肩，用力收，保持一会儿。（大约15秒）好，放松，彻底放松。（停一停）我们再做一次，（同上）保持15秒。

（11）请抬起你的双腿，向上抬起双腿，弯曲你的腰，用力弯曲腰部，保持一会儿。（同上）

（12）现在，紧张臀部肌肉，会阴用力上提，保持一会儿。（大约15秒）好，放松，彻底放松。（停一停）我们再做一次。（同上）（休息3分钟，从头到尾再做一遍放松）

结束放松。

这就是整个放松过程，感受你身上的肌肉群，从下到上，使每组肌肉群都处于放松的状态。（大约20秒）请注意放松时的温暖、愉快、轻松感觉，并将这种感觉尽可能地保持1—2分钟。然后，我数数，数至“五”时，你睁开眼睛，你会感到平静安详，精神焕发。（停1—2分钟）好，我开始数，“一”感到平静，“二”感到非常平静安详，“三”感到精神焕发，“四”感到特别的精神焕发，“五”请睁开眼睛。

第五章　完美主义者与不完美主义者的比较

第一节　完美主义者与不完美主义者的划分

一　完美主义者的概述

完美主义是个体的一种稳定的人格特质，是个体为自己设定的高标准、积极追求完美，但在达不到自己设定的高标准时产生的差异感并进行消极自我评价的人格特质。Horney 对于完美主义的界定有一定的消极色彩，主要强调完美主义者在追求完美的过程中对比自身的不足产生心理上的失衡，导致心理崩溃。Adler 认为个体追求完美主义是人的天性，是正常的一种动机，他指出当个体关心的是社会利益的时候，对完美的追求是健康的，只有这种追求与支配他人的需要结合在一起时其内涵才是消极的，并会导致诸多的心理问题和心理障碍。多数研究者认为完美主义是具有双重含义的多维人格特质（Terry - short，1995；Slaney，2001；Bieling，2003；Stoeber & Otto，2006 等）。本书认同研究者们的观点，认为完美主义是一个多维变量，可分为适应良好（积极）完美主义以及适应不良（消极）完美主义，适应良好的完美主义对个体产生积极的影响，相反，适应不良的完美主义对个体产生消极的影响，具体如下：

1. 适应良好完美主义对个体学业成绩的影响、个体自我效能感的影响

（1）完美主义对个体学业成绩的影响。

近年来，关于完美主义与学业成绩的相关研究中，研究者认为完

美主义者具备的追求完美与渴求成功的特质与个体的学业成绩有关（Rice & Slaney，2002；Stoeber，2007；Bieling，2004；Accordino，2000，等等）。Bieling 等（2004）对大学生的调查表明，高程度追求完美者相比低程度者显示出更好的学习成绩。此外，部分研究者认为个体完美主义对其学业成绩的影响会受到成就目标取向的中介作用（Dweck，1988；Neumeister，2004；Stoeber & Rambow，2007a，等等）。在以往研究的基础上，本书探讨了完美主义、成就目标取向与学业成绩之间的关系。

（2）完美主义对个体自我效能感的影响。

张鼎昆（1999）将自我效能感定义为：个体对自己是否有能力完成某一行为所进行的推测与判断。① 完美主义是个体追求完美、要求高标准的人格特质，已有研究指出完美主义与自我效能感之间有密切的关系，并认为个体的完美主义水平越高，其自我效能感也越高（王晓博，2008；李红梅，2011）。Frost（1990）将完美主义分为适应性（积极）完美主义与非适应性（消极）完美主义，其中，对于适应性完美主义者来说，他们的完美主义倾向有利于自身自我效能感的提高，个体的自信心也就比较高；而非适应性完美主义者过度追求完美，在行动时过多考虑决定的正确性，犹豫不决、恐惧失败，并会用极端的方式来评判成败，评判结果往往是消极的，这会影响到自我评价，产生低自我效能感。因此，要全面看待完美主义对个体自我效能感的影响，适应性完美主义使个体产生较高的自我效能感，相反，适应不良完美主义会导致低自我效能感，而本书主要讨论个体完美主义的适应性，强调完美主义的积极方面。

2. 适应不良完美主义对个体的影响

完美主义有消极的成分即适应不良完美主义，这类完美主义者过度追求完美、追求高标准，但在达不到自己设定的高标准时产生差异感，导致心理问题和心理障碍。过去的大量研究发现，完美主义消极层面以及它对个体造成的破坏性结果，完美主义的适应不良维度和抑郁、焦虑、

① 张鼎昆：《自我效能感的理论及研究现状》，《心理科学进展》1999 年第 1 期。

低自尊、进食障碍、强迫症、自杀倾向、学业不满意等显著正相关（Blatt，1995；Frost et al.，1991；Grezegork et al.，2004；Hewitt & Flett，1991；Rice & Slaney，2002；Suddarth & Slaney，2001）。关于适应不良完美主义对个体的影响，本书主要探讨适应不良完美主义使个体产生的抑郁、焦虑、强迫、拖延的情绪问题和行为障碍。

（1）完美主义与抑郁的关系。

张丽欣（2008）认为抑郁是一种持续的、低落消沉的情绪体验，是我们每个人都可能体验到的一种情绪。① 完美主义者追求完美、设定高标准、对自身要求严格等特质会使得个体产生焦虑、情绪低落等情绪，研究者认为完美主义的消极层面与抑郁的关系密切，而完美主义的积极层面和抑郁不相关（Wei et al.，2006；Dunkley et al.，2000；Powers et al.，2004）。

（2）完美主义与焦虑的关系。

焦虑是人们常常体验到的情绪，完美主义者为自己设定高标准之后，追求完美时，可能会在目标完成的过程中体验到焦虑情绪，因此，完美主义倾向与焦虑有着密切的关系。焦虑是比较常见的完美主义适应不良的症状表现，Juster（1995）、Saboonchi（1997）、Flett 等（1998）、谢玉兰（2004）、陶琼霞（2009）等认为完美主义对个体的焦虑有预测作用。张利钧（2013）关于青少年完美主义与考试焦虑的研究结果显示，青少年的完美主义与考试焦虑呈显著相关关系，他们的完美主义对其考试焦虑有着显著的正向预测作用。②

（3）完美主义与强迫的关系。

完美主义与强迫的关系也比较密切，完美主义者追求完美，在设定高标准的目标后，为求得最完美结果，在实施的过程中不断地强迫自己反复检查、反复核对等。强迫症指强迫的严重状态。③ 本书探讨

---

① 张丽欣：《大学生父母教养方式、完美主义和抑郁状态的关系研究》，硕士学位论文，河北师范大学，2008，第 13 页。

② 张利钧：《青少年完美主义与考试焦虑的相关研究》，《前沿》2013 年第 6 期。

③ 齐晓栋、吴明霞：《大学生强迫症状问卷的编制及信效度分析》，《中国临床心理学杂志》2005 年第 4 期。

的不是严重的强迫症，而是强迫症状，是个体非临床病态的但具有强迫倾向的一些强迫行为表现。Frost（1990）、Hill（2004）、訾非（2007）、谢玉兰（2004，2005）、Hill（2004）研究认为，适应性完美主义、非适应性完美主义与强迫都是正向的关系，而非适应性完美主义与强迫的联系更紧密。①

（4）完美主义与拖延的关系。

Frost（1950）认为适应良好完美主义促进个体的发展，而适应不良完美主义则会对个体产生消极的影响。在众多不良反应与完美主义的关系中，抑郁、焦虑、强迫都是研究中常见的，但完美主义使个体产生拖延行为比较难以理解，追求完美的完美主义者怎么会产生拖延？事实上，正是因为完美主义者对成功的渴望，对自身的高标准和高要求，他们总会期待最好的结果，因此会在目标达成的过程中不断思考如何做，一次次质疑、推翻、重来等想法会使得他们难以开始一项任务而产生拖延。Ferrari（1991）研究发现完美主义与拖延之间的关系，他认为拖延是由拖延个体自身具有的某种完美主义观念所导致。② 还有大量关于完美主义与拖延的关系研究（Solomon et al.，1984；Ferrari，1991；Walsh et al.，2002；VanEerde，2003；Rice，2012；Cecilia，2014；石波，2009；王丽坤，2010，等等）。

综上所述，完美主义有两个层面（适应良好完美主义与适应不良完美主义），适应良好完美主义对个体会产生积极的影响，适应不良完美主义对个体会产生消极的影响。

二　完美主义与不完美主义的划分

Hamachek（1978）最早从理论上提出完美主义者包括正常的和神经症性的两大类，两类完美主义者各有特点：③ 前者有灵活的个人

---

① Hill，W.，Huelsman，T. J.，Furr R. M.，"A New Measure of Perfectionism：The Perfectionism Inventory"，*Journal of Personality Assessment*，Vol. 82，No. 1，2004.

② Ferrari，J. R.，"Self - handicaps Ping by Procrastinators：Protecting Self - esteem，Social Esteem"，*Joumal of Resear chin Personality*，Vol. 25，1991.

③ Hamachek，D. E.，"Psychodynamics of Normal and Neurotic Perfectionis"，*Psychology：A Journal of Human Behavior*，Vol. 15，No. 1，1978.

高标准和满足成就的能力；后者设置固化的高标准，不能对取得的成就感到快乐。Grzegorek 等（2004）、Locicere 和 Ashby（2000）、Mobley 等（2005）对完美主义者进行了分类的实证研究，并比较了不同群体的心理特征。大部分研究支持将人群按照完美主义的情况分为三类：适应性完美主义者（健康型完美主义者）、适应不良完美主义者（功能障碍型完美主义者）和非完美主义者。

訾非（2003）用 FMPS 对中国研究生进行聚类分析，结果同 Parker（1997）对资优学生的分类中所得出的完美主义者类型及分布相似。[①] 但与 Parker 的发现不一致的是，訾非发现健康的完美主义者还可以进一步细分为两个亚组，即健康的完美主义者和亚健康的完美主义者。亚健康的完美主义者与健康的完美主义者相比，更怕犯错误、行为更迟疑、个人标准较低，但他们比功能障碍型完美主义者健康。Wang 等（2007）用 APS－R 对台湾大学生进行分类研究发现，除了适应不良完美主义者、适应性完美主义者和非完美主义者外，非完美主义者中还有第四组，他们的高标准分低、差异分高。第四组的自尊分低于适应性完美主义者和非完美主义者中的低标准低差异组，抑郁、状态焦虑和特质焦虑的分数高于适应性完美主义者和非完美主义者中的低标准低差异组。以上研究支持将完美主义分为三类，并且对某些类别（如健康完美主义者、非完美主义者）还进一步细分，目的是更好地鉴别不同类型的完美主义者的心理健康的特征，以帮助完美主义者适应性地生活。

第二节　对完美主义者的不同理解

一　色彩心理学对完美主义者的理解[②]

中国性格色彩研究者乐嘉创立了“FPA 性格色彩”，并撰写了

① Parker，W. D.，“An Empirical Typology of Perfectionism in Academically Talented Children”，*American Educational psychologist*，Vol. 33，No. 4，1997.

② 乐嘉：《“色”眼识人》，文化出版社 2006 年版。

《“色”眼识人》(2006)，在该书中乐嘉巧妙地以色彩的符号代表性格类型，简单实用，让性格色彩从此进入人们的视野。

1. 色彩划分

乐嘉在书中提到了四种色彩的性格，分别是红色、蓝色、黄色、绿色，每一种色彩对应着一种性格：红色——追求快乐自由，但杂乱无章；蓝色——完美谨慎，但却死板固执；黄色——果断坚定，但蛮横霸道；绿色——和谐宽容，但软弱拖拉。

乐嘉用“挤牙膏”案例来比喻四种色彩的性格：同样是挤牙膏的动作，红色人倾向于一把“抓挤”，比较随意、追求自由、不拘小节。而蓝色人则倾向于从下到上随时卷起保持牙膏形状完整，然后渐进的“挺挤”，比较严谨、注重秩序规则等。一个家庭中，如果蓝色人遇到红色人，二者可能会因为这样的一件小事而吵起来，蓝色人看不惯红色人的随意，始终坚持要求红色人改掉这样的习惯。蓝色人除了追求完美、严谨以外，还存在着第二种色彩性格，即黄色，他们果断坚定，认定了的事实就一定要坚持下去，但如果蓝色人并未想去改变红色人，而是重新买了新的牙膏，你管你的，我管我的，这样“懒得管”的态度对应的就是绿色性格，即和谐宽容、惰于思考。乐嘉通过“挤牙膏”的案例形象地比喻了四种色彩性格。

此外，乐嘉还具体分析了四种色彩性格人的不同行为背后的不同动机：红色对应快乐；蓝色对应完美；黄色对应控制；绿色对应稳定。为了解释不同色彩性格的动机，乐嘉举了“买哈利·波特魔法帽”的案例：红色，红色人追求自由快乐，买帽子的动机是快乐，如果得不到就会哭，但有新的玩具代替而获得快乐，买帽子的苦恼也就容易忘记；蓝色，蓝色人追求完美，对人际关系也如此，他们宁愿以含蓄的方式表达自己的需求，当对方不理解自己或者承诺不兑现的时候，蓝色人的内心会感到痛苦并且久久不能平复；黄色，黄色人果断坚定，在购买帽子的过程中，他们必须要达到目标，并会采取各种方法来掌控局面，不达目标不罢休；绿色，绿色人追求稳定，他们更多扮演的是给予者，对帽子的愿望没有以上三种性格强烈，如果家长不开口，他们也不会随意地让家长感到为难。

2. 蓝色优势和蓝色过当

在乐嘉的性格色彩中，蓝色对应完美谨慎，他认为追求完美是蓝色的核心特质，某种程度上来说，乐嘉对于蓝色的描述对应着完美主义者，因此，本书会重点关注蓝色的特点。同完美主义研究者的观点类似，完美主义既有积极的一面，也有消极的一面，而乐嘉关于蓝色性格的描述亦是如此，他详细地介绍了蓝色的优势以及蓝色过当的问题。乐嘉总结了蓝色的八大优势和八大局限：

蓝色的八大优势：①思想深邃，独立思考。蓝色的大脑高度发达，独立思考、不追随潮流、尊重自己的主见和思考问题上的深度。很多取得卓越成就的大师级的人物都是出自于蓝色，例如很多伟大的数学家、艺术家、哲学家等，蓝色能保持思想和人格上的独立，是比较孤独的。②成熟稳重，安全放心。蓝色不如红色和黄色那么喜欢挑战和冒险，他们更在乎安全感。③情感细腻，体贴入微。蓝色追求完美，他们非常在乎心灵上的感受，一旦自己出现错误，就一定要找到答案。④一诺千金，忠诚情谊。蓝色是比较严谨守规则的，他们高度注重承诺并甘愿以生命来维护，是四种色彩中最值得信赖的。⑤计划周详，注重规则。蓝色追求完美，对于任何事情，蓝色都会首先制定好计划，并严格地按照计划去执行，注重规则是蓝色的第二准则，而第一准则就是：不做就不做，要做就要做到最好，典型的完美主义倾向。⑥讲究精确，迷恋细节。蓝色喜欢准确，这与他追求完美的动机密切相关。此外，蓝色的完美主义倾向让他们一生都离不开细节，巨细兼顾，并且始终维持一贯的专注，心甘情愿苦练到完美为止。⑦考虑全面，善于分析。蓝色在做事前会做规划，而且在行动前都会全面地考虑和分析，做到三思而后行，以保证完美结果。⑧执着有恒，坚持到底。乐嘉举了很多著名作家的例子，如琼瑶在完成《还珠格格》以前，已经创作了42部小说，张小娴的出书速度很快，他们正是有着坚持不懈的精神，不断创作，才有之后的成就。

蓝色的八大局限：①消极悲观，迂腐封闭。四种性格色彩中，蓝色是最容易抱怨和忧虑的，因为追求完美，他们总是担忧未来，并通常采用忧虑的态度去预测未来，觉得这样的结局是注定的、无法改变的，这同时也造成了他们行动上的不作为。②沉溺往事，郁闷难解。典型的蓝色会因为自己的失误痛心疾首，还会因为别人的错误反过来折磨和惩罚自己。和红色相比，蓝色会沉浸在历史和过去当中无法自拔，很难从低谷中走出来。③敏感多疑，脆弱多怜。蓝色过于追求完美，过于在乎别人眼里的自己，他们沉溺于自己抑郁的想象，变得敏感和脆弱。④心机深重，相处困难。蓝色对于人际关系的完美需求，导致他们强烈地希望别人理解自己的愿望，蓝色过当的他们在表达方式上总是拐弯抹角，总是采用暗示的手法来解决所有的沟通障碍。⑤要求苛刻，压抑紧张。蓝色是典型的完美主义者，他们常常严于律己，宽以待人，对自己非常苛刻。蓝色随时都是小心翼翼的，让人感到很压抑，包括他们自己。⑥死板固执，缺乏幽默。蓝色是死板的，例如，虽然小孩已经哭得很惨了，但也绝不开饭，因为时间未到。这与蓝色严格遵守秩序，不懂得释放情绪有关，这也使得他们缺少幽默感。⑦顾虑重重，行动缓慢。蓝色是会计划的人，他们计划周密，但正因为追求结果的完美，在实施过程中哪怕遇到一点小事也会导致蓝色的拖延行为，导致事件的实施超过了预计时间。⑧挑剔较真，化简为繁。蓝色的挑剔要回归到他们的完美主义，他们心目中的规则以及他们认为要做正确的事。而且他们处于害怕犯错而卡在细节当中，化简为繁。

在书中，乐嘉认为“舞台上的很多高手也许出自于红色，但是真正的大师级的人物却出自蓝色”，为此，在书中他提到很多出色的音乐家、艺术家、哲学家均出自于蓝色，如米开朗琪罗、苏格拉底等。他认为很多取得卓越成就的人都是具有完美主义的人。乐嘉认为在四种性格色彩中，红色和黄色倾向于积极主动，而蓝色和绿色是倾向于消极和被动，绿色由于“惰于思考”让其很难乐观，但由于懒得想也不会把问题想得太糟糕，而蓝色却通常用消极忧虑的态度预测未来，无从改变，进而造成行动上的不作为，而且蓝色是比较情绪化的，常常郁闷难解，较为沮丧和低落（抑郁）。此外，蓝色追求完美，思考过程周密详尽，而他们也因为过度谨慎而变得非常保守，导致顾虑重重，行动缓慢（拖延）。蓝色对于事物苛求，不健康的蓝色很容易发展成为“精神强迫症”，会反复检查（强迫）。

乐嘉认为完美主义是蓝色性格的核心动机，认为高标准、追求完美是蓝色的性格特质，他在书中列举了蓝色的优势与劣势，在一定范围和程度上，本书关于不同类型的完美主义者的研究与其对蓝色性格的描述是契合的，因此，乐嘉的性格色彩学为本书提供了强有力的理论补充。

二 哈佛“幸福课”对完美主义者的理解

在哈佛大学“幸福课”第十五个专题中，对于完美主义的理解是：一种充斥在我们生活中的对失败的失能性恐惧，尤其是在我们最在意的方面。失能性恐惧让我们在面对问题时裹足不前。

泰罗·萨哈伊用“完美主义基模”帮助大家对完美主义人格进行理解，如假设从A点到B点这样一个过程，对于完美主义者而言，从A点到B点的基模是一条直线，他们一直关注潜在可能的失败或真正的失败，要么全有，要么全无，在从A点到B点过程中很难放松。失能性恐惧使完美主义者不停止追求的步伐，不满足取得的成就。而对于追求卓越者而言，从A点到B点的基模是一个螺旋上升的曲线，他们知道在失败中渐次行进达到B点，在整个过程中很享受。生活中许多人时常沮丧，正是因为心中存在“完美主义基模”，这种固定的基模是僵化的成就方式，是绝对化的，在过程中取得成功也只获得短暂的满足，而如果只是理性的追求卓越，并不会导致负面的情绪或行为。

在之前梳理的文献中，Hamachek提出可以将完美主义分为正常的完美主义与神经症性的完美主义两种类型，两种完美主义具有各自的显著特征，前者能够根据实际情境设置个人高标准、允许目标模式的变动、追求与成就相关的回报，又拥有满足成就的能力；后者设置固化的、不可能达到的高标准，受失败恐惧驱动、对失败过度批评、对已取得的成就并不感到快乐、对他人的能力感到焦虑和担心。前者对应于泰罗·萨哈伊说的追求卓越者，后者对应于完美主义者。表5-1、表5-2是哈佛“幸福课”中泰罗·萨哈伊对完美主义者的特征和影响的总结。由表5-1、表5-2可知，完美主义者对自我、外在事物、目标的高要求均存在僵化、绝对、负性思维的特点，而追求卓越者对自我、外在事物、目标的高要求存在弹性的、灵活的、正性思维的特点。

表 5－1　　完美主义的特征

完美主义者	追求卓越者
自卫性	接受建议
关注失败	享受既成目标，享受过程
夸大，非黑即白	明白现实过程
不能自我接受	自我接受
静止的，只有一种、固定不变	动态的，弹性的
害怕失败	失败是一种反馈
直达目的地	旅程与目标一样重要

表 5－2　　完美主义的影响

完美主义者	追求卓越者
暂时的满足	持续的满足
不可避免的失败	成功的可能
浪费时间于追求完美	适当的时间分配
要么全有，要么全无	健康的观点
伤害自尊	不断地提升
损害关系，因为自卫辩解，因为期待他人也完美	考虑成长
焦虑、压力	创造性张力
表现	痛苦较少，受益较多

三　《九型人格》对完美主义者的理解①

海伦·帕尔默所著的《九型人格》中提出“九型人格”的概念来自于公元 9 世纪“苏菲教”的教义，一共包括人类的九种不同的性格，具体如下：

① 海伦·帕尔默：《九型人格》，华夏出版社 2016 年版，第 62—89 页。

1 号性格——完美主义者，追求完美是这种性格的特征，他们对自己和对他人都有极高的要求。“应该”和“必须”是 1 号性格的主题词，会用很多完美的想法束缚自己，认为就是“应该”和“必须”去做。他们会有一种天生的优越感，认为自己比他人强。

2 号性格——给予者，愿意去满足他人的需求，通过对他人的“给予”让自己获得他人的好感和认同。2 号性格者具有很强的控制能力和多样的自我。

3 号性格——实干者，是成就型的性格，他们希望能通过自己的行动和成就来获得他人的爱，因此他们追求成就感，也会想象自己就是胜利者或者成功者。

4 号性格——悲情浪漫者，此类性格的人比较内向、敏感，也常常将自己置于各种不切实际的幻想之中。4 号性格者具有艺术气质。

5 号性格——观察者，这类性格的人会在情感上与他人保持一定的距离，如同一个观察者，他们能清楚地区分义务和责任，不愿意过多地接触其他人和事。

6 号性格——怀疑论者，“怀疑”是这一类人的主题词，他们总是用怀疑的眼光看待周围的一切，但也往往因为过分的怀疑而身心疲惫。但 6 号性格愿意自我牺牲，而且是难得的“忠诚者”。

7 号性格——享乐主义者，顾名思义，7 号性格追求享乐，是典型的“乐天派”，喜欢前呼后拥，但也总是半途而废。

8 号性格——保护者，是领袖型的人格，保护欲强、保护能力也极强，他们积极好斗、主动负责、喜欢挑战，也很愿意去保护自己和朋友。

9 号性格——调停者，很乐意自我牺牲，愿意放弃自己的观点，从而接受他人的想法，为人比较亲切，遇事时也不易发脾气。这类型的人在成长后很容易成为优秀的调解员。

完美主义是《九型人格》中的 1 号性格，是追求完美型的人格。1 号性格者对自己和他人都是非常严厉的，会用严格的标准要求自己，在完美主义看来，他们只会去关注“应该”和“必须”去做的事，而且他们认为自己必须去做正确的事。如此追求准确、完美性格的人不会容许自己出错，一旦出错，他们会自责，也为了避免错误、批评、自责等，1 号性格者培养了内在的监督体系，来自动控制自己的言行。因此，研究者很容易将学业成就与完美主义联系到一起，并认为完美主义者因为对自我的苛刻要求而具备较好的学业成绩（Rice & Slaney，2002；Stoeber，2007；Bieling，2004；Accordino，2000，等等)。在 1 号性格者看来，只有严格的自我监督，让每一步都做得完美无缺，才能实现目标，赢得赞誉。而且完美主义者认为自己是很优秀的，他们有天生的优越感，觉得自己就是比他人强，1 号性格者的自我效能感较高，他们追求完美以及正确的事，同时他们的优越感也认为自己会做得很好，也必须做得很好。

当然，高学业成就、高自我效能感也是基于适应性的完美主义，1 号性格者的消极方面也会使得他们出现适应不良的症状。1 号性格者很多时候是痛苦的，他们的痛苦来自自身内心的不平衡与比较，在他们眼中，世界非黑即白、非此即彼，要么是完美的，要么是存在致命缺陷的。事实上，现实和理想之间是存在差异的，但 1 号性格者无法平衡这些差异，因此感到十分痛苦，重者可能导致抑郁情绪。1 号性格者往往会有两种极端的想法，要么努力让自己做到完美，要么认为自己很糟糕，担心自己不完美，尤其担心因为犯错而影响了自己的发展，所以焦虑和担忧也是 1 号性格者常有的情绪。《九型人格》中列举了一个例子：1 号性格者的一个商人，他的内心总有一个声音在提醒自己，哪些地方会犯错，或者其他人会怎么看自己。这样的提醒无处不在，存在于生活中的每个细节，哪怕是在资金充足、项目运转正常的情况下，这样的提醒声音也会时刻发出对财政问题的担忧。可见，1 号性格者总会因为害怕出错，或者不够完美而时刻处于担忧、忧虑之中。此外，1 号性格者还有强迫倾向，在他们看来，到处是提高和改进的空间，一些严重强迫型的完美主义者会把大量的时间花在自我提高上。例如：公共汽车对于他们来说，意味着练习正确的坐姿；用午餐对他们来说，必须一口咀嚼 10 下；自由时间对于他们来说，就是去做一些具有建设性或教育性的事情等。1 号性格者的强迫倾向还会体现在“强迫自己必须做正确的事”上，他们内心的自我批判力量是十分强烈的，因此他们只容许自己做正确的事。1号性格者追求完美、准确、害怕出错、内心自我批判力量强烈等，完美主义者还会避免出错而导致拖延行为。《九型人格》中还有个事例：一位年轻的完美主义者特别想去上艺术院校，为此也花了两年的时间去上预备班，但是她要求自己的每一步必须完美无缺，结果迟迟没有正式提出入学申请。她徘徊在很多完美的想法之中，例如她要先解决艺术理念与政治信仰之间的矛盾，要处理对绘画的喜爱与其他喜好之间的矛盾，还要检查她的精神信仰，必须选择与之相符的艺术主题，等等。这位1号性格者想要得到完美的结果，因此会在提交申请书前产生多种想法，生怕其中一个环节毁掉最后的“完美”。因此，1号性格者会因为追求完美而产生拖延行为。

《九型人格》对性格的划分与乐嘉的色彩人格学有差异，但它们的划分中均有“完美主义”人格，也详细地介绍了完美主义人格的优缺点。总的来说，完美主义人格有积极和消极两个方面，积极的完美主义者会有较高的学业成就与较高的自我效能感，但完美主义的消极方面会使得完美主义者产生抑郁情绪、焦虑、强迫倾向、拖延等不适应症。

第三节　完美主义者与不完美主义者比较的实证研究

本书认为完美主义是一种为自己设定的高标准、积极地追求完美，但在达不到自己设定的高标准时产生的差异感，并进行消极自我评价的稳定的人格特质。即高标准和高差异是成为“完美主义者”的两个必要条件。本书用APS－R－CR的高标准、差异分量表的分数作为区分被试完美主义的指标，利用中位数法对被试进行聚类分析，将被试群体分为四组，即完美主义者（高标准高差异组），非完美主义者（高标准低差异组、低标准低差异组、低标准高差异组）。对于非完美主义者中的高标准低差异组，这组具有完美主义的核心特征“追求高标准”，但是没有高差异与自我批评的特点，与以往研究中“适应性完美主义者”的特征相符，因此将这一组命名为“追求卓越者”。分类之后，从学业成绩、抑郁、无条件自我接纳和成就目标取向各指标上对不同组别间的异同进行比较。

通过实证研究，提出如下假设：

假设1：完美主义者与非完美主义者、追求卓越者的适应不良症状指标（抑郁、无条件自我接纳）有差异，完美主义者的抑郁高于追求卓越者和非完美主义者，无条件自我接纳低于追求卓越者和非完美主义者。

假设2：完美主义者与非完美主义者、追求卓越者的学业成绩有差异，完美主义者和追求卓越者高于非完美主义者。

假设3：完美主义者与非完美主义者、追求卓越者的成就动机目标取向有差异，完美主义者的成绩目标取向高于追求卓越者和非完美主义者。

一　研究方法

（一）被试

以完美主义与学业成绩关系研究的510名高中生，完美主义与抑郁关系研究的678名大学生，一共1188名学生为被试。其中男生462名、女生723名，3名学生的性别缺失，被试平均年龄为18.70±2.54岁。

（二）研究工具

研究工具采用之前用过的近乎完美量表修订版的中文修订版、成就目标取向问卷、高一年级第二学期的期中考试成绩以及无条件自我接纳问卷。

（三）研究程序

采用SPSS13.0对结果进行统计分析。

二　研究结果

（一）中位数分类

采用Stoeber的中位数法对被试进行分类。首先找到全体被试的APS－R－CR高标准维度的中位数（Md＝29）和差异维度的中位数

（Md =49），按照被试的高标准和差异的分数情况，将样本分为第一组（高标准≥29，差异<49，191 人，16.07%）、第二组（高标准≥29，差异≥49，410 人，34.51%）、第三组（高标准<29，差异<49，348 人，29.30%）和第四组（高标准<29，差异≥49，239 人，20.12%），四组被试在完美主义高标准、差异维度上的得分情况见表 5-3。

表 5-3　四组被试在完美主义高标准、差异维度上的得分比较

	第一组（n=191）		第二组（n=410）		第三组（n=348）		第四组（n=239）		F
	M	SD	M	SD	M	SD	M	SD	
高标准	33.02[cd]	3.37	33.24[cd]	3.27	23.45[abd]	3.46	25.05[abc]	2.95	766.44**
差异	40.02[bd]	6.42	60.14[bcd]	8.40	40.15[bd]	7.00	54.88[abc]	5.53	651.05**

注：右上标的字母代表其他三组和这组比较时差异显著的组别，a 代表第一组，b 代表第二组，c 代表第三组，d 代表第四组；** 代表 $p<0.01$。

另外，为了比较各组在学业成绩指标上的差异，对 510 名高中生单独进行中位数法分类，找到高标准维度的中位数（Md =28）和差异维度的中位数（Md =50），按照高标准和差异的分数情况，将高中生分为第一组（高标准≥28，差异<50，81 人，15.88%）、第二组（高标准≥28，差异≥50，189 人，37.06%）、第三组（高标准<28，差异<50，163 人，31.96%）和第四组（高标准<28，差异≥50，77 人，15.10%）。

由表 5-3 可知，高标准和差异维度在区分四组时主效应显著。第一组（高标准低差异）和第二组（高标准高差异）的高标准分数显著高于第三组（低标准低差异）和第四组（低标准高差异），第一组和第三组的差异分数显著低于第二组和第四组，第二组的差异分数又显著高于第四组。

（二）各组人群在不同心理指标上的比较

为了考察四组人群在抑郁、学业成绩等指标上的差异，以被试组别（高标准低差异、高标准高差异、低标准低差异和低标准高差异）

为自变量，分别以抑郁、学业成绩、成就目标取向、无条件自我接纳为因变量进行了方差分析，被试不同的组别除了在学业成绩的指标上主效应不显著外，在其他各项指标上主效应均显著。结果见表5－4。

表5－4　　四组人群在不同心理指标上的比较

	第一组（n＝191）		第二组（n＝410）		第三组（n＝348）		第四组（n＝239）		F
	M	SD	M	SD	M	SD	M	SD	
掌握学习	22.49^{cd}	3.72	21.87^{cd}	3.72	19.17^{ab}	4.07	18.88^{ab}	3.58	63.91^{**}
成绩接近	14.86^{bd}	4.05	17.24^{acd}	3.96	14.33^{bd}	3.60	16.00^{abc}	3.62	40.53^{**}
成绩回避	7.14^{cd}	2.53	8.81^{ac}	2.92	7.34^{bd}	2.41	8.36^{ac}	2.57	28.25^{**}
无条件自我接纳	31.87^{cd}	4.57	30.81^{cd}	5.06	28.74^{ab}	5.13	28.21^{ab}	4.68	30.38^{**}
有条件自我接纳	20.60^{bd}	5.47	25.80^{ac}	6.28	20.93^{bd}	5.65	24.35^{abc}	5.01	62.68^{**}
抑郁	8.91^{bd}	6.11	15.07^{ac}	9.69	11.58^{abd}	9.22	14.89^{ac}	9.98	26.06^{**}
学业成绩	354.56（n＝81）	77.43	348.74（n＝189）	76.40	330.97（n＝163）	76.77	339.44（n＝77）	71.78	2.40

注：右上标的字母代表其他三组和这组比较时差异显著的组别，a代表第一组，b代表第二组，c代表第三组，d代表第四组；＊＊代表 $p<0.01$

由表5－4可知，第一组（追求卓越者）的掌握学习、无条件自我接纳的分数最高，而抑郁分数最低，且显著低于第二组（完美主义者）和第四组（非完美主义者）；第二组的成绩接近、成绩回避、有条件自我接纳和抑郁的分数最高，且显著高于第一组和第三组；第一组和第二组的掌握学习与无条件自我接纳的得分差异不显著，但显著高于第三组和第四组；第三组成绩接近、成绩回避、有条件自我接纳、抑郁的得分显著低于第四组；四个组在学业成绩上的得分不存在显著性差异。

三　研究讨论

本书用中位数法进行分类，其中高标准低差异组为“追求卓越者”，高标准高差异组为“完美主义者”，低标准低差异和低标准高差异两组是“非完美主义者”。这与以往的研究（Wang，2007；杨丽，2008）分类与命名不太一致，因为本书认为高标准与差异是成为完美主义者的两个必要条件，所以只有高标准高差异者才被视为完美主义者。但是为了与以往研究作比较，特意将与“适应性完美主义者”特征相符的高标准低差异组称为“追求卓越者”，且将非完美主义者细分为两个亚组，并对完美主义者、追求卓越者、非完美主义者的各种心理指标进行了比较。

Rice 和 Slaney（2002）用 APS－R 对大学生样本的聚类研究发现，适应性完美主义者的自尊和积极情感水平显著高于适应不良完美主义者，而抑郁和焦虑水平显著低于适应不良完美主义者，但是三种类型的完美主义者在大学平均成绩上的得分没有显著差异。[①] Wang（2007）的研究表明，适应不良完美主义者在状态焦虑、特质焦虑和抑郁指标上的水平最高，适应性完美主义者这三个指标的水平最低，非完美主义者处于二者之间。[②] 三组自尊水平的分布则正好相反。另外，Wang 还发现适应性完美主义者自我导向的成就动机水平最高，而适应不良完美主义者社会取向的成就动机水平比适应性完美主义者和非完美主义者高。

本书发现追求卓越者的掌握学习取向得分显著高于非完美主义者，但与完美主义者没有差异；成绩接近取向的得分显著低于完美主义者和非完美主义者。追求卓越者的无条件自我接纳得分最高，在有条件自我接纳、抑郁指标上的得分最低，且显著低于完美主义者和非完美主义者。由以上几项心理指标的差异检验的结果可知，追求卓越者的心理健康状态最为和谐，他们积极追求高标准，为了达到自己的

① Rice, K. G. & Slaney, R. B., “Clusters of Perfectionists: Two Studies of Emotional Adjustment and Academic Achievement”, *Measurement and Evaluation in Counseling and Development*, Vol. 35, No. 1, 2002.

② Wang, K. T., Slaney, R. B., & Rice, K. G., “Perfectionism in Chinese University Students from Taiwan: A Study of Psychological Well－being and Achievement Motivation”, *Personality and Individual Differences*, Vol. 42, No. 7, 2007.

高标准却没有过度苛求自己。学习上以发展能力为目的，对自我的接纳不以外界的观点与看法为转移，正确认知自我，自我接纳性最高。在追求高标准的过程中，追求卓越者不进行过度的自我批评，从努力追求目标的过程中得到快乐，同时根据自己的实际水平对设定的目标做出调整，很少陷入抑郁或焦虑的消极情绪状态中。

完美主义者的成绩接近、成绩回避、有条件自我接纳、抑郁的得分最高，且显著高于追求卓越者和非完美主义者中的低标准低差异组。由此可知，完美主义者对自己设置高标准，但在追求高标准的过程中，采用的成就取向是以成绩来展示自己的能力，关注从他人那里得到肯定的评价，极力回避那些可能失败或可能表现出低能力的情境。由于他们过度地以成绩为导向，对自我有条件的接纳，只有在自己表现非常优异时，同时获得别人的承认后，他们才会接纳自己；如果自己的实际表现与设置的高标准出现差距时，由于没有正确的自我认知，他们无法接纳实际的自我，更容易出现消极的情绪。完美主义者的抑郁得分最高，他们因为不切实际地追求高标准而处于心理极不和谐的状态。即使完美主义者与追求卓越者和非完美主义者取得一样的成绩，他们也不会感到满意，因为他们追求绝对的高标准，总感觉自己的实际成绩与理想目标间有距离，永远不会满足。

本书支持将非完美主义者进一步细分为低标准低差异与低标准高差异两个亚组。同样是非完美主义者，关于第四组（低标准高差异组）的出现，不同的研究者的观点不一，Wang（2007）认为这一组的出现可能和被试的集体主义文化背景有关，即个体追求高标准时更多是源于父母或者家庭的要求，因为父母或者家庭的要求过高，导致个体仍对自己的表现不满意，觉得自己没达到想要的标准。杨丽（2008）认为第四组的出现，可能是该组个体在追求个人高标准时屡次严重受挫之后，无奈之下放弃了对自己的高要求，但无法改变个性自我批评倾向的特质。①

---

① 杨丽：《完美主义、应激、应对、社会支持和抑郁的关系研究》，博士学位论文，天津师范大学，2008 年。

本书发现第四组（低标准高差异组）在成绩接近、成绩回避上的得分显著高于第三组（低标准低差异组），且这一组的有条件自我接纳和抑郁得分也很高。这与以往的研究结果一致，即这个特殊群体的心理适应指标相对较低，非适应指标相对较高。虽然高标准上得分不高，但是他们依然会在现有标准和取得的实际成绩之间产生差异感。因为采纳成绩目标取向，他们学习的目标就是展示能力并获得他人的肯定，对自我价值的认识来自他人的认可，对自我的接纳是基于自己的实际成绩。因为总感觉自己的成就与目标间存在差异，不可能有真正的自我接纳感，没有追求高标准的实际行动，却常常不满意自己的现状，所以陷入了不和谐的心理状态，时常处于抑郁情绪状态中。关于低标准高差异组的出现，本书认为，一方面，离不开集体主义文化的背景，因为从前面关于完美主义形成的因素中可知，父母的教养方式与亲子依恋的关系会对子女完美主义的高标准与差异有一定的影响，或许个体本身没有高标准，但是在父母、家庭附加的高标准下，实际能力不能达到父母设定的高标准，所以产生差异感。另一方面，也可能是他们在追求高标准的过程中屡次受挫，表面上没有高标准，实际上是因为自己能力与个性所限，无论怎么努力都无法使自己满意，常常进行自我批评所致。无论第四组群体出现的具体原因是什么，他们的心理和谐状态已受到严重破坏，是需要学校心理健康工作者关怀的群体。

在学业成绩指标上，四个组别的得分没有显著差异，这与 Slaney（2002）的研究结论一致。前面的研究也发现完美主义高标准维度不能直接预测学业成绩，且完美主义的差异维度与学业成绩无显著联系。原因可能是本书考察的学业成绩只是学期结束后的客观成绩，而学业成绩作为学生的学业成就的一个指标，其好坏会受到如个体努力、个体能力、教学质量等多种因素的影响，因而个体是不是完美主义者，不会对学业成绩产生必然的影响。

Parker（1997）用 FMPS 对资质优异学生进行聚类分析，将被试划分为三种类型：健康型完美主义者、功能障碍型完美主义者和非完美主义者。其中，健康型完美主义者占 41.7%，功能障碍型完美主义者占25.5%，非完美主义者占32.8%。訾非对350名中国研究生施测的聚类分析结果同Parker的完美主义类型及分布相似。在Rice和Slaney（2002）对大学生的研究分类中，完美主义者约占总被试量的70%，其中，适应良好完美主义者约占45%。而本书中，完美主义者约占总被试量的35%，追求卓越者约占16%，而非完美主义者占近50%。一方面，与以往研究不一样的是，完美主义者所占的比例降低，原因可能是本书的被试是普通在校的大学生与中学生，现在的大学教育已经不再是过去的精英教育，进入高校学习是大多数高中生能够实现的梦想，因而所调查的样本中的完美主义者的比例不同于以往，证明样本更具有代表性。另一方面，非完美主义者中的低标准高差异群体约占全体被试的20%，和完美主义者一样，这两个群体的心理健康的状态不太乐观，是学校心理健康教育工作者需要进行正确鉴别，有针对性干预的群体。

四　研究结论

（1）追求卓越者在掌握学习、无条件自我接纳上的得分显著高于非完美主义者；在抑郁上的得分显著低于完美主义者与非完美主义者。

（2）完美主义者的成绩接近、成绩回避、抑郁、有条件自我接纳的得分显著高于追求卓越者和非完美主义者。

（3）完美主义者、追求卓越者、非完美主义者在学业成绩上不存在显著性差异。

本章小结

完美主义是一种为自己设定的高标准、积极地追求完美，但在达不到自己设定的高标准时产生的差异感，并进行消极自我评价的稳定的人格特质。完美主义人格有两维或两面性，正如Hamachek将完美主义分为正常的完美主义与神经症性的完美主义两种类型，前者能够根据实际情境设置个人高标准、允许目标模式的变动、追求与成就相关的回报，又具有满足成就的能力；后者设置固化的、不可能达到的高标准，受失败恐惧驱动、对失败过度批评、对已取得的成就不能感到快乐、对他人的能力感到焦虑和担心。前者对应于泰罗·萨哈伊所说的和本文实证研究中的追求卓越者；后者对应于泰罗·萨哈伊所说的和实证研究中的完美主义者。既然人格是一种稳定的不易改变的特质，所以需要客观全面了解人格的特点，发挥其优势，避免其劣势，帮助个体正常适应生活。

第六章　完美主义者的教育策略

美国著名人格心理学家杰里·伯格认为，“人格可以定义为源于个体身上的稳定行为方式和内部过程”。国内著名心理学家黄希庭认为人格应包括外在人格和内在人格两个方面，外在人格即“面具”所显示的公开可见的一面，“是一个人被他人知觉和描述的方式”；内在人格即隐藏在“面具”之下鲜为人知的一面，包括一个人的需要、动机、自我、特质、价值观、认知方式、气质、能力、性格等内在因素。郑雪认为：“人格是个体与后天环境相互影响而形成的相对稳定和独特的心理行为实践模式。”

笔者研究发现，完美主义人格作为一种稳定的人格特质，有其形成的家庭、学校和社会根源，形成后的完美主义人格具有其独特的优势与劣势，笔者试图从社会学、心理学和教育学角度探讨完美主义人格并据此提出相应的教育策略。

第一节　完美主义者成长的根源

一　布朗芬布伦纳的生态系统论

布朗芬布伦纳（Bronferbrenner，1979，1989）的“生态系统论”认为生物因素和环境因素交互影响着人的发展。环境（或自然生态）是一组嵌套结构，每一个嵌套在下一个中，就像俄罗斯套娃一样。即发展的个体处在从直接环境（比如家庭）到间接环境（比如宽泛的文化）的几个环境系统的中间或嵌套于其中（见图6－1），每一个系统都与其他系统以及个体交互作用，影响着个体发展的许多重要方面。他对个体所处环境系统划分层级，提出微观、中间、外部和宏观系统四种类别。家庭、学校是与儿童关系最密切的微观系统，由于微观系统是个体在某一特定时间所处的即时环境，因此它们对个体的发展往往具有直接的重要影响。

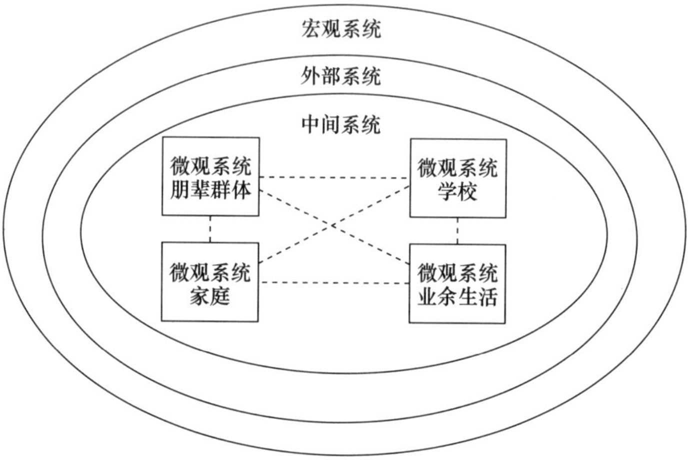

图 6－1　布朗芬布伦纳的社会生态系统模式

（1）微观系统。

图 6－1 环境层次的最里层是微观系统（Microsystem）。指个体活动和交往的直接环境，这个环境是不断变化和发展的，是环境系统的最里层。对大多数婴儿来说，微观系统仅限于家庭。随着婴儿的不断成长，活动范围不断扩展，幼儿园、学校和同伴关系不断纳入婴幼儿的微观系统中来。对学生来说，学校是除家庭以外对其影响最大的微观系统。

布朗芬布伦纳强调，认识在微观系统中儿童的发展，必须看到所有关系是双向的，即成人影响着儿童的反应，但儿童决定性的生物与社会特性——其生理属性，人格和能力也影响着成人的行为。例如，母亲给婴儿哺乳，婴儿饥饿时会以哭泣来引起母亲注意，影响母亲的行为。如果母亲能及时给婴儿喂奶则会消除婴儿哭泣的行为。当儿童与成人之间的交互反应很好地建立并经常发生时，会对儿童的发展产生持久的作用。相反，儿童与父母之间的关系就会遭到破坏。

（2）中间系统。

第二个环境层次是中间系统（Mesosystem）。中间系统是指各微观系统之间的联系或相互关系。布朗芬布伦纳认为，如果微观系统之间有较强的积极联系，发展可能实现最优化。相反，微观系统间的非积极联系会产生消极的后果。

（3）外层系统。

第三个环境层次是外层系统（Exosystem）。是指那些儿童并未直接参与但却对他们的发展产生影响的系统。例如，父母的工作环境就是外层系统影响因素。儿童在家庭的情感关系可能会受到父母是否喜欢其工作的影响。

（4）宏观系统。

第四个环境系统是宏观系统（Macrosystem）。指存在于以上三个系统中的文化、亚文化和社会环境。宏观系统实际上是一个广阔的意识形态。它规定如何对待儿童，教给儿童什么以及儿童应该努力的目标。在不同文化中这些观念是不同的，但是这些观念存在于微观系统、中间系统和外层系统中，直接或间接地影响儿童知识和经验的获得。

二 影响完美主义人格形成的相关因素

人格形成的过程，就如布朗芬布伦纳的生态系统理论谈及的几个系统，它们各自单独或者相互作用对完美主义人格的发生、发展发生作用。现在从以下几个层面依次展开：

（一）家庭环境对完美主义人格形成的影响

家庭是对人格形成最为关键的一个微环境。人类的行为从来不会在真空中发生，各种各样外部环境力量引入到最终导致个体行为或特质形成的方程式中。既往完美主义形成的理论模型与实证研究表明，完美主义者的父母对子女有高期望值，适应不良完美主义者的父母采用的教养方式更加专制与苛刻，子女与父母多有不安全的亲子依恋关系（Frost，1991；Chang，1998；Rice，2000；Flett et al.，2002）。笔者在实证研究部分从与个体完美主义人格密切关联的几个家庭环境因素出发，分别探讨了子女完美主义与父母完美主义、父母教养方式、亲子依恋关系，并在此基础上利用结构方程模型对各个预测因素间的相互作用展开深入研究，现对实证研究的发现进行总结：

1. 子女完美主义与父母完美主义

Bandura 的社会学习模型证明，儿童的完美主义倾向是通过模仿父母产生的，Flynn（2001）、Vieth 和 Trull（1999）、Frost（1991）等的同类研究表明，父母与子女之间，特别是同性亲子之间存在完美主义模仿学习的现象。但是，本书发现完美主义的模仿学习不仅存在于同性亲子之间，异性亲子之间也有，这个结果与杨宏飞（2005）对高中生的调查结论一致。对中国学生而言，完美主义模仿学习在同性与异性亲子之间都存在。据此，本书认为中国父母的心理与行为示范作用对子女的影响有同等重要性。一般而言，无论父母是否完美，子女都会对父母产生理想化观念，把他们看成完美的人；如果父母本身就有完美主义倾向，子女更希望通过行为模仿成为和他们一样完美的人。可见，有完美主义倾向的个体，可能源于家庭中完美主义的父亲或母亲。

2. 父母教养方式对子女完美主义的影响

通过相关研究发现，子女不同的完美主义维度与父母教养类型显著相关。其中，子女完美主义高标准维度与权威型、专制型的教养显著正相关，子女完美主义差异维度与专制型、放任型教养显著正相关。与以往研究不一致的是，本书中父母的专制型教养与子女的高标准和差异维度均显著正相关，结合 Reglin 和 Adams（1990）的调查研究发现，亚裔美国人报告父母专制型的教养和自己高水平的完美主义，同时也出现高水平的学业成就。由此可见，中国父母比较偏爱专制型教养，而这种教养方式是为大多数中国孩子所接受的。父母对子女的严厉是建立在双方认可的基础上的，尽管对孩子的非期望行为给予严格限制，但父母和孩子都意识到父母是爱孩子才会惩罚孩子的。专制型教养具有“双刃性”，适度时有助于子女养成良好的行为习惯，并有助于他们取得较好的成就。

另外，父母使用的教养方式是否一致对子女完美主义不同倾向的发展影响较大，父母亲一致权威的教养有助于子女对自己设置合理的、灵活的高标准；不一致的教养——“母亲权威和父亲专制”，作为中国家庭中最常见的严父慈母组合，相比于完全放任子女自由发展的放任型教养，可以对子女的社会化与健康人格发展产生正向引导作用。父母亲一致放任的教养，正如 Hamachek 所认为的产生神经症性完美主义的“不赞赏的家庭环境”，是让子女最受忽略与伤害的家庭教养组合，如果子女感受不到父母的期望与指导，这种环境中成长的子女不可能对自己有高成就的要求。

3. 亲子依恋关系对子女完美主义的影响

相关性的研究发现，母亲依恋的重要性大于父亲依恋，因为母亲依恋与女大学生的完美主义高标准和差异维度、男大学生的完美主义高标准维度均显著相关。以往研究没有对父亲或母亲依恋进行细分，也未发现不同性别的亲子依恋对子女人格的影响。本书证明母亲在家庭中的核心作用，安全型母子依恋有助于孩子完善人格和健全心理；相反，不安全的母子依恋会破坏子女的自信与价值感，引导他们发展适应不良完美主义倾向。

4. 父母教养方式、亲子依恋对父母完美主义与子女完美主义关系的中介效应

Neumeister 和 Finch（2006）对父母教养方式、亲子依恋与不同类型的完美主义间的关系进行了综合考察。结果发现父母权威型和放任型的教养与安全型依恋相关，专制型和忽略型的教养与不安全型依恋相关，而与父母的不安全依恋对个体的自我取向和社会取向完美主义都有预测作用。

本书发现父母的完美主义可以直接预测子女的完美主义，而父母的教养方式、亲子依恋同子女完美主义的不同维度也密切相关，这与 Neumeister 和 Finch（2006）的结论部分一致。在相关研究的基础上，本书对父母教养方式、亲子依恋在父母完美主义与子女完美主义关系间的中介效应进行检验，以识别父母教养方式、亲子依恋在父母和子女完美主义关系间的作用机制，深入了解完美主义的形成路径。

本书发现母亲教养方式、母子依恋对母亲完美主义与子女完美主义的关系起部分中介作用。一方面，母亲完美主义差异维度与子女完美主义差异维度的关系被母亲专制型教养、母亲疏离的母子依恋部分中介。这一结果说明，有完美主义差异倾向的母亲对自己总是不满意，关注自己的“不能”和缺陷，在意别人的评价；苛求完美的母亲，对自己的子女实施较为严厉的专制型教养；由于母亲过于苛刻的管教，子女感受不到母爱的温暖，与母亲形成了不安全的亲子关系；因此，不安全的母子依恋增加子女发展完美主义差异倾向的可能性，子女总觉得自己无法达到父母的要求和自己的高标准，也无法令父母和自己满意，因而时时产生差距感，对自我进行消极评价。另一方面，母亲完美主义高标准维度与子女完美主义高标准维度的关系被母亲权威型的教养、母亲沟通、信任的母子依恋部分中介。这一结论说明，有完美主义高标准倾向的母亲同样希望子女追求高标准，她们会采用严厉的教养风格，但同时给予子女关心与爱护；关爱与严厉并行的权威型家庭教养氛围有利于子女认同母亲的教养，相信母亲对自己的爱与尊重，愿意同母亲进行积极的情感交流；和谐安全的母子依恋关系有助于子女树立正常合理的高标准，即使达不到高标准，也不会过分自责，因为坚信母亲会继续关爱和支持自己。

（二）学校环境对完美主义人格形成的影响

用布朗芬布伦纳的生态系统理论来理解，学校是除家庭以外对孩子影响最大的微系统。学校对孩子的世界观、人生观，价值观和人格引导力量强大，这种引导影响从幼儿园入园就开始。中国家长对学校寄予厚望，认定学校才是主管教育孩子的主体，大多数家庭觉得把孩子送到学校就万事大吉，一方面，中国人口众多，优质教育资源稀缺，几乎所有家长竭尽全力去帮助孩子获取尽可能好的教育机会；另一方面，中国学校以应试教育为主，应试教育把应试作为唯一或主要的教育目标，这种教育目标导向到底对孩子影响多大不能绝对判断。但是“十年树木，百年树人”，孩子的身心成长从规律而言必定是一个很长的周期，以应试为主的教育模式能在短期内有可能培养出成绩优异的孩子，但成绩在一定程度上代表一个人智能高低，成绩优秀不能决定一个人的人际关系处理能力，一个人面对困难时的应对能力等，即决定一个孩子最终全面发展，就长期而言，孩子的人格、心理等是否与智能发展匹配是需要时间检验的。应试教育模式存在一定的弊端，其消极影响表现在以下几方面：

1. 智育目标狭隘化

应试教育模式把智育放在第一重要的位置上，智育的目标却是片面的、狭隘的。智育是传授知识、发展智力的教育，其中发展智力是智育最重要的目标，但是，应试教育从应试角度出发，过分强调传授知识和技能，强调知识的熟练程度，大多采取过度学习、强化训练的手段，把学习局限在课本范围内，致使学生无暇参与课堂以外的、各种对发展智力十分有益的活动，从而出现“知识面狭窄，高分低能”现象。其他如现在常被提及的情商（处理情绪情感的能力）、财商（管理金钱的能力）、挫商（处理挫折的能力），还有最重要的处理人际关系的能力，这些在以智能为主的教育中基本是一带而过，没有得到应有的关注与重视。

2. 教学方法僵硬化

学校整个工作围绕着中考和高考“指挥棒”转，甚至如今“小升初”“幼衔小”也成为学校教育努力的目标，在这样的价值导向下，致使管理目标具有急功近利倾向。现在很多学校甚至幼儿园在进行建设升级的时候，首先考虑大量投入硬件建设，因为有充足的财政支持，每个学校都想一步到位把学校建设成为超一流或示范类别，而短时期内，教师的教学理念和教学素养没有跟进硬件建设。而不管在何种类型或何种级别的学校，学校评价教师教学质量的唯一标准是分数或升学率。全部教育的目的就是为了考分，分数是证明一切的指标。教师采用的教学方法也是服务于分数而非激发兴趣或鼓励创新，同时，学校的教育研究变成了应考研究，教师终日忙于知识灌输和强化技能训练，对有价值、有创新的教育研究和教学探索缺乏动力。教师固化的教学方法，注定无法帮助学生深层次体验学习的乐趣，更无法思考诸如学生的健全人格的培养问题。

3. 学业负担过重，严重影响学生个性发展和身心发展

当今的学校教育，除了幼儿园没有课业任务，从小学开始的学校教育就和繁重的课业联系在一起。曾几何时，小学生出现用行李箱当书包的场景，都反映了学业负担过重的现象。

学业繁重的源头之一就是学校的应试教育导向，一方面，应试教育模式中教育目标狭隘，教育手段单一。学校基本按照单一标准培养人才，学生的个性发展不能受到应有重视，应试教育模式助长学校教育中的管理主义和权利主义倾向，不利于培养和丰富学生的个性。另一方面，由于升学率、平均分两根“指挥棒”自上而下被层层强化，教学中广泛采用过度学习，强化训练的做法，造成学生作业量过大，中小学生必不可少的游戏时间和体育锻炼时间没有完全保障，连正常的双休日和假期也被补习班和兴趣班挤占，影响青少年的身心健康。而可悲可笑的是，社会、学校、家庭一致认同这种模式，没有任何人提出异议，甚至包括孩子也顺理成章地接受了这一模式，觉得一旦上学了就是没完没了地学业，而学业就是保证孩子进一步发展的基础。在这样永无止境的竞争过程中，必然致使孩子产生许多心理疾病或行为障碍，如厌学病、逃学病、抑郁症、焦虑症、强迫、拖延等，这些最终阻碍了孩子的健康发展，使其没有完整的、快乐的童年。

现今的学校教育对学生的激励主要针对成绩，评价标准单一，对成绩不好的孩子，惩罚严厉；如果学业成绩好，个性上不合群，生活独立或自理能力薄弱等都会被淡化。这种单一评价标准导致学校大多数孩子发展了“集体高标准”，所谓集体高标准，是大家都想达到的标准，但实际上不是所有孩子都是主动争取或者具备达到高标准的能力，达不到的必然就会产生差异感，如果高标准与差异感之间冲突过大，个体没有处理好就会导致一系列负面影响。

（三）社会环境对完美主义人格形成的影响

社会环境对人格的影响，从宏观系统而言实际上是一个广阔的意识形态的影响。它规定如何对待儿童，教给儿童什么以及儿童应该努力的目标。我国社会主义核心价值观把“爱国、敬业、诚信、友善”作为公民个人层面的价值准则，这样的引导是正确的。国家虽然对公

民进行了如上的要求，总体目标是好的，但是受多种社会环境综合因素的影响，在培养引导的过程及结果上就差强人意，致使我国现阶段青少年的人格问题日益凸显，主要体现在以下几个方面：

1. 功利的价值取向

中国经济保持了近40年的高速增长，虽为发展中国家，目前已是世界第二大经济体，很多领域的现代化程度很高，因为信息化的迅速发展，与西方发达国家的信息沟通基本无障碍。笔者到美国研修一年，感知到了中美文化、教育、经济之间存在的差异，一方面，在物质经济层面已经很小，甚至很多方面没有任何差距；但是在教育、文化等精神意识层面，还有一定差距和不同。美国非常重视教育，而对教育的引导充分尊重孩子的天性，会依据孩子的天性去发展。即使孩子发展方向出现问题，或者不符合父母家庭的预期，也不会用过激的语言与行为去刺激孩子，而是将其看成是个体的自主行为，尊重孩子的选择，认为孩子做到自己即可。在中国可以说更重视教育，但我们的教育评价标准单一，唯成绩唯成就不可，集社会、学校与家庭的要求，大家都一致期待好的结果，很难忍受追求好结果的过程中不可避免出现的失误或失败。

就完美主义个体受到社会层面的影响在于，社会大环境用“只奖励结果不奖励过程”的功利主义模式引导个体成长。而人作为一个社会个体，肯定离不开整个社会意识形态的影响，社会对成功与成就的过度看重，使大家一致认为如果没有最终的功成名就，所有的努力就是白费。这种社会导向的目标影响渗透到学校和家庭中，犹如一根无形的“指挥棒”，引导着个体整个成长的方向。所以，个体整个成长模式就是如此循环往复，为了一个终极结果绝不停止努力，对于路途中间出现的风景没有时间和精力去关注，一旦终极结果达不到，甚至全盘否定过程中所有的努力和阶段性成果。

2. 普遍的信仰缺失

中国当今社会正处于转型期，价值观取向混乱不明，造成了人民的信仰缺失。信仰缺失不但给个体带来了精神痛苦、生命意义失落，还造成价值观迷茫以及灵魂空虚。特别是青少年群体，他们会更为迷茫，青少年人格的发展方向在这个阶段非常重要，因为信仰缺失表现为个人信仰以及社会信仰缺失两个方面。一方面，青少年个人信仰缺失主要表现为缺少积极向上的精神面貌，社会上“读书无用论，金钱万能论”重新抬头，让一部分学生对学习和生活抱着无所谓、无兴趣、无意义的态度。另一方面，青少年社会信仰缺失表现为社会责任感淡漠、主导信仰动摇。很多中小学的教师反映大多数中小学生在责任心特质上自我中心意识很强，而且从心底并不认同“责任”二字，集体责任感严重缺失，都有“事不关己高高挂起”的心态。由于外来文化冲击以及社会媒体娱乐节目的过度渲染，处于青春期的中学生更易被享乐主义、拜金主义、实用主义所迷惑，不重视自身的前途发展，没有做好学生的本分。

3. 丢失的道德品质，自我认同感迷茫

近年来，有关青少年由道德品质缺失导致的人格缺失问题比比皆是。埃里克森（E. H. Erikson，1902）是美国著名精神病医师，新精神分析派的代表人物。他认为，人的自我意识发展持续一生，他把自我意识的形成和发展过程划分为八个阶段，这八个阶段的顺序是由遗传决定的，但是每一阶段能否顺利度过却是由环境决定的，所以将该理论称为“心理社会”阶段理论。其中青春期（12—18 岁）存在自我同一性和角色混乱的冲突，一方面，青少年本能冲动的高涨会带来问题，另一方面，更重要的是青少年面临新的社会要求和社会的冲突而感到困扰和混乱。所以，青少年时期的主要任务是建立一个新的同一感或自己在别人眼中的形象，以及他在社会集体中所占的情感位置，这一阶段的危机是角色混乱。埃里克森把同一性危机理论用于解释青少年对社会不满和犯罪等社会问题上，他说：如果一个儿童感到他所处的环境剥夺了他在未来发展中获得自我同一性的种种可能性，他就将以令人吃惊的力量抵抗社会环境。如今许多青少年以利己标准评价自己，以集体主义价值标准评判他人，很多有着高智商、高学历的青少年由于缺少道德品质要求而走上了犯罪道路。特别就诚信品质而言，社会整体发展水平较低，社会上普遍存在的欺瞒现象对人格处于建设期的青少年产生巨大的负面影响，因而诚实守信问题是目前青少年群体道德行为缺失的主要表现之一，学生群体大范围出现“说谎成性”“抄袭作弊”等诚信问题，这些现象的产生，除了受社会大环境下市场经济中不规范操作的影响，也与学校和家庭教育中重成绩、轻道德的导向有关。即社会、学校和家庭各个系统相互作用影响了孩子的道德发展水平，在他们成长的关键期，未对“对与错”“是与非”给予明确指导，成绩成为唯一的评价指标，把做人做事的基本道德标准束之高阁。

综上所述，在家庭、学校和社会大环境影响下，优异的成绩、辉煌的事业、美满的家庭才是评价个体最重要的标准，那么国家希望儿童树立的“爱国、敬业、诚信、友善”核心价值观目标，有时会与个体成长过程中被引导目标发生冲突，有些个体必然会出现不停地追求完美，且不断产生差异感，在期间频频体验受挫的感觉，最后打破个体心理和谐状态，以至于形成极端或不健全的人格，这部分适应不良的完美主义者就需要相应的教育策略进行引导。

第二节　完美主义者优劣势的不同表现

完美主义作为一种稳定的人格特质，一经形成和发展，必然会对个体的生活、学习、工作产生影响，相关研究发现，适应性完美主义提升了个体自我的效能感，帮助个体取得成就；而适应不良完美主义降低了个体的自我接纳，遭遇如抑郁、焦虑等情绪障碍，并出现行为上的强迫、拖延现象。具体表现如下：

一　适应性完美主义的特点

现有很多文献证明完美主义的适应性层面对个体生活、学习的适应性结果。Adler（1956）曾提出当个体关心的是社会利益的时候，就能最大化激发个人的潜能，对完美的追求就是健康的。以往探讨完美主义与心理健康的关系时，研究者发现完美主义个体在设置高标准、追求完美的过程中，由于被不同目标取向的动机驱动，最后取得的成绩与心理和谐状态各异。

就完美主义适应性层面而言，完美主义高标准维度与学业成绩呈显著正相关关系，这与 Accordino（2000）的研究结论一致，主动追求完美、对自己设置合理高标准的学生，他们有良好的学习习惯，乐于在学习中付出努力，因而他们更可能获得较好的学业成绩。与以往研究有所不同的是（Neumeister，2004；Stoeber，2009），完美主义高标准与成就目标取向的掌握学习、成绩接近、成绩回避三个维度均呈显著正相关关系。而 Neumeister 等发现，适应性完美主义的自我取向完美主义、追求完美只与掌握学习、成绩接近的目标取向相关。原因可能是本实证研究的调查对象是中学生，学业成绩对他们至关重要，所以他们的完美主义高标准维度与两种成绩目标取向都相关。不过，高中生的完美主义高标准与掌握学习、成绩接近的相关系数远远高于其与成绩回避的相关系数，说明有合理高标准的个体在追求成功的过程中，偏爱掌握学习和成绩接近的目标取向，驱使他们行为的动机是发展能力，同时也通过好的学习成绩去展现自己的能力，两种目标取向的互补有效地促进了个体学业成绩的提高。

本书在高中生群体的研究中发现，完美主义高标准维度不能对学业成绩产生直接影响，但是掌握学习的成就目标取向对学业成绩有显著的预测作用。而完美主义高标准与掌握学习显著正相关，也就是说，有完美主义高标准倾向的个体更多地采用掌握学习的成就目标取向，驱使他们学习的动机是发展能力，并以学习为乐趣，对出现错误与失败的情境不回避，对自身能力充满信心。高标准与掌握学习取向的有机结合，使个体敢于接受富有挑战性的任务，有良好的坚持性，最终使追求高标准的完美主义者以轻松心态获得优异学业成绩。

同时，已有研究指出完美主义与自我效能感之间存在密切联系。如 Seo，E. H.（2008）、王晓博（2008）、李红梅（2011）研究发现，个体的完美主义水平越高，其学业自我效能感的水平也相对越高。这里的完美主义主要是指其适应性的层面。

二　适应不良完美主义的特点

完美主义有消极成分，即适应不良完美主义，这类完美主义者过度追求完美、追求高标准，但在达不到自己设定的高标准时会产生差异感，导致心理问题和心理障碍。过去大量研究发现，完美主义的适应不良维度会对个体造成破坏性结果，如完美主义适应不良层面和抑郁、焦虑、低自尊、进食障碍、强迫症、自杀倾向、学业不满意等显著正相关（Blatt，1995；Frost et al.，1991；Grezegork et al.，2004；Hewitt & Flett，1991；Rice & Slaney，2002；Suddarth & Slaney，2001）。

在前面的章节中，笔者利用实证研究进一步了解了完美主义与大学生心理亚健康的症状指标（抑郁）关系间的心理中介机制。

人格特征会影响个体对自我接纳、成就动机的选择及其心理健康状况。自我接纳是在自我认知与评价的基础上形成的一种自我态度，是在情感上、态度上对实际自我的接纳，是自尊最基本、最核心的特征。无条件自我接纳是个体完全的和无条件地接纳自己，它与个体心理健康紧密相关（Ellis，1977）。本书发现完美主义差异维度与有条件自我接纳、抑郁显著正相关，且有条件自我接纳部分中介完美主义差异与抑郁的关系，这与 Flett（2003）的研究结果一致。有完美主义差异倾向的个体总是看到自己的实际成就和表现与预定标准间存在的差距，他们对自我价值的认识单一且不健全，或将自我价值与表现和成就相关联，或把他人承认与赞赏与自我价值等同，无法接受他人对自己的消极评价。同时，这一结论支持了 Ellis 理性情绪疗法的理论和 Burns（1980）完美主义者的消极认知的网络观点，证明个体对自我的无条件接纳是心理和谐的必要条件之一，高自我接纳的个体比低自我接纳的个体会体验较少的情绪困扰。完美主义差异感强的个体无法满意自我已取得的成就，即使达到现有标准，他们也会更改标准，让自己处于不断地追求苛刻的、无法达到的标准中。永远对自己有条件地接纳，一个无法从内心爱自己、接纳自己的人是不可能真正快乐与健康的。

本书还发现，成绩回避目标取向在完美主义差异维度与抑郁的关系间起部分中介作用，这一结果是对 Dykman（1998）的“成就目标取向抑郁易感模型”的支持，有较高的完美主义差异感的个体害怕表现不好而得到他人否定性的评价，他们不断地进行严厉的自我批评。

重复的失败或主观体验到的差异感让他们尽可能逃避会让自己显示不足与低能力的情境，而不断采取的成绩回避取向使可能获得成功与他人赞赏的机会丧失，因失败产生的无助感与受挫感增加了抑郁易感性，打破了个体心理的和谐状态，增强了抑郁的消极情绪体验。

这些有关完美主义人格的研究结果提示在临床工作中，个体的完美主义高标准是有利于个体的心理和谐与社会适应的，但是过高的完美主义差异感会使个体对自我价值或成就产生不健康的认知，最终导致心理和谐失衡，由此陷入消极的情绪情感甚至行为障碍中。一方面，我们应帮助个体不要将自我的价值完全建立在他人的赞许与喜爱的基础上，增加对自我健康的无条件接纳，消除对自我不健康的条件性接纳；另一方面，还要改变个体无效的成绩回避取向，帮助他们正确面对失败与不足，这样可以对适应不良完美主义者的抑郁恢复产生积极作用，也可以有效缓解适应不良完美主义者的焦虑、强迫、拖延等情绪或行为。

第三节　完美主义者的教育策略

近年来，临床心理学研究中越来越关注中介或调节机制的作用，本书在对完美主义人格特质前因后果的深入分析中遵循这种思路，并通过几个连续的实证研究去验证假设的模型。通过前面几个实证研究发现，在完美主义形成过程中，除了社会、学校以及个体自身的影响外，原生家庭父母的个性特点，家庭的教养方式，以及父母与子女间的亲子关系质量等因素都对个体个性的形成有重大影响，基于研究中提出并验证的家庭影响的整合模型，发现家庭中母亲教养方式和母亲的亲子依恋是母亲完美主义与子女完美主义关系间的心理中介机制；对于形成完美主义人格的个体，一方面，完美主义高标准维度与掌握学习目标取向有机结合，可正向影响学业成绩；另一方面，成绩回避取向、有条件自我接纳在完美主义差异维度和抑郁的关系间起部分中介作用。另外，适应不良的完美主义也影响个体的焦虑、强迫、拖延等。实证研究结果部分支持假设模型，更为重要的是，完美主义作为一种稳定的人格特质，形成后很难发生改变。通过对其前因后果中的心理中介机制发现，临床与心理健康工作中可以对这些容易调整或改善的中介因素进行干预，以促进个体发挥完美主义的积极心理功能，规避消极完美主义造成的破坏性结果。

特定人格的形成是多重因素驱动的结果，完美主义家庭遗传论的支持者认为完美主义可能同时受到环境与遗传因素的影响，Tozzi 等（2004）为了弄清遗传因素对完美主义发展的贡献作用，用简版 HMPS 中的个人标准、行为迟疑、关注错误维度对女性双生子的完美主义展开调查，结果支持完美主义的多维结构和“中等遗传性”（需要更多的实证研究来支持）、遗传因素对完美主义的发展发挥部分作用。排除完美主义存在的遗传可能性，认识到人格特质不随情境或时间发生改变的事实，如果临床、家庭或学校心理健康工作者要帮助已经形成完美主义人格的个体，最好的方法是充分了解个体形成完美主义人格的相关环境与社会心理因素。对明确的、有完美主义差异倾向的个体，不仅要帮助其设立合理的高标准，降低他们因为自己的实际表现和成绩与设置的高标准产生差距时的失落感，还要具体了解有这种人格特点的个体的家庭情况，他们父母的人格特点，父母教养方式和家庭亲子依恋关系，帮助他们认识到自己无意识地模仿父母心理与行为方式的事实，或协助他们改善与父母亲互动的行为方式，可以有效地规避完美主义差异倾向对个体生活、学习造成的负面结果。

笔者力图建构科学的完美主义者的教育策略，因为科学的教育策略是有效开展人格教育的前提和保证，策略选择得当，才能最大限度发挥完美主义个体的人格优势，达到事半功倍的效果。在建构策略时，必须着眼于当前的社会背景，根据完美主义者在思想和行为方面表现出的特点，从社会、学校、家庭以及个体的现实发展要求出发，首先激发完美主义个体的优势，利用其对高标准的追求去获得高成就。同时更重要的是，针对完美主义者思想和行为中不符合个体发展的方面和环节，设计运用恰当的教育方式和方法去引导、纠正和调适。具体而言，完美主义人格教育策略主要包含以下几个方面：

一 完善整体社会环境

所谓完善整体社会环境，就是要从意识层面对人的发展提供环境，对人的发展提供合理科学的指导；而对人的发展要落实到具体层面，就必须从上到下有一个总的价值观要求和指引。随着我国现代化水平的不断提升与发展，要实现国家现代化发展目标，不仅要求经济发展持续保持健康、稳定状态，更针对人的综合发展提出了新的要求。而人的现代化发展，究其本质是每个个体自由全面发展的实现。只有每个个体都自觉、主动地按照当前时代发展要求去发展、完善自身，才能真正实现人的现代化发展目标。更为重要的是，人的发展离不开人格的健全发展，而所谓人格的健全发展，就是针对个体人格偏差和缺失之处进行引导、完善，从而促进个体整体素质的提升，并通过具体个体的人格塑造来实现国民整体素质提升的目标。而只有国民素质整体性提升，才能保证人的发展同中国经济社会的发展协调并进，进而推动中国现代化水平全面而稳步提升。

中国现在处于思想多元化、价值取向多元化的现实状况下，健全人格修养如果缺乏正确价值观引领，就不可能对人格进行积极的、健康的正确引导。所以，现代健全人格的塑造，只有以“社会主义核心价值观”为精神指导，才能培育出符合现代社会发展的当代中国的理想人格。我国社会主义核心价值观把“爱国、敬业、诚信、友善”作为公民个人层面价值观的基本内容，这种正确价值观的指导是人格培养教育的重要途径之一。价值观认同是具有层次性的，而且是循序渐进建立的。首先是观念认同，其次是情感认同，最后是行为认同，教育过程中要根据认同的层次特征开展工作。

观念认同是建立在认知的基础上的，引导个体理解和认识社会主义核心价值观是前提条件。在现实生活中，加大宣传和教育力度是强化核心价值观认识的重要举措，通过宣传、教育的方式可以增进个体对我国社会主义核心价值观的了解和理解，深化其对核心价值观内涵和价值的认识，为个体进一步认可、接受、内化核心价值观创造有利条件，积极推进其向更广泛和更高层次的价值认同发展。另外，在认同的基础上将意识深化为行为，积极推动社会主义核心价值观在实践活动中的养成，社会实践活动只有坚持科学价值观的引领，才能使实践活动避免行动的盲目性和无序性，才能帮助个体发展，并促进社会健康稳定发展。完善健全的人格意味着个体的外在行为模式必须符合一定的社会发展要求，而社会实践则是行为模式的养成基础。通过实践活动，可以增强个体行动的意识性、目的性和自觉性。实践活动的开展结合实际，要注重发动家庭、学校、各类社会团体的力量，整合社会优势资源，协同并进，大力开展并鼓励个体参与形式多样、大众喜闻乐见的活动，从而使个体在实践活动中更加真切地感受到社会主义核心价值观的精神要义。更为重要的是，要推进社会主义核心价值观融入个体日常的学习、工作和生活中，使其真正成为个体生活的一部分，使社会主义核心价值观常态化、生活化和大众化。

一旦整个社会环境从上到下树立了正确的价值观，并且给予合理的途径去认知并践行树立的价值观，就会给健全人格的养成与发展奠定坚实的基础。

二　发挥学校主导作用

2017 年 8 月，在北京举行的第 11 届中国心理学家大会暨应用心理学高峰论坛上，美国加州整合学院（California Institute of Integral Studies，CIIS）副院长伊丽莎白·比文博士（Elizabeth J. Beaven Ed. D.）发表了题为《家庭亲子整合教育观》的演讲，在其中分享了她对于整合教育的理解和思考。CIIS 提倡的整合教育，其核心理念是：文化融合、个人蜕变、意义探索。整合教育强调："跟孩子一起成长，跟随他的整个发展历程而成长，而不是用大人的方式不断推动孩子去达成大人设定的目标。"在这一过程中，视角的转换尤为重要，这种教育强调一定要从孩子的角度出发，重视孩子成长历程中的每一个重要时刻。同时，提出在整个教育系统当中，对孩子成长起到重要作用的人（比如老师、同事、亲人等）都要参与进来。

以上观点意味着在孩子的成长过程中，家长和教师的作用同样重要，这种教育倡导以学校为纽带，使学校建设参与者、志愿者、老师、家长和孩子一起形成有着共同理念的文化生活社区，成为一个共同学习、开放交流、互相帮助和不断完善自我的平台。在其中，教师起着非常重要的桥梁作用。比文博士说，家长和教师的角色是不一样的，随着孩子成长也有阶段差异。比如，在孩子0—7岁时，非常需要个体之间一种亲密联结的感情，此时父母是不可取代的，他们是孩子的第一任老师。7—14岁这一年龄段，老师的角色可能更重要一些，但是并不绝对；在这个过程中，家长和老师的重要程度始终处于变化之中。两者如能密切配合，扮演不同角色，对孩子的教育来讲是非常完美的。

由此可见，家庭和学校，家长和教师都是对孩子成长至关重要的影响因素，而教育最为核心的问题是孩子现在最需要什么。基于这样的教育观，笔者提出学校在发挥教育主导作用上应注意以下几个方面：

（一）保持学校教育的系统性

学校教育的系统性意味着对个体健全人格必须树立全局观念，从促进人的自由全面发展出发，以提升人的综合素质为内在要求，制定可行的系统性的教育对策。现今学生群体中普遍存在人格不健全的状况，适应不良的完美主义人格只是其中的一种类型，这种人格类型的出现或存在，某种程度上是因为社会、学校、家庭对个体的矛盾的价值引导而出现的。一方面，完美主义人格类型不属于人格障碍，另一方面，完美主义适应不良的层面的确会给个体带来抑郁、焦虑、强迫或拖延等问题。另外，还有学生人群中常见的偏执型、依赖型、强迫型、反社会型等人格障碍，这些人格障碍的出现，很大程度上是由于学校教育过度偏重应试教育，忽视人格教育或人的全面发展。所以，首先要全方位综合开展素质教育，同时要加强各方面教育的协调性和统一性，保证人格的健全性和稳固性。学校教育系统性原则要求开展人格教育必须保证整个教育过程的连续性。在健全人格教育过程中，各个环节要有效衔接，尽量避免教育断层产生。时代发展进步要求人的发展也要及时跟进，健全人格不是到达一个顶点后就意味着人格发展的终止，人的毕生发展意味着我们的人格一直处于面对冲突并解决冲突的过程中，也决定了人的精神发展的持续性。因此，开展人格修养教育要注意统筹规划，在保证整个教育链条完整性基础上，实现学生的健全人格水平的不断提升，只有不断提升学生的健全人格水平，才能跟进时代发展的要求。

（二）给予孩子需要的“因人施教”教育策略

“因人施教”是开展健全人格教育的重要策略，只有充分尊重孩子的个体差异，才能正确引导孩子的全面发展。现代社会鼓励个体多元化和个性化发展，但同时要求个体不断促进自我人格的发展与完善，在众多需要完善的人格类型中，必然存在着不同个体的人格差异。因此，健全的人格教育要根据具体对象，对他们分类别、分层次进行施教。现实生活中的个体，成长的环境和经历千差万别，具有不同的社会属性和时间、空间属性以及思想特点，因而表现出明显的层次性。这就要求学校教育的开展要针对不同教育对象的客观实际，制定有特色的、针对性的计划和方案，运用不同的方式方法，依据对象的层次性特征进行教育。

谈到针对完美主义个体的人格教育，学校开展相应的教育前，首先要了解完美主义人格的成因，一方面，人性发展的特点就有追求完美的需要；另一方面，现代社会的价值观就鼓励了完美人格的发展。完美主义人格本身具有优劣发展的矛盾性与双重性，所以不能用“一刀切”的教育方法直接否认或肯定，需要找到不同年龄、不同类别、不同层次人群的完美人格中存在的优点，保护完美主义优点的发展，同时找出这种人格的薄弱点，对症下药、有的放矢地解决其完美主义人格发展中带来的问题。

（三）加强互动式教育

学校教育特别要避免单向说教，因为单向说教充满了命令性和机械性，容易引起受教育对象的排斥和抵触。孩子需要的科学的教育应该是互动交流式的，实现信息在教育主客体间的双向流通，只有掌握受教育对象人格发展的现实状况，才能有针对性地开展教育。比如对于学生群体，不能以说教为主要方式，而应该引导他们树立坚定的理想信念，完善道德品质，增强心理素质。即便孩子一时出现发展方向有失偏颇，也应该对他们具备足够的耐心，给予充分的沟通和陪伴，让他们获取充分的安全感，才有动力克服困难。千万不能因为教育引导任务艰巨和复杂就减弱教育的实效。

同时，针对人格发展严重扭曲和健全人格存在严重缺失的对象，更需要在关怀理解中加以引导和教育，需要投入更多时间、精力帮助其树立健康的人格特质。随着患有完美主义人格适应不良导致的抑郁、焦虑、强迫和拖延等情绪和行为障碍的出现，这类完美主义者自身就感觉非常痛苦，而且个体在现实生活中容易遭受歧视和标签效应，致使其其他心理状况恶化。对于这部分群体，他们的人格健全完善需要社会、学校和家庭共同关爱和帮助，他们需要得到尊重，需要得到平等相待和更多包容体谅。社会、学校和家庭要了解他们的思想动态和行为特点，关注其现实需要和心理诉求，在教育方式方法的选择上要结合他们的实际状况。

三　健全家庭教育功能

原生家庭即指父母的家庭，儿子或女儿并没有组成新的家庭，这样的家庭泛指原生家庭。众多心理学研究成果早已证明：早期生活经历，特别是原生家庭对个人性格起着至关重要的作用，对个人的生活会产生长期、深远的影响，甚至会决定个人一生的最终幸福。家庭教育在个体人格形成、自我成长中是不可或缺的重要一环；所以寻找家庭教育的优势、利用家庭教育的资源、提升家庭教育的能力、健全家庭教育功能、帮助建立科学有效的家庭教育体系对建立健全个体人格是非常重要的。以下策略是针对提升家庭教育功能环节提出来的：

（一）父母学会正确的自我认知

很多父母自我认知并不完整，一方面，受父母自身的原生家庭影响，因为他们在原生家庭就没有学会了解自我、接纳自我、完善自我的知识，原生家庭也没有这样的教育认知，在特定的物质缺乏年代加上落后的教育理念下，中国父母秉承的是“三纲五常”式的旧式教育，换句话说，他们认为自己是没有任何问题的，而子女只是自己的附属品，他们没有认知自我的需要；另一方面，父母缺少自我反省、继续学习的能力，即使如今经济物质方面得到很大提升，精神需要上升到前所未有的高度，很多父母也没有全面认清父母角色的学习。当今中国存在一些独特现象，比如在城镇化建设大潮中出现的大量留守、流动儿童，这些孩子或被隔代照顾，或被托管，或独自生活，成长过程中缺少亲生父母的陪伴，亲情匮乏，其个体缺少安全感；另外，在中国沿海发达地区，如北、上、广、深等一线发达城市，父母因为工作的巨大压力，直接把孩子交给爷爷奶奶或外公外婆照管，或者直接交给保姆或者把孩子从小送到寄宿学校，父母虽然生活在孩子身边却不及隔代老人甚至无任何血缘关系的保姆与孩子的情感联结紧密和安全，这部分孩子也称为“隐性留守儿童”；还有大量因家庭结构变化，如父母离异等因素，一旦离异夫妻彼此冷漠仇视，没有客观对待离异后孩子仍然需要父母的良好沟通、协商好共同教育孩子。以上现象使父母缺席或没有完全参与到儿童的养育全过程。

既然选择了为人父母，就要学习并胜任这个角色。可以根据自己的精力与经济状况采取不同方法，第一种是参加正规的早教机构的亲子班，现在国内一线城市已经广为接受亲子教育的理念，而国内二线甚至三线城市也都有正规的亲子教育班，甚至有很多是国内或国际连锁加盟的。其亲子课程比较科学和完善，有助于父母提高自己的专业育儿知识，提高亲子教育水平。第二种是利用当下丰富发达的公共信息资源，父母可以通过网络、书籍、视频等学习资源提升父母的养育能力，但对这些资源的来源和质量要经过筛选和比较，不能刻板地照搬照学。第三种也是最重要的一点，保证有效的亲子陪伴时间，大多数父母为了孩子幸福而四处奔波辛苦挣钱，相应的陪伴时间太少，以为金钱一定能给孩子带来最好的保障；或者缺少真正的陪伴，在有限的陪伴时间中，或因看到孩子表现不好训斥孩子，或自己边玩手机边陪伴孩子……这样的陪伴效果必定会大打折扣。

与孩子一起成长，学习成为合格的父母是一项长期系统工程，需要耐心、决心和诚心，除了为孩子提供基本的经济保障，最重要的是精心陪伴孩子成长。

（二）父母的榜样力量

父母对孩子个体的思想观念形成和行为模式塑造有着至关重要的影响。一个孩子的品行好坏，父母有着不可推卸的责任，所以发挥父母参与教育的功能是家庭人格教育的重要内容。研究结果表明，父母性格会影响孩子性格，父母的完美主义能正向影响子女的完美主义，充分说明家庭模仿学习的存在模式，完美主义父母养育完美主义子女；家长其实就是孩子的一面镜子，要想孩子成长为什么样子，自己就要为子女树立相应榜样。

言传身教是家庭美德教育中最直接的教育方式，它是在长期的家庭生活中，通过父母对子女引导来完成的。特别是孩童阶段，是个体人格意识形成及行为养成的起始阶段。这一阶段的孩童一般具有很强的模仿性，其主要行为习惯都在不断模仿中习得。因此，父母的言行举止对子女行为习惯的养成至关重要。

第一，父母要树立关爱家庭成员的好形象，父母关爱家庭，家庭关系和谐，子女成长环境相应就是和谐安全的。和谐民主安全的家庭环境能促进子女自信成长，而经常吵闹、相互指责的家庭，会阻碍子女自信甚至成长。第二，父母要热爱自己的事业，要努力工作，对待工作持之以恒，这样才能为孩子树立一个积极的、有担当的、负责任的家长形象。第三，家长要在子女面前树立一个有良好习惯的家长形象。在孩子面前要杜绝一些恶习（如抽烟、酗酒、赌博、欺骗等），给孩子树立良好的行为习惯榜样，让孩子从内心尊敬你，树立父母威信。第四，父母要学会自察或反思，了解自己的人格特点，如果自己有完美主义特质，审视自己设立的高标准是否合适，在追求成绩的过程中自己是否也会产生系列负面情绪、是否有调节负面情绪的能力。同时，要积极发挥适应良好的完美主义人格，促使孩子建立正确的成就动机，对自我无条件接纳，提高自我效能感，水到渠成地获得好成绩。孩子在观察父母言行举止、情绪情感表达和控制的过程中，慢慢养成了自己的人格。

家长为孩子创造一个良好的、融洽的、和谐的家庭氛围，树立一个言行一致、积极进取的好榜样，树立一个面对困难具有坚韧应对能力的好榜样，孩子才有可能成为家长期望的样子。

（三）无条件关爱孩子

当下中国的孩子们，在成长过程中难免听到一句话“你看别人家的孩子”。所以有一种听话孝顺、不玩游戏、考试第一、嘴甜心善、能歌善舞、出类拔萃的好孩子叫“别人家的孩子”，这种奇特的好孩子缠绕在每个正常孩子的耳边，自己一路被父母跟这个“别人家的孩子”对比着长大。为人父母，爱子女是一种本能和天性。把“别人家的孩子”理想化的背后，其实是父母在心目中为自己孩子高悬的一幅“标准照”。而这种标准照是不可能存在于现实中的，一方面失去了个性特点，另一方面让父母孩子都陷入无尽的比较痛苦之中。虽然这种类型的父母关爱很普遍，但其实这种过高期望让孩子消受不起。孩子的个体是有差异的，用一种成人认为的优秀来衡量个体不同的孩子是不科学的，也是没有实践性和可操作性的。

比如一个有音乐天赋的孩子，家长一定要在外语成绩上去对比一个有外语天赋的孩子；只会造成前者在外语学习上永远看不到希望，甚至自暴自弃。追求标准单一的优秀是种不科学心态，正如《楚辞·卜居》所述“尺有所短，寸有所长”。

父母应该知道，自己的孩子永远是唯一的，也是其他孩子永远无法替代的。要无条件地接纳自己的孩子，无条件地给予其关爱，帮助孩子扬长避短，使孩子健康成长才是真正地爱孩子。父母如何客观评价和激励自己的孩子呢？首先，尊重差异，让孩子自己跟自己比。聪明的家长表扬孩子时，从不将其与另一个孩子作比较，而是和孩子的过去比。对于幼儿来说，其自我意识最初是通过成人的评价获得的。而对于稍大一些的孩子来说，家长发现自己孩子的独特之处，会让孩子在成长过程中对家长充满感激和信赖。其次，表扬赞美孩子不是越多越好。孩子需要适度的肯定，对不同年龄、不同性格的孩子用不同语气来表扬；比如对低幼和害羞的孩子，语言可以夸张些，以增强激励性；对中小学生来说则可以用平和些的语气，随和的情感反馈更令孩子感激家长的赞扬；对好表现的孩子既要具体肯定又不要过于夸张，这样既尊重了孩子，也可帮助他自我调节，不致产生骄傲自满情绪。最后，孩子需要真实的表扬，真实的表扬意味着表扬孩子要具有指向性——针对一件具体的事情，避免空泛、虚伪的应付式表扬。事实上，结合孩子完成任务过程中所做出的努力和运用的智慧来夸奖的效果最好，如“你真的很努力！”“你很会想办法！”这能让孩子正确面对失败和错误，遇到困难愿意自己尝试各种方法，把心思放在如何解决问题上，而不用担心会受到批评，不用在失败后遭遇巨大的差异感、挫折感。

由前文论述可知，无条件接纳自己的孩子才会拥有高自尊，才会在追逐高标准的过程中，不会畏惧遇到的困难或失败，也才会减少出现大量的负性情绪的可能。无条件接纳自己孩子的后面一般会有无条件关爱和接纳自己的父母。对那些孩子成长过程中必然会出现的问题放下自身的焦虑，多些耐心与陪伴，最终才能培养出一个拥有安全感和自信的孩子。

（四）提高亲子沟通的质量

父母的完美主义能正向预测子女的完美主义，但只有母亲的教养方式与母子依恋才对子女的完美主义人格特质的形成发挥作用，说明父亲对子女人格的影响小于母亲。社会学研究表明，父亲与母亲对子女的影响在不同年龄阶段、内容、方式和性质上有许多不同之处，在儿童时期（3—11岁）母亲对子女的教育有重大作用，如果缺乏母亲的教育会使子女的情绪波动大和产生不安全感。由此可见，在儿童人格与社会化形成的关键时期，母亲在家庭中的作用与影响比其他养护人大，说明家庭中有一个健全的人格的母亲，有一个与子女有安全依恋关系的母亲，对子女的成长成才至关重要。

如前文所述，要给予孩子真正需要的教育，而孩子最需要的家庭就是有效沟通的家庭。家长只有走进孩子的心里，理解孩子情感的需要，关注孩子的各种经历及体验，帮助他们解除各个时期“成长的烦恼”，才能使他们更加健康、阳光、自信。要做到良好的亲子沟通需要注意以下几点：第一，家长意识层面上一定要认识到与子女的沟通是重要的，是孩子成长过程中必不可少的，这是基于安全的、温暖的、稳定的亲子联结而建立的。第二，亲子之间的沟通内容，家长一定要先自己想明白目的所在，不能求全求大而没有针对性，然后再和子女沟通。第三，家长一定要理解孩子的表达方式和语言，对儿童心理学、发展心理学知识要有一定了解，这样才能了解孩子成长的身心规律，对他们在各个年龄阶段存在的问题或发展冲突有准确的认知，用科学有效的方式与孩子沟通。第四，最好以朋友身份和子女沟通，积极倾听子女的声音，要避免先入为主的偏见，从高高在上的父母角色转换到平等的朋友关系，这样可以有效地建设亲子关系。

总之，要经常与子女聊天并鼓励子女，支持子女的正常行为，让孩子内心有可依赖的精神支柱。要有鉴别地接受子女的观点和表现，恰当地给孩子一些自主权力，让他们去做力所能及的事情，让子女自己决定事情或处理事情，帮助子女树立良好的自尊心、自信心，为健康人格发展打下基础。

四　加强自我教育能力

完善的社会环境、全面的学校教育环境，或者健全的家庭功能，这些因素或单独或相互作用对个体的完美主义人格形成与发展产生影响。而以上宏观或微观环境的改变都需要假以时日，有时甚至没有期待中的改变，但一个完美主义个体适应不良的那些层面必定会对其产生负面影响，这个时候就需要个体不断加强自身的教育能力，给自我的健全人格与幸福自我的发展寻找途径。

（一）学习正确的价值观念

社会主义核心价值是“爱国、敬业、诚信、友善”，这是作为个体必须遵循的基本价值观，也是社会宏观环境在意识层面对公民个体的指引。一方面，个体在早期家庭背景、学校主流教育，以及社会大环境影响下，在儿童少年时期就形成了自己最基本的价值观取向；另一方面，个体在自身成长的过程中，不断积极地学习接纳和认识外在世界，检验并坚定了业已形成的价值观。完美主义个体要善用自己的自我教育能力，树立正确的世界观、人生观、价值观。尤其在社会主义市场经济大背景下，从小开始就要有遵纪守法观念，有为人民服务的精神，学会尊重人、关心人、关心集体。为社会多做好事，树立奉献的精神，反对和抵制拜金主义、享乐主义和个人主义，在这一过程中不断朝向光明前行，汇集正能量。同时，正确全面地看待自己的人格特质，了解这种人格的两维性的存在，知道有利的那一面可以激发自己的自我效能感，并帮助自我取得高成就；而适应不良的那一面会让自己陷入抑郁、焦虑、强迫或拖延的情绪和行为障碍中，更要知道社会、学校、家庭以及自身对自己人格养成的各自作用，在了解自我的基础上，坚持践行社会主义核心价值观，最终能引导自己的人格健全发展。

（二）建立准确的自我认知

自我认知（Self - cognition）指的是对自己的洞察和理解，包括自我观察和自我评价。自我观察是指对自己的感知、思维和意向等方面的觉察；自我评价是指对自己的想法、期望、行为及人格特征的判断与评估，这是自我调节的重要条件。自我认知也叫自我意识，或叫自我觉察，是个体对自己存在的觉察，包括对自己的行为和心理状态的认知。个体对自我的觉察，或者说意识的形成，来源于个体对外界的环境刺激后，经由记忆和思想产生的反应。

在心理学中关于自我认知有许多解释和理论，如弗洛伊德、埃里克森、皮亚杰等。认识自我，实事求是地评价自己，是自我调节和人格完善的重要前提。自我认知的心理认知是一种比较高级的认知能力。对于教育程度低或者智力程度低的人，也许终身也不具备这种自我的认知，而绝大多数人都有自我认知能力。

如果一个人不能正确认识自我，看不到自我的优点，觉得处处不如别人，就会产生自卑感，丧失信心，做事畏缩不前……相反，如果高估自己，会骄傲自大、盲目乐观，导致工作失误甚至人生失败。因此，恰当地认知自己能够消除不切实际的想法，能够全面地认识自己，在生活中寻找到适合自己的积极方面。

基于以上认识，对于完美主义个体而言，首先要正确地认知自我。如前文所述，有完美主义差异倾向的个体总是看到自己的实际成就和表现与预定标准间存在的差距，他们对自我价值的认识单一且不健全，或将自我价值与表现和成就相关联，或把他人的承认与赞赏与自我价值等同，无法接受他人对自己的消极评价。完美主义个体对自我的无条件接纳是心理和谐的必要条件之一，高自我接纳的个体比低自我接纳的个体体验较少的情绪困扰。许多完美主义个体的有条件自我接纳源于父母对自己的有条件的爱，而原生家庭的改变很难。如果完美主义个体能正确地认知自我，认识自我的优势与不足，知道如何发展自己的优势和避免自己的不足，就可以达到正确的自我认知，在学习、工作或生活中实现自我负责、自我掌控。

（三）培养积极的精神品格

个人无法选择自己的出身家庭、生长国度，这在某种程度上意味着，个体出生那一天就处在不同的境遇了。因此，我们要对自己的发展有一个正确认识，不要一味追求自己明显达不到的目标，学会放弃一些不可实现的目标，而那些难度高的目标可以分阶段分步骤实现，要学会在学习、生活或工作中发挥自己的长处和优点，利用自己人格中理性追求高标准的一面帮助自己获得自我效能感，而不是一味关注自己的短处。

如何才能建立积极的精神品质和保持积极状态？首先，保持自信，相信自己可以很成功、很快乐，自己会在关键时刻得到别人帮助。很多时候，一些有完美主义情结的个体不敢与人交往，因为顾虑太多，太介意别人的看法。而事实上，很多想法是自己所想，并非别人的真正想法。我们应该认可自己，不要否定自己。同时，正常的人际交往也绝不是建立在对别人时时处处察言观色，或谨小慎微地对待别人的基础上的，应该以平等为原则，坦诚相待、真诚相处。其次，转变观念，重视自己社会支持和精神品质的建设，在自己的生活圈子里，当我们遇到困难时一定要主动求助，因为每个人的力量是有限的，在生活中大家都需要彼此支持、彼此帮助，不要认为寻求帮助是无能的表现。无论在父母之间，师生之间还是同伴之间，要善于沟通，当碰到自己努力之后尚不能解决的问题时要寻求帮助，不要认为这样会显得懦弱。同时，也必须意识到，自己的精神世界具有双重作用，我们的困难需要彼此协助、分担，我们的快乐也需要彼此分享。

在建立自己精神品质的过程中，一定要怀有同情心和感恩心。在生活中、交往中无论是与谁相处，都要尊重他人，注重他人的感受，待人真诚、宽容，不带主观偏见，提供自己力所能及的帮助。在自己交往的圈子里，与他人交往时，都要主动付出，积极地为别人提供帮助或消除困扰，体会付出的快乐。那么，当自己遇到困难时，才会得到各方面的支持和回馈。利用一些社会活动，扩大自己的生活圈子。

例如积极参加一些学校、社区举行的社会活动，改变家庭和学校“两点一线”的生活模式。通过社会活动锻炼自己的组织交往能力，培养自己的特长、爱好，扩展自己的朋友圈，让自己有更多的精神支持和友情相伴。

以上从社会、学校、家庭和个体自身提出的对适应不良完美主义个体的建议策略，是在过往文献和调查的基础上提出的，有些策略如个体和家庭层面的改变操作起来很容易，而有些策略是需要从上到下改变，涉及改变的因素复杂，如学校和社会层面的改变，但只要有美好的期待与希望，找到科学正确的方法，假以时日，就可以将完美主义个体引向适应性的发展方向，使他们能够正确地认识自我并获得自我效能感。

第七章　研究结论与展望

第一节　研究结论

根据本书的结果和讨论，得出以下结论：

（1）Buri 父母权威问卷的中文修订版信度、效度指标良好，可用于中国文化背景下对父母教养方式的权威、专制和放任三种教养类型的测量。

（2）父母的完美主义可显著预测子女的完美主义。母亲专制型教养、母亲疏离的亲子依恋部分中介母亲完美主义差异维度与子女完美主义差异维度的关系；母亲权威型教养、母亲沟通和信任的亲子依恋部分中介母亲完美主义高标准维度与子女完美主义高标准维度的关系。

（3）完美主义具有积极和消极双重内涵，通过实证研究发现，在高中生的学业成绩方面，完美主义高标准维度通过掌握学习的成就目标取向，可正向预测学业成绩；在大学生心理亚健康的症状指标（抑郁）方面，有条件自我接纳、成绩回避的成就目标取向部分中介完美主义差异维度与抑郁的关系。通过文献研究与案例分析发现，适应良好完美主义与个体的自我效能感呈正相关关系，适应性完美主义者的自我效能感更高；适应不良的完美主义与个体焦虑、强迫、拖延等情绪和行为障碍密切相关。

（4）实证研究发现，完美主义者、追求卓越者、非完美主义者在学业成绩上不存在显著性差异；追求卓越者的掌握学习、无条件自我接纳的得分显著高于非完美主义者，抑郁得分显著低于完美主义者与非完美主义者；完美主义者的成绩接近、成绩回避、抑郁、有条件自我接纳的得分显著高于追求卓越者和非完美主义者。

（5）根据完美主义个体形成的影响因素，考虑完美主义者优劣势的具体表现，从完善整体社会环境、发挥学校主导作用、提升家庭教育水平，以及加强个体自我教育能力四个层面提出教育策略，帮助完美主义人格有效适应学习与生活。

上述研究结果提示，就完美主义人格形成的影响因素而言，社会、学校、家庭以及个体自身都在其中有不同的作用，特别是家庭中父母的完美主义人格、父母教养方式，亲子依恋在子女完美主义的形成过程中发挥着重要作用。而形成后的完美人格，其高标准维度与掌握学习有机结合，可以帮助个体获取更好的学业成绩；差异维度对自我的有条件接纳、趋向成绩的目标取向会破坏个体的心理和谐状态，使其陷入抑郁情绪中。适应良好完美主义可以促进个体提高自我效能感，适应不良的完美主义还使个体产生负面的焦虑、强迫、拖延等情绪和行为障碍。因此，完美主义是具有积极与消极双重含义的多维人格特质，应该帮助完美主义者审视其为自己所设高标准的适宜性，减少其差异性，以利于其身心健康。

第二节　研究不足和研究展望

由于研究时间、参与研究人员以及研究经费等方面的原因，本书存在以下不足之处：

第一，在研究方法上，因为研究样本量大，本书主要采用问卷测量的方法，通过对高中生和大学生样本自陈报告的方式收集数据，各次调查均采用横断研究设计。尽管研究中使用结构方程模型构建子女完美主义与父母完美主义间的中介模型，完美主义与抑郁的关系间的中介模型，完美主义与学业成绩的关系间的中介模型，但数据均以相关矩阵为基础，研究结果不能做因果推论。此外，自陈报告的评估结果还可能受到被试者的反应偏差的影响，要了解某一种人格特质形成过程，以及形成后对个体的具体影响，今后可以考虑结合纵向研究方法，或加入实验研究和个案访谈等多种研究方法，以便更加有利地进行预测与干预。

第二，与完美主义形成的相关因素，除了家庭环境内的因素外，还有个体自身的气质类型、学校环境、社会意识层面等其他因素。本书受人力与时间所限，在实证研究角度仅仅考察了家庭环境内的相关因素，对其他因素的探讨停留在理论层面。今后，可将实证研究扩展到家庭以外的有关因素，以及个体自身的差异性等方面，以全面深入了解完美主义的形成过程。

第三，本书开始关注完美主义对个体心理健康发挥的积极功能，也的确发现适应良好完美主义对个体学业成绩和自我效能感紧密联系，但今后需要更多的实证研究去补充和完善，以期让完美主义个体更好地成长与生活。

附录：近乎完美量表中文修订版

指导语：下列各项用来测试人们对自己的表现和对别人的看法，根据你和每个条目的符合程度，请在右边最合适的数字上打“√”，每题只选一个答案，答案没有对错之分。请凭自己的第一感觉回答所有问题，不要在个别条目的回答上花费太多时间。1 = 极不符合；2 = 不符合；3 = 有点不符合；4 = 中立；5 = 有点符合；6 = 符合；7 = 极为符合。

题项	极不符合	不符合	有点不符合	中立	有点符合	符合	极为符合
21. 我对自己在工作或学习中的表现有很高的标准	1	2	3	4	5	6	7
2. 我是个有条理的人	1	2	3	4	5	6	7
3. 我经常因为不能达到自己的目标而灰心丧气	1	2	3	4	5	6	7
4. 整齐对我很重要	1	2	3	4	5	6	7
5. 如果一个人对自己没有很高的期望，他就永远不会成功	1	2	3	4	5	6	7
6. 我最好的表现似乎从来没有达到令我满意的程度	1	2	3	4	5	6	7
7. 我认为东西应该收拾好放回原来的地方	1	2	3	4	5	6	7
8. 我对自己有很高的期望	1	2	3	4	5	6	7
9. 我很少达到自己设定的高标准	1	2	3	4	5	6	7
10. 我喜欢总是处于一种有组织、有纪律的状态	1	2	3	4	5	6	7
11. 尽我全力，对我来说总是还不够	1	2	3	4	5	6	7
12. 我为自己设置了非常高的标准	1	2	3	4	5	6	7
13. 我对自己的成就从未感到过满意	1	2	3	4	5	6	7
14. 我希望自己尽全力	1	2	3	4	5	6	7
15. 我经常担心不能达到自己的期望	1	2	3	4	5	6	7
16. 我的表现很少达到我的标准	1	2	3	4	5	6	7
17. 即使知道自己已经尽了全力，我还是不满意	1	2	3	4	5	6	7
18. 我很少能达到我为自己的表现定下的高标准	1	2	3	4	5	6	7
19. 我几乎不曾对自己的表现感到过满意	1	2	3	4	5	6	7
20. 我几乎不曾感到我做得已经足够好	1	2	3	4	5	6	7
21. 我有追求卓越的强烈需要	1	2	3	4	5	6	7
22. 在完成一项任务后，我常感到失望，因为我知道我本可以做得更好	1	2	3	4	5	6	7

参考文献

安芹：《影响儿童依恋风格形成的家庭因素》，《中国临床心理学杂志》2001 年第 9 期。

卞冉、车宏生、阳辉：《项目组合在结构方程模型中的应用》，《心理科学进展》2007 年第 15 期。

方新、钱铭怡、訾非：《完美主义心理研究》，《中国心理卫生杂志》2007 年第 21 期。

龚维义、刘新民：《发展心理学》，北京科学技术出版社 2004 年版，第 26—34 页。

龚艺华：《父母教养方式问卷的初步编制》，硕士学位论文，西南师范大学，2005 年。

侯杰泰、温忠麟、成子娟：《结构方程模型及其应用》，教育科学出版社 2004 年版。

黄芳铭：《结构方程模式——理论与应用》，中国税务出版社 2005 年版。

訾非：《完美主义心理研究的历史和现状》，《心理科学》2004 年第 27 期。

訾非：《积极完美主义问卷的编制》，《中国临床心理学杂志》2009 年第 17 期。

来水木、杨宏飞：《心理障碍与完美主义关系的研究进展》，《应用心理学》2007 年第 13 期。

李建伟、宋广文、李飞：《中国青少年完美主义量表的编制》，《中国临床心理学杂志》2007 年第 15 期。

梁宝勇：《关于心理健康素质及其结构的思考》，《心理与行为研究》

2004 年第 24 期。
梁宝勇：《精神压力、应对与健康——应激与应对的临床心理学研究》，北京教育科学出版社 2006 年版。
刘惠军：《成就目标定向对工作记忆广度和控制性提取影响的研究》，博士学位论文，首都师范大学，2003 年。
孟育群：《少年亲子关系研究》，北京教育科学出版社 1998 年版，第 105 页。
佟月华、宋尚桂：《完美主义对心理健康、自尊及主观幸福感的影响》，《中国健康心理学杂志》2005 年第 13 期。
汪向东、王希林、马弘：《心理卫生评定量表手册》，北京中国心理卫生杂志社 1999 年版。
王敬群、梁宝勇、邵秀巧：《完美主义研究综述》，《心理学探新》2005 年第 25 期。
王敬群、梁宝勇：《完美主义形成模型综述》，《心理与行为研究》2005 年第 3 期。
王雁飞、方俐洛、凌文全：《关于成就目标定向理论研究的综述》，《心理科学》2001 年第 24 期。
温忠麟、侯杰泰、张雷：《调节效应与中介效应的比较和应用》，《心理学报》2005 年第 37 期。
温忠麟、张雷、侯杰泰、刘红云：《中介效应检验程序及其应用》，《心理学报》2004 年第 36 期。
吴明隆：《Spss 统计应用实务》，北京科学出版社 2003 年版。
杨红君、楚艳民、刘利等：《父母养育方式量表（PBI）在中国大学生中的初步修订》，《中国临床心理学杂志》2009 年第 17 期。
杨宏飞、来燕、王霞：《高中生的完美主义与知觉到的父母完美主义的相关分析》，《中国临床心理学杂志》2005 年第 13 期。
张厚粲、徐建平：《现代心理与教育统计学》，北京师范大学出版社 2004 年版。
张文新、林崇德：《青少年的自尊与父母养育方式的关系——不同群体间的一致性与差异性》，《心理科学》1998 年第 21 期。

张文新：《儿童社会性发展》，北京师范大学出版社 1999 年版。

张咏梅：《青少年依恋及与人际信任的关系研究》，硕士学位论文，苏州大学，2006 年。

周亚娟、梁宝勇、蔡颖：《Buri 父母权威问卷的中文修订》，《中国临床心理学杂志》2010 年第 18 期。

朱丹、张霞、李静：《中学生完美主义与父母教养方式的关系》，《中国临床心理学杂志》2009 年第 17 期。

朱海东：《青少年依恋与社交焦虑的关系研究》，硕士学位论文，西南大学，2008 年。

郭志英：《外来务工者子女自信心的问题及教育策略》，硕士学位论文，内蒙古师范大学，2015 年。

陈淑霞：《思想品德教学中初中生人格养成教育策略研究》，硕士学位论文，广州大学，2014 年。

Ablard, K. E. & Parker, W. D., "Parent's Achievement Goals and Perfectionism in Their Academically Talented Children", *Journal of Youth Adolescence*, Vol. 26, No. 6, 1997.

Accordino, D. B., Accordino, M. P. & Slaney, R. B., "An Investigation of Perfectionism, Mental Health, Achievement, and Achievement Motivation in Adolescents", *Psychology in the Schools*, Vol. 37, No. 6, 2000.

Adler, A., *The Individual Psychology of Alfred Adler*, New York: Basic book, INC, 1965, pp. 101 – 125.

Ainsworth, M., "Attachment Beyond Infancy", *American Psychologist*, Vol. 44, 1989.

Alden, L. E., Bieling, P. J. & Wallace, S. T., "Perfectionism in An Interpersonal Context: A Self – regulation Analysis of Dysphoria and Social Anxiety," Cognitive Therapy and Research, Vol. 18, No. 4, 1994.

Alden, L. E., Ryder, A. G. & Mellings, T. M., *Perfectionism in the Context of Social Fears: Toward a Two – component Model.* In G. L. Flett & Hewitt, P. L. (Eds.). Perfectionism: Theory, Research, and Treatment, Washington, DC: American Psychological Association, 2002, pp. 373 – 391.

Andrew P. H., Howard K. H., Paul R. A. & Stephen A. K., "Perfectionism and Burnout in Junior Elite Soccer Players: The Mediating Influence of Unconditional Self – acceptance", *Psychology of Sport and Exercise*, Vol. 9, No. 5, 2008.

Antony, M. M., Purdon, C. L., Huta, V., & Swinson, R. P., "Dimensions of Perfectionism Across the Anxiety Disorders", *Behaviour Research and Therapy*, Vol. 36, No. 12, 1998.

Armsden, G. C. & Greenberg, M. T., "The Inventory of Parent and Peer Attachment: Individual Differences and Their Relationship to Psychological Well – being in Adolescence", *Journal of Youth and Adolescence*, Vol. 16, No. 5, 1987.

Bandura, A., Kupers, C. J., "Transmission of Patterns of Self – reinforcement through Modeling", *Journal of Abnormal and Social Psychology*, Vol. 69, No. 1, 1964.

Baumrind, D., "Authoritarian vs Authoritative Control", *Adolescence*, Vol. 3, No. 11, 1968.

Baumrind, D., "The Influence of Parenting Style on Adolescent Competence and Substanceuse", *Journal of Early Adolescence*, Vol. 11, No. 1, 1996.

Bowlby, J., *Attachment and Loss*: *Separation*, New York: Basic Books, 1973.

Bowlby, J., *A Secure Base*: *Parent – child Attachment and Healthy Human Development*, New York: Basic Books, 1988.

Burns, D. D., *Feeling Good*: *The New Mood Therapy*, New York: New American Library, 1980.

Campbell, J. D. & DiPaula, A., *Perfectionistic Self – beliefs*: *Their Relation to Personality and Goal Pursuit*. In G. L. Flett & P. L. Hewitt (Eds.). *Perfectionism*: *Theory*, *Research*, *and Treatment*, Washington, DC: American Psychological Association, 2002, pp. 181 – 198.

Chamberlain, J. M. & Haaga, D. A. F., "Unconditional Self – acceptance and Psychological Health." *Journal of Rational – Emotive and Cognitive – Behavior Therapy*, Vol. 19, No. 3, 2001a.

Chamberlain, J. M. & Haaga, D. A. F., "Unconditional Self – acceptance and Responses to Negative Feedback." *Journal of Rational – Emotive and Cognitive – Behavior Therapy*, Vol. 19, No. 3, 2001b.

Chan, D. W., "Perfectionism and Goal Orientations among Chinese Gifted Students in Hong Kong." *Roeper Review*, Vol. 31, No. 1, 2009.

Chang, E. C., "Cultural Differences, Perfectionism, and Suicidal Risk in A College Population: Does Social Problem Solving Still Matter?" *Cognitive Therapy and Research*, Vol. 22, No. 2, 1998.

Chang, E. C., "Perfectionism As A Predictor of Positive and Negative Psychological Outcomes: Examining A Mediation Model in Younger and Older Adults" *Journal of Counseling Psychology*, Vol. 47, No. 1, 2000.

Cook, L. C. & Kearney, A., "Parent and Youth Perfectionism and Internalizing Psychopathology" *Personality and Individual Differences*, Vol. 46, No. 3, 2008.

Cox, B. J., Enns, M. W., "Relative Stability of Dimensions of Perfectionism in Depression" *Canadian Journal of Behavioral Science*, Vol. 35, No. 2, 2003.

DiBartolo, P. M., Frost, R. O., Chang, P., LaSota, M. & Grills, A. E., "Shedding Light on the Relationship between Personal Standards and Psychopathology: The Case for Contingent Self – worth" *Journal of Rational – Emotive and Cognitive – Behavior Therapy*, Vol. 22, No. 4, 2004.

Dweck, C. S. & Leggett, E. L. A., "Social – cognitive Approach to Motivation and Personality" *Psychological Review*, Vol. 95, No. 2, 1988.

Dykman, B. M., "Integrating Cognitive and Motivational Factors in Depression: Initial Tests of A Goal – orientation Approach" *Journal of Personality and Social Psychology*, Vol. 74, No. 1, 1998.

Elliot, A. J. & Church, M. A., "A Hierarchical Model of Approach and Avoidance Achievement Motivation" *Journal of Personality and Social Psychology*, Vol. 72, No. 1, 1997.

Elliot, A. J. & McGregor, H. A., "A 2 × 2 Achievement Goal Framework" *Journal of Personality and Social Psychology*, Vol. 80, No. 3, 2001.

Ellis, A., *Reason and Emotion in Psychotherapy*, New York: Lyle Stuart, 1962, pp. 115 – 169.

Ellis, A., *Psychotherapy and the Value of a Human Being*. In Ellis, A. & Grieger, R., (Eds.). Handbook of Rational – emotive Therapy, New York: Springer, 1977, p. 101.

Ellis, A. & Bernard, M. E., *What is Rational – emotive Therapy (RET)?* In Ellis, A. & Bernard, M. E. (Eds.). *Clinical Applications of Rational Emotive Therapy*, New York: Plenum, 1985, pp. 1 – 30.

Enns, M. W., Cox, B. J. & Clara, I. P., "Adaptive and Maladaptive Perfectionism: Developmental Origins and Association with Depression Proneness", *Personality and Individual Differences*, Vol. 33, No. 6, 2002.

Flett, G. L, Besser, A., Hewitt, P. L., "Perfectionism, Silencing the Self, and Depression", *Personality and Individual Differences*, Vol. 43, No. 5, 2007.

Flett, G. L., Besser, A. & Davis, R. A., "Dimensions of Perfectionism, Unconditional Self – acceptance, and Depression", *Journal of Rational – Emotive & Cognitive Behavior Therapy*, Vol. 21, No. 2, 2003.

Flett, G. L., Hewitt, P. L. & Singer, A., "Perfectionism and Parental Authority Styles", *Individual Psychology*, Vol. 51, No. 1, 1995.

Flett, G. L., Russo, F. A. & Hewitt, P. L., "Dimensions of Perfectionism and Constructive Thinking As a Coping Response", *Journal of Rational – Emotive and Cognitive – Behaviour Therapy*, Vol. 12, No. 3, 1994.

Flynn, C. A., Hewitt, P. L. & Flett, G. L., "The Development of Perfectionism: Parental Behavior and Cultural Influences", *Journal of Personality Assessment*, Vol. 74, No. 1, 2001.

Frazier, P. A., Tix, A. P. & Barmn, K. E., "Testing Moderator and Mediator Effects in Counseling Psychology Research", *Journal of Counseling Psychology*, Vol. 51, No. 1, 2004.

Frost, R. O., Heimberg, R. G. & Holt, C. S., Mattia, J. I., & Neubauer, A. L., "A Comparison of Two Measures of Perfectionism", *Personality and Individual Differences*, Vol. 14, No. 1, 1993.

Garner, D. M., Olmstead, M. P. & Polivy, J., "Development and Validation of Multidimensional Eating Disorder Inventory for Anorexia Nervosa and Bulimia", *International Journal of Eating Disorder*, Vol. 2, No. 2, 1983.

Georgios, D. S., "Goal Orientation, Academic Achievement, and Depression: Evidence in Favor of a Revised Goal Theory Framework", *Journal of Educational Psychology*, Vol. 97, No. 3, 2005.

Gonzalez, A., Greenwood, G. L. & WenHsu, J., " Undergraduate students' Goal Orientations and Their Relationship to Perceived Parenting Styles", *College Student Journal*, Vol. 35, 2001.

Greenspon, T. S., " 'Healthy Perfectionism' is an Oxymoron! Reflections on the Psychology of Perfectionism and the Sociology of Science", *Journal of Secondary Gifted Education*, Vol. 11, No. 11, 2000.

Hazan, C. & Shaver, P., "Romantic Love Conceptualized As An Attachment Process", *Journal of Personality and Social Psychology*, Vol. 52, No. 3, 1987.

Hewitt, P. L., Flett, G. L., Sherry, S. B. & Habke, M., "The Interpersonal Expression of Perfection: Perfectionistic Self – presentation and Psychological Distress", *Journal of personality*, Vol. 84, No. 6, 2003.

Hewitt, P. L. & Flett, G. L., "Perfectionism in the Self and Social Contexts: Conceptualization, Assessment, and Association With Psychopathology", *Journal of Personality and Social Psychology*, Vol. 60, No. 3, 1991.

Hill, R. W., Huelsman, T. J., Furr, R. M., Kibler, J., Vicente, B. B. & Kennedy, C., "A New Measure of Perfectionism: The Perfectionism Inventory", *Journal of Personality Assessment*, Vol. 82, No. 1, 2004.

Howard, K. H., Andrew, P. H., Paul, R. A. & Stephen, A. K., "The Mediating Influence of Unconditional Self – acceptance and Labile Self – esteem on the Relationship between Multidimensional Perfectionism and Exercise Dependence", *Psychology of Sport & Exercise*, Vol. 10, No. 1, 2009.

Kerns, K., Tomich, P., Aspelmeier, J. & Contreras, J., "Attachment Based Assessments of Parent – child Relationship in Middle Childhood", *Developmental Psychology*, Vol. 36, No. 5, 2000.

Kilmann, P. R., Carranza, L. V. & Vendemia, J. M. C., "Recolletions of Parent Characteristics and Attachment Patterns for College Women of Intact vs. Non – intact Families", *Journal of Adolescence*, Vol. 29, No. 1, 2006.

Lundh, L. G., "Perfectionism and Acceptance", *Journal of Rational – Emotive and Cognitive – Behavior Therapy*, Vol. 22, No. 4, 2004.

McBride – Chang, C. & Chang, L., "Adolescent – parent Relations in Hong Kong: Parenting Styles, Emotional Autonomy and School Achievement", *Journal of Genetic Psychology*, Vol. 159, No. 4, 1998.

Nicholls, J. G., "Achievement Motivation: Conceptions of Ability, Subjective Experiences, Task Choice and Performance", *Psychology Review*, Vol. 91, No. 3, 1984.

Parker, W. D., "An Empirical Typology of Perfectionism in Academically Talented Children", *American Educational Psychologist*, Vol. 33, No. 4, 1997.

Pawlak, J. & Klein, H. A., "Parental Conflict and Self – esteem: The Rest of the Story", *Journal of Genetic Psychology*, Vol. 158, No. 3, 1997.

Reglin, G. L. & Adams, D. R., "Why Asian – American High School Students Have Higher Grade Point Averages and SAT Scores than Other High School Students", *The High School Journal*, Vol. 73, No. 3,

1990.

Rhéaume, J., Freeston, M. H., Dugas, M. J., Letarte, H., "Perfectionism, Responsibility and Obsessive – compulsive Symptoms", *Behavior Research and Therapy*, Vol. 33, No. 7, 1995.

Mallinckrodt Rice, K. G. & Slaney, R. B., "Clusters of Perfectionists: Two Studies of Emotional Adjustment and Academic Achievement", Measurement and Evaluation in Counseling and Development, Vol. 35, No. 1, 2002.

Rice, K. G., Ashby, J. S. & Preusser, K. F., "Perfectionism, Relationships with Parents, and Self – esteem", *Individual Psychology*, Vol. 52, 1996.

Rogers, C. R., *Client – centered therapy: Its Current Practice, Implications, and Theory*, Boston, MA: Houghton Mifflin, 1951, pp. 59 – 65.

Shafran, R. & Mansell, W., "Perfectionism and Psychopathology: A Review of Research and treatment", *Clinical Psychology Review*, Vol. 21, No. 6, 2001.

Shaver, P. R. & Hazan, C., "A Biased Overview of the Study of Love", *Journal of Social and Personal Relationships*, Vol. 5, No. 4, 1988.

Slade, P. D. & Owens, R. G., "A Dual Process Model of Perfectionism Based on ReinforCement Theory", *Behavioral Modification*, Vol. 22, No. 3, 1998.

Slaney, R. & Ashby, J. S., "Perfectionists: Study of a Criterion Group", *Journal of Counseling and Development*, Vol. 74, No. 4, 1996.

Speirs Neumeister, K. L. & Finch, H., "Perfectionism in High – Ability Students: Relational Precursors and Influences on Achievement Motivation", *Gifted Child Quarterly*, Vol. 50, No. 3, 2006.

Speirs Neumeister, K. L., "Factors Influencing the Development of Perfectionism in Gifted College Students", *Gifted Child Quarterly*, Vol. 48, No. 4, 2004.

Stoeber, J. & Eismann, U., "Perfectionism in Young Musicians: Relations with Motivation, Effort, Achievement, and Distress", *Personality and Individual Differences*, Vol. 43, No. 8, 2007.

Stoeber, J. & Otto, K., "Positive Conceptions of Perfectionism: Approaches, Evidence Challenges", *Personality and Social Psychology Review*, Vol. 10, No. 4, 2006.

Stoeber, J., Otto, K., Pescheck, E., Becker, C. & Stoll, O., "Perfectionism and Competitive Anxiety in Athletes: Differentiating Striving for Perfection and Negative Reactions to Imperfection", *Personality and Individual Differences*, Vol. 42, No. 6, 2007.

Stoeber, J., Rambow, A., "Perfectionism in Adolescent School Students: Relations with Motivation, Achievement, and Well – being", *Personality and Individual Differences*, Vol. 42, No. 7, 2007.

Stoeber, J., Stoll, O., Salmi, O. & Tiikkaja, J., "Perfectionism and Achievement Goals in Young Finnish Ice – hockey Players Aspiring to Make the Under – 16 National Team", *Journal of Sports*. Vol. 27, No. 1, 2009.

Stoeber, J., Uphill, M. A., Hotham, S., "Predicting Race Performance in Triathlon: the Role of Perfectionism, Achievement Goals, and Personal Goal Setting", *Journal of Sport & Exercise*, Vol. 31, No. 2, 2009.

Vietha, Z. & Trull, T. J., "Family Patterns of Perfectionism: An Examination of College Students and Their Parents", *Journal of Personality Assessment*, Vol. 72, No. 1, 1999.

Wang, K. T., Slaney, R. B. & Rice, K. G., "Perfectionism in Chinese University Students From Taiwan: A Study of Psychological Well – being and Achievement Motivation", *Personality and Individual Differences*, Vol. 42, No. 7, 2007.

Wei, M., Heppner, P. P., Russell, D. W. & Shannon, K., "Maladaptive Perfectionism and Ineffective Coping As Mediators Between Attachment and Future Depression: A Prospective Analysis", *Journal of Counseling Psychology*, Vol. 53, No. 1, 2006.